丛书编委会

高等专科学校高等职业技术学院环境类系列教材

无机及分析化学实验

主　编　王　强

副主编　张少文

主　审　周国强

中国环境科学出版社·北京

图书在版编目（CIP）数据

无机及分析化学实验/王强主编．一北京：中国环境科学出版社，2007.9

（高职高专环境类系列教材）

ISBN 978-7-80209-626-4

Ⅰ．无… Ⅱ．王… Ⅲ．①无机化学—化学实验—高等学校：技术学校—教材 ②分析化学—化学实验—高等学校：技术学校—教材 Ⅳ．O61-33 O65-33

中国版本图书馆 CIP 数据核字（2007）第 143147 号

责任编辑 黄晓燕 孟亚莉
责任校对 尹 芳
封面设计 中通世奥

出版发行 中国环境科学出版社
（100062 北京崇文区广渠门内大街 16 号）
网 址：http://www.cesp.cn
联系电话：010-67112765（总编室）
发行热线：010-67125803
印 刷 北京东海印刷有限公司
经 销 各地新华书店
版 次 2007 年 9 月第一版
印 次 2007 年 9 月第一次印刷
印 数 1—3 000
开 本 787×960 1/16
印 张 12.75
字 数 240 千字
定 价 18.00 元

前言

本书为中国环境科学出版社出版的“高等专科学校、高等职业技术学院环境类系列教材”之一，是按照教育部“高等学校环境工程专业教学指导委员会大专组”制定的高职高专环境类专业基础化学实验教学的基本要求编写而成，与系列教材中《无机及分析化学》相配套。本书在编写时，既注意与《无机及分析化学》教材的配合与互补，同时也考虑了实验课程和教材自身的系统性与相对独立性。

化学实验是化学学科赖以形成和发展的基础，是化学教学中学生获取化学经验知识和检验化学知识的重要媒体和手段，是提高学生科学素质的重要内容和途径。化学实验在化学科学发展和化学教学中的极端重要性已被人们所共识，为了巩固和加深学生对所学理论的理解，掌握基本实验技能，更重要的是逐步培养学生运用化学知识解决问题的能力，本书编写过程中，对实验内容的选择除了保证必要的基本理论和基本训练外，力求联系实际、联系专业特点，扩大知识面，提高学习兴趣，突破“验证”的框框，以解决实际问题为主，从应用中巩固和提高动手能力。

本书共编入实验 35 个，在使用本教材时，可以根据教学时数和专业特点选取不同的实验内容。

参加本书编写工作的有王强（洛阳理工学院，第一章、第二章的实验一至实验十五、附录），张少文（洛阳理工学院，第二章的实验十六至实验三十五），周国强（洛阳理工学院，绪论）。全书由王强统一整理定稿，由周国强主审。

本书编写过程中借鉴了部分兄弟院校及本校的教材或讲义中许多有益的内容。中国环境科学出版社为本书的出版给予了大力的支持，在此一并致谢。

由于编者经验和水平有限，书中不妥之处在所难免，敬请读者批评指正，多提宝贵意见。

编　者

2007年3月

目录

绪论 ……………………………………………………………………1

第一章　化学实验的基础知识和常用仪器 …………………… 14

第一节　化学实验的基础知识 ……………………………… 14

第二节　常用仪器及基本操作 ……………………………… 23

第二章　实验部分 ……………………………………………… 60

实验一　玻璃仪器的认领、洗涤及洗液的配制 ……………… 60

实验二　分析天平的称量练习 ……………………………… 62

实验三　氯化钠的提纯 ……………………………………… 65

实验四　金属镁的相对原子量测定 ………………………… 68

实验五　硫酸亚铁铵的制备 ………………………………… 74

实验六　化学反应速率和化学平衡 ………………………… 78

实验七　滴定分析的基本操作练习 ………………………… 82

实验八　盐酸和氢氧化钠标准溶液的配制和标定 ………… 85

实验九　醋酸离解常数和离解度的测定——pH 法 ………… 89

实验十　缓冲溶液的配制和性质 …………………………… 93

实验十一　食用醋中总酸含量的测定 ……………………… 97

实验十二　电解质溶液与离子平衡 ………………………… 100

实验十三　混合碱中 NaOH、Na_2CO_3 含量的测定 ………… 104

实验十四　生理盐水中氯化钠含量的测定（银量法） ……… 107

实验十五　氧化还原反应与电化学 ………………………… 108

实验十六　高锰酸钾溶液的配制和标定 …………………… 112

实验十七　双氧水中 H_2O_2 含量的测定——高锰酸钾法 ……… 115

实验十八　化学需氧量（COD）的测定（高锰酸钾法） ……… 116

实验十九　铜合金中铜含量的测定（碘量法） ……………… 119

实验二十　硫代硫酸钠溶液的配制和标定 ………………… 120

实验二十一　维生素 C 含量的测定（直接碘量法） ………… 123

实验二十二　配位化合物 …………………………………… 124

实验二十三　EDTA 标准溶液的配制与标定 …… 129
实验二十四　水的总硬度及钙镁含量测定 …… 131
实验二十五　铅、铋混合溶液的连续滴定 …… 135
实验二十六　由碳酸氢铵和食盐制备碳酸钠 …… 136
实验二十七　“胃舒平”药片中铝和镁的测定 …… 139
实验二十八　ds 区元素的化合物 …… 141
实验二十九　卤素 …… 145
实验三十　过氧化氢和硫的化合物 …… 150
实验三十一　铁、钴、镍 …… 155
实验三十二　邻二氮杂菲分光光度法测微量铁 …… 158
实验三十三　蛋壳中钙含量的测定
（络合滴定法，酸碱滴定法，氧化还原法） …… 162
实验三十四　水泥熟料中 SiO_2、Fe_2O_3、Al_2O_3、CaO、MgO 含量的测定 … 166
实验三十五　三草酸合铁（Ⅲ）酸钾的合成及其组成测定 …… 171

附录 …… 175
附录一　几种常用酸碱的密度和浓度 …… 175
附录二　弱酸和弱碱的离解常数 …… 175
附录三　难溶电解质的溶度积常数（298.15 K） …… 176
附录四　常见离子的鉴定方法 …… 178
附录五　常用指示剂 …… 182
附录六　常用缓冲溶液的配制 …… 185
附录七　标准电极电势（298.15 K） …… 186
附录八　配离子的积累稳定常数（298.15 K） …… 189
附录九　某些离子和化合物的颜色 …… 189
附录十　国际相对原子质量表（1997） …… 193

参考文献 …… 194

绪论

一、无机及分析化学实验的目的

化学是一门实验科学，实验是该课程的重要组成部分。任何化学规律的发现和化学理论的建立，都必须以严格的实验为基础，并受实验的检验，所以化学实验是研究化学的重要手段和方法。无机及分析化学是高等工科院校环境、化工、材料等专业的主要基础课程，其实验是相关专业大学生进入大学后在化学实验技能方面受到系统和严格训练的开端，它不仅为学习无机及分析化学的基础理论提供了依据，而且为后续课程的实验打好基础，也为以后独立进行科学实验和科学研究起了开路铺石的作用。

通过实验，学生可以直接观察到大量的化学现象，经过思维、归纳、总结，从感性认识上升到理性认识，从动手、观测、查阅、记录、思维及表达等多方面对学生进行综合培养，培养学生的实验操作能力、分析问题和解决问题的能力，养成严肃认真、实事求是的科学态度和严谨的工作作风，培养学生的创新精神和创新能力。

无机及分析化学实验课程的开设目的主要在于以下几个方面：

（1）理论联系实际，使课堂教学中的重要理论和概念得到巩固和深化，并扩展课堂中所获得的知识。

（2）熟练地掌握实验操作的基本技术，正确使用无机及分析化学实验中的各种常见仪器，培养独立工作能力和独立思考能力，培养细致观察和及时记录实验现象以及归纳、综合、正确处理数据、用文字表达结果的能力，从中得出科学的结论。

（3）培养实事求是的科学态度，准确、细致、整洁等良好的科学习惯以及科学的思维方法，培养敬业、一丝不苟和团队协作的工作精神，养成良好的实验室工作习惯。

（4）了解实验室工作的有关知识，如实验室试剂与仪器的管理、实验可能发生的一般事故及其处理、实验室废液的处理方法等。

二、无机及分析化学实验的学习方法

要很好地完成实验任务，达到上述实验目的，除了有正确的学习态度外，还要有正确的学习方法。无机及分析实验课一般有以下三个环节：

（一）预习

本实验课是在教师指导下，由学生独立完成。为了使实验能够获得良好的效果，实验前必须进行预习。只有充分理解实验原理、操作要领，明确自己在实验室将要解决哪些问题，怎样去做，为什么这样做，才能主动和有条不紊地进行实验，取得应有的效果，感受到做实验的意义和乐趣。为此，必须做到以下几点：

（1）钻研实验教材。阅读无机及分析化学及其他参考资料的相应内容。弄懂实验原理，明了做好实验的关键及有关实验操作的要领和仪器用法，能自行设计实验。

（2）合理安排好实验。例如，哪个实验反应时间长或需用干燥的器皿应先做，哪些实验先后顺序可以调动，从而避免等候使用公用仪器而浪费时间等，要做到心中有数。

（3）写出预习报告。每项实验的标题（用简练的言语点明实验目的），用反应式、流程图等表明实验步骤，留出合适的位置记录实验现象，或精心设计一个记录实验数据和实验现象的表格等，切忌原封不动地照抄实验教材。总之，好的预习报告，应有助于实验的进行。

（二）讨论

（1）实验前教师以提问的形式指出实验的关键，由学生回答，以加深对实验内容的理解，检查预习情况；另外还对上次的实验进行总结与评述。

（2）教师或学生进行操作示范及讲评。

（3）不定期举行实验专题讨论，交流实验方面的心得体会。在讨论时，应集中注意力，取长补短，集思广益。

（三）实验

在教师指导下独立地进行实验是实验课的主要教学环节，也是训练学生正确掌握实验技术，实现化学实验目的的重要手段。实验原则上应根据实验教材上所提示的方法、步骤和试剂进行操作，设计性实验或者对一般实验提出新的实验方案，应该与指导教师讨论、修改和定稿后方可进行实验。实验中要求做到以下几点：

（1）认真操作，细心观察，如实而详细地记录实验现象和数据。

（2）实验数据的记录最好用表格的形式，要实事求是，绝不能拼凑或伪造数据，也不能掺杂主观因素，如果记录数据后发现读错或测错，应将错误数据圈去重写（不要涂改或抹掉），简要注明理由，便于找出原因。

（3）如果发现实验现象和理论不相符，应首先尊重实验事实，并认真分析和检查其原因，必要时重做实验。

（4）实验过程中应保持肃静，严格遵守实验室工作规则；实验结束后，洗净仪器，整理药品及实验台。

（四）实验报告

做完实验后，要及时写实验报告。实验报告要求简明扼要、内容确切、书写整洁，应有自己的看法和体会。实验报告内容包括以下几部分：

（1）实验名称。

（2）实验目的。扼要地简述实验的目的。

（3）实验原理。测定实验或制备实验应扼要叙述其原理。

（4）实验步骤。尽量用简图、表格、化学式或化学符号表示。

（5）实验现象和数据的记录。清晰地描述实验现象，如实记录每一实验数据，做到严谨、认真、实事求是。

（6）现象解释与数据处理。根据实验的现象进行分析、解释，并得出结论，写出有关的反应方程式，或根据记录的数据进行计算或作图。

（7）问题讨论。针对实验遇到的异常或特别的现象或疑难问题提出自己的见解，或总结实验中某方面的收获或教训；对定量实验应分析产生误差的原因；对教学方法、实验内容、实验方法都可提出自己的意见。

书写实验报告时，应根据自己的实验情况，将对实验数据、现象的分析、归纳与回答思考题结合起来。对于实验报告的格式，没有统一的规定。可以根据不同类型实验（如定量测定、元素性质、化合物制备等）的特点，自行设计出最佳格式。

三、化学实验室学生守则、安全守则及意外事故处理

实验规则是人们在长期的实验室工作中，从正反两方面的经验、教训中归纳总结出来的。它可以防止意外事故，保持正常的实验环境和工作秩序。进入化学实验室的每一个人，都必须十分熟悉实验室守则，一般安全守则，熟悉易燃、易爆、具有腐蚀性的药物及毒物的使用规则，熟悉化学实验意外事故的处理及急救措施。遵守实验规则是做好实验的重要前提，人人必须严格遵守实验规则。

（一）化学实验室学生守则

（1）实验前应认真预习，写好实验预习报告，上课时交指导教师检查和签字。

（2）实验中必须保持肃静，不准大声喧哗，不得到处走动。不得无故缺席，因故缺席未做的实验应该补做。认真操作，积极思考，仔细观察，如实详细地做好记录。

（3）做规定以外的实验，应先经实验教师允许后才能实施。

（4）爱护各种设备和仪器，节约水电和药品。公用仪器和临时供用的仪器用毕应洗净，并立即送回原处。实验过程中如有仪器破损，应填写仪器破损单，经指导

教师签字后及时领取补齐，破损仪器酌情赔偿。

（5）实验台上的仪器应整齐地放在一定的位置上，并经常保持台面的清洁。废纸、火柴梗和碎玻璃等应倒入垃圾箱内，酸性废液应倒入废液缸内，切勿倒入水槽，以防下水管道的堵塞、锈蚀及造成环境污染。废玻璃应放入废玻璃箱内。

（6）按规定的量取用药品，如无规定用量，应适量取用，注意节约。取用药品后，及时盖好原瓶盖，不得混淆。

（7）使用精密仪器时，必须严格按操作规程进行操作，细心谨慎，避免粗心大意而损坏仪器。如发现仪器有故障，应立即停止使用，报告指导教师，及时排除故障。使用后必须自觉填写登记本。

（8）实验后，应将所用仪器洗净并整齐地放回柜内。实验台及试剂架必须擦净，最后关好电门、水和煤气阀门。实验柜内仪器应存放有序，清洁整齐。

（9）每次实验后由学生轮流值勤，负责打扫和整理实验室，并检查水龙头、煤气开关、门、窗是否关紧，电闸是否开启，以保持实验室的整洁和安全。

（10）发生意外事故时应保持镇静，不要惊慌失措；遇有烧伤、烫伤、割伤时应立即报告教师，以便及时急救和治疗。

（11）按时提交实验报告。

（二）实验室的一般安全守则

（1）师生务必了解实验室内及周围环境各项灭火和救护设备（如沙箱、灭火器、急救箱等）及安放的位置，以及水门电闸的位置；熟悉各类灭火器的性能和使用方法。

（2）严禁在实验室内饮食、吸烟。

（3）使用电器时，要谨防触电。不要用湿手、湿物接触电器设备。实验后应随手关闭电器开关。

（4）加热试管时，试管口不能对着自己或别人，也不要俯视正在加热的液体，以免溅出而受到伤害。

（5）不要直接用手触及毒物。实验完毕，洗净双手方可离开实验室。

（6）实验室内所有药品不得携带出实验室外。

（三）易燃、易爆、具有腐蚀性的药物及毒物的使用规则

（1）涉及氢气的实验，操作时要远离明火，点燃氢气前，必须先检查氢气的纯度。

（2）银氨溶液久置后会变成氮化银而发生爆炸，实验后的银氨溶液必须酸化后回收。

（3）某些强氧化剂（如氯酸钾、过氧化钠、硝酸钾、高锰酸钾）或其混合物（如

氯酸钾与红磷、碳、硫等的混合物）不能研磨，以防爆炸。

（4）钾、钠暴露在空气中或与水接触易燃烧，应保存在煤油中，并用镊子取用。

（5）白磷在空气中易自燃且有剧毒，能灼伤皮肤，切勿与人体接触，应保存在水内，在水下切割并用镊子取用。

（6）有机溶剂（乙醇、乙醚、苯、丙酮等）易燃，使用时要远离明火，用后立即盖紧瓶塞并放置阴凉处。

（7）浓酸、浓碱具有强腐蚀性，切勿使其溅在皮肤或衣服上，尤其要注意保护眼睛。稀释时（特别是浓硫酸），应将它们慢慢倒入水中而不能相反进行，以避免迸溅。

（8）能产生有毒、有刺激性恶臭的气体的实验，都要在通风橱或台面通风口下面进行操作（如硫化氢、氯气、一氧化碳、二氧化氮、二氧化硫、溴等）。

（9）嗅闻气体时，用手轻拂气体，把少量气体扇向自己的鼻孔，绝不能将鼻子直接对着瓶口闻。

（10）可溶性汞盐、铬（Ⅵ）的化合物、氰化物、砷盐、锑盐、镉盐和钡盐都有毒，不得进入口内或接触伤口，其废液也不能倒入下水道，应集中统一处理。

（11）金属汞易挥发，它在人体内会累积起来引起慢性中毒。一旦把汞洒落在桌上或地面，必须尽可能收集起来，并用硫黄粉盖在洒落的地方，使汞转变成不挥发的硫化汞。

（四）意外事故的处理及救护措施

（1）割伤：在伤口上抹红药水或紫药水，上些消炎粉并包扎，或贴上止血贴。如为玻璃扎伤，应先挑出伤口里的玻璃碎片再包扎。

（2）烫伤：切勿用水冲洗，在烫伤处抹上烫伤膏或万花油。

（3）受酸腐蚀：先用大量水冲洗，再用饱和碳酸氢钠溶液或稀氨水冲洗，最后再用水洗。如果酸溅入眼内也用此法处理。

（4）受碱腐蚀：先用大量水冲洗，再用醋酸（$20\ g \cdot L^{-1}$）洗，最后再用水冲洗。如果碱溅入眼中，可用硼酸溶液洗，再用水洗。

（5）受溴腐蚀：用苯或甘油洗，再用水洗。

（6）受白磷灼伤：用 1%（质量分数）硫酸银溶液、用 1%（质量分数）硫酸铜溶液或浓高锰酸钾溶液洗后进行包扎。

（7）吸入刺激性气体：吸入氯、氯化氢气体时，可吸入少量乙醇和乙醚的混合蒸气使之解毒。吸入硫化氢气体而感到不适时，立即到室外呼吸新鲜空气。

（8）毒物进入口内：把 5～10 mL 稀硫酸铜溶液（5%，质量分数）加入一杯温水中，内服后，用手指伸入咽喉部，促使呕吐再送医院治疗。

（9）触电：首先切断电源，然后在必要时进行人工呼吸。

（10）起火：起火后，要立即一面灭火，一面防止火势扩展（如采取切断电源，停止加热，停止通风，移走易燃、易爆物品等措施）。灭火方法要根据起火原因采取扑灭的方法：

①一般的小火可用湿布，石棉布或沙土覆盖在燃烧物上。

②火势大时可用泡沫灭火器喷射起火处。

③由电器设备引起的火灾，不能用泡沫灭火器。以免触电，只能用四氯化碳气体或二氧化碳灭火器扑灭。

④因某些化学药品（如金属钠）和水反应引起的火灾，应用沙土来灭火。

⑤实验人员衣服着火时，切勿惊慌乱跑，赶快脱下衣服，或用石棉布覆盖着火处，就地卧倒打滚，可起灭火作用。

⑥伤势重者，立即送往医院。

表1　实验室常用的灭火器及其适用范围

灭火器类型	药液成分	适用范围
酸碱式	H_2SO_4 和 $NaHCO_3$	非油类和电器失火的一般初起火灾
泡沫灭火器	$Al_2(SO_4)_3$ 和 $NaHCO_3$	适用于油类起火
二氧化碳灭火器	液态 CO_2	适用于扑灭电器设备、小范围油类及忌水的化学物品的失火
四氯化碳灭火器	液态 CCl_4	适用于扑灭电器设备、小范围的汽油、丙酮等失火，不能用于扑灭活泼金属钾、钠的失火，因 CCl_4 会强烈分解，甚至爆炸。电石、CS_2 的失火也不能使用它，因为会产生光气一类的毒气
干粉灭火器	主要成分是碳酸氢钠等盐类物质与适量的润滑剂和防潮剂	扑救油类、可燃性气体、电器设备、精密仪器、图书文件和遇水易烧物品的初起火灾

四、化学实验室的“三废”处理

实验中经常会产生某些有毒的气体、液体和固体，需要及时排弃。如不经处理直接排出就可能污染周围的空气和水源，使环境污染，损害人体健康。因此对废液、废气和废渣要经过一定的处理后，才能排弃。

对产生少量有毒气体的实验应在通风橱内进行。通过排风设备将少量毒气排到室外（使排出气在外面大量空气中稀释），以免污染室内空气。产生毒气量大的实验必须备有吸收或处理装置，如 NO_2、SO_2、Cl_2、H_2S、HF 等可用导管通入碱液中使其大部分吸收后排出，CO 可点燃转成 CO_2。

废渣，包括少量有毒的废渣应掩埋于指定地点的地下。

一般酸碱废液可中和后排放。对含重金属离子或汞盐的废液可加碱调 pH 8～10

后再加硫化碱处理，使毒害成分转变成难溶于水的氢氧化物或硫化物而沉淀分离，残渣掩埋，清液达环保排放标准后可排放。废铬酸洗液可加入 $FeSO_4$，使六价铬还原为无毒的三价铬后按普通重金属离子废液处理。含氰废液量少时可先加 NaOH 调 pH＞10，再加适量 $KMnO_4$ 使 CN^-氧化分解去毒；量多时则在碱性介质中加 NaClO 使 CN^-氧化分解成 CO_2 和 N_2。

五、实验的误差与数据处理

（一）误差

化学是一门实验科学，常常要进行许多定量测定，然后由实验测得的数据经过计算得到分析结果。结果的准确与否是一个很重要的问题，不准确的分析结果往往导致错误的结论。在任何一种测量中，无论所用仪器多么精密，测量方法多么完善，测量过程多么精细，但测量结果总是不可避免地带有误差。测量过程中，即使是技术非常娴熟的人，用同一种方法，对同一试样进行多次测量，也不可能得到完全一致的结果。这就是说，绝对准确是没有的，误差是客观存在的。实验时应根据实际情况正确测量、记录并处理实验数据，使分析结果达到一定的准确度。

在实验测定中，会因各种原因导致误差的产生。根据其性质的不同，可以分为系统误差和偶然误差两大类。

1．系统误差

系统误差是由某种固定原因所造成的，有重复、单向的特点。系统误差的大小、正负，在理论上说是可以测定的，故又称为可测误差。

根据系统误差的性质和产生原因，可分为以下几类：

（1）方法误差：由实验方法本身的缺陷造成。如滴定中，反应进行不完全、干扰离子的影响、滴定终点与化学计量点的不相符等。

（2）仪器和试剂误差：由仪器、试剂等原因带来的误差。如仪器刻度不够精确，试剂纯度不高等。

（3）操作误差和主观误差：由操作者的主观原因造成。如对终点颜色的深浅把握不好；平行滴定时，估读滴定管最后一位数字时，常想使第二份滴定结果与前一份滴定结果相吻合，有种“先入为主”的主观因素存在等。

2．偶然误差

偶然误差是由某些难以控制的偶然原因（如测定时环境温度、湿度、气压等外界条件的微小变化、仪器性能的微小波动等）造成的，又称为随机误差。这种误差在实验中无法避免，时大时小、时正时负，故又称不可测误差。

偶然误差难以找到原因，似乎没有规律可言，但它遵守统计和概率理论，因此能用数理统计和概率论来处理。偶然误差从多次测量整体来看，具有下列特性：

（1）对称性：绝对值相等的正、负误差出现的几率大致相等。

（2）单峰性：绝对值小的误差出现的几率大；绝对值大的误差出现的几率小。

（3）有界性：一定测量条件下的有限次测量中，误差的绝对值在一定的范围内。

（4）抵偿性：在相同条件下对同一过程多次测量时，随着测量次数的增加，偶然误差的代数和趋于零。

由上可见，在实验中可以通过增加平行测定次数和采用求平均值的方法来减小偶然误差。

3. 过失误差

过失误差是一种与事实明显不符的误差。是因读错、记错或实验者的过失和实验错误所致。发生此类误差，所得实验数据应予以删除。

4. 误差的表示

误差有绝对误差和相对误差两种表示形式。前者是指测定值与真实值之差，后者是指绝对误差与真实值的百分比。即：

$$\text{绝对误差} = \text{个别测量值} - \text{真实值}$$

$$\text{相对误差} = \frac{\text{个别测量值} - \text{真实值}}{\text{真实值}} \times 100\%$$

真实值（真值）一般来说是未知的，但在某些情况下可以认为真值是已知的。

理论值：如一些理论设计值、理论公式表达值等。

计量学约定值：如国际计量大会上确定的长度、质量、物质的量等。

相对值：精度高一个数量级的测量值作为低一级测量值的真值，如实验中用到的一些标准试样中组分的含量等。

绝对误差和相对误差都有正值、负值，正值表示测量结果偏高；负值表示测量结果偏低。

（二）准确度与精密度

1. 准确度

准确度是指测定值与真实值之间相符合的程度。通常用误差的大小来衡量，误差越小，分析结果的准确度越高。

2. 精密度

精密度是各次测定结果之间的偏离程度，通常用偏差的大小来衡量。在实际工作中，一般要进行多次测定，以求得分析结果的算术平均值。单次测定值与平均值之间的差值为绝对偏差 d：

$$\text{绝对偏差}（d_i）=\text{个别测定值}（x_i）-\text{算术平均值}（\bar{x}）$$

偏差有绝对偏差、相对偏差、（算术）平均偏差、平均相对偏差、方差、标准偏差以及相对标准偏差（变异系数）等表示形式。

3. 精密度与准确度的关系

（1）准确度高，精密度一定高。即每个数值都与真实值接近（图 1 中甲）。

（2）精密度高，准确度不一定高（图 1 中乙）。

（3）精密度差的数据不可靠（图 1 中丙、丁）。

失去了衡量准确度的前提，丁的平均值虽接近真实值，但如果用三个数来平均则误差就会很大。乙的精密度较高，但准确度较差，这通常是由系统误差引起的，消除系统误差后，可提高准确度。因此，精密度高是保证准确度的前提。

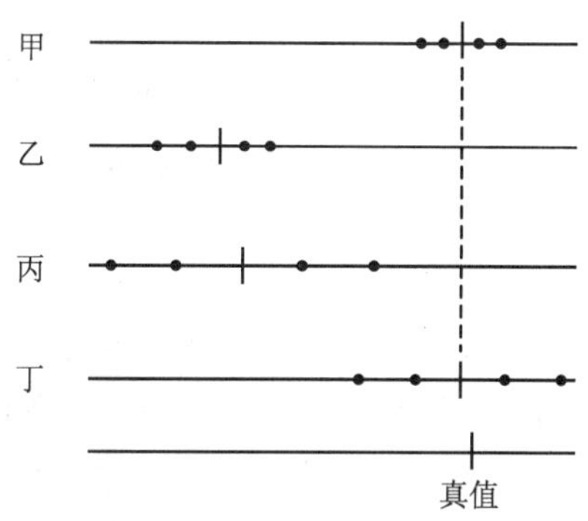

• 个别测定结果； | 平均结果

图 1　精密度与准确度的关系示意图

（三）有效数字

1. 有效数字的概念

有效数字是指在科学实验中实际能测量到的数字。在这个数字中，除最后一位数是“可疑数字”（也是有效的），其余各位数都是准确的。

各种测量都难免有误差，因此记录和计算测量的结果就与测量的误差相适应，不能超出测量的精确程度，例如，用 50 mL 滴定管测量液体体积时可以准确到每格刻度 0.1 mL，再在两个刻度之间进行估计，可以估计到 0.01 mL（实际上往往只估读到 0.02 mL），如果被观察的液面位于 24.1 mL 和 24.2 mL 的正中，那么就可记录为 24.15 mL，如果位于 24.1 mL 的刻度以下 0.02 mL（估计）处，则可记录为 24.12 mL，在 24.15 和 24.12 中，各数字都是准确的。例如在 24.15 mL 和 24.12 mL 这两个数据中，24.1 是可靠的，而在小数后第二位上的 5 和 2 则是估计的，有一定的误差。有些人可能认为小数点后的位数愈多精密度愈高，其实两者的精密度完全相同，都是四位有效数字。

“0”在数字中的位置不同，其含义是不同的，有时算做有效数字，有时则不算。

（1）“0”在数字前，仅起定位作用，本身不算有效数字。如 0.001 24，数字“1”前面的三个“0”都不算有效数字，该数是三位有效数字。

（2）“0”在数字中间，算有效数字。如 4.006 中的两个“0”都是有效数字，该数是四位有效数字。

（3）“0”在数字后，也算有效数字。如 0.035 0 中，“5”后面的“0”是有效数字，该数是三位有效数字。

（4）以“0”结尾的正整数，有效数字位数不定。如 2 500，其有效数字位数可能是两位、三位甚至是四位。这种情况应根据实际改写成 2.5×10^3（两位），或 2.50×10^3（三位）等。

（5）pH，lg$K$ 等对数的有效数字的位数取决于小数部分（尾数）数字的位数。如 pH=10.20，其有效数字位数为两位，这是因为由 $c(H^+)=6.3\times10^{-11}\ mol\cdot L^{-1}$ 得来。

2．数字的修约

在处理数据过程中，涉及各测量值的有效数字位数可能不同，因此需要按下面所述的运算规则，确定各测量值的有效数字位数。各测量值的有效数字位数确定以后，就要将它后面多余的数字舍弃，舍弃多余数字的过程称为“数字的修约”，目前一般采用“四舍六入五成双”规则。规则规定：当测量值中被修约的数字等于或小于 4 时，该数字舍弃；等于或大于 6 时，进位；等于 5 时，若 5 后面跟非零的数字，进位；若恰好是 5 或 5 后面跟零时，按留双的原则，5 前面数字是奇数，进位；5 前面的数字是偶数，舍弃。根据这一规则，下列测量值修约成两位有效数字时，其结果应为：

4.147	4.1
6.262 3	6.3
1.451 0	1.5
2.550 0	2.6
4.450 0	4.4

3．有效数字的运算规则

（1）加减法运算：几个数据相加或相减时，有效数字的保留应以这几个数据中小数点位数最少的数字为依据。

如：0.023 1+12.56+1.002 5=?

由于每个数据中的最后一位数有±1 的绝对误差，其中以 12.56 的绝对误差最大，在加和的结果中总的绝对误差取决于该数，故有效数字位数应根据它来修约。即修约成 0.02+12.56+1.00=13.58。

（2）乘除法运算：几个数据相乘或相除时，有效数字的位数应以这几个数据中相对误差最大的为依据，即根据有效数字位数最少的数来进行修约。

如：0.023 1×12.56×1.002 5=？

先修约成 0.023 1×12.6×1.00=0.291

有时在运算中为了避免修约数字间的累计，给最终结果带来误差，也可先运算然后再修约时多保留一位数进行运算，最后再修约掉。

（四）实验数据及其表达方式

1．数据的计算处理

对要求不太高的实验，一般只重复两三次，如数据的精密度好，可用平均值作为结果；如需注明结果的误差，可根据方法误差求得，或者根据所用仪器的精密度估计出来。对于要求较高的实验，往往要多次重复进行，所获得的一系列数据要经过严格处理，其具体做法是：①首先整理数据；②算出平均值；③算出各数据对平均值的偏差；④计算方差、标准偏差等。

2．数据的列表处理

这是表达实验数据最常用的方法之一。将各种实验数据列入一种设计得体、形式紧凑的表格内，可起到化繁为简的作用，有利于获得对实验结果相互比较的直观效果，有利于分析和阐明某些实验结果的规律性。设计数据表的原则是简单明了。因此，列表时注意以下几点：

（1）每个表应有简明、达意、完整的名称。

（2）表格的横排称为行，纵排称为列，每个变量占表格一行或一列，每一行或一列的第一栏，要写出变量的名称和量纲。

（3）表中数据应化为最简单的形式表示，公共的乘方因子应在第一栏的名称下面注明。

（4）表中数据排列要整齐，应注意有效数字的位数，小数点对齐。

（5）处理方法和计算公式要在表下面注明。

3．数据的作图处理

利用图形表达实验结果能直接显示出数据的特点、数据的变化规律，并能利用图形作进一步的处理，如求斜率、截距、外推值、内插值等。作图时要注意以下事项：

（1）正确选择坐标纸、比例尺度：坐标纸有普通直角坐标纸、三角坐标纸、半对数坐标纸、对数坐标纸等种类。将一组实验数据绘图时，究竟使用什么形式的坐标纸，通常根据具体情况，依据能否获得线性图形来选择，如表 2 所示。

表 2　数据作图处理中坐标纸的选择

函数表达式	选用坐标纸名称
$y=a+bx$	直角坐标纸
$y=ax^b$（或$\lg y=\lg a+b\lg x$）	对数坐标纸
$y=a+b\lg x$	半对数坐标纸

使用直角坐标纸时，习惯上以横坐标为自变量，纵坐标为因变量；坐标轴旁须注明变量的名称和单位。坐标轴上的比例尺度的选择极为重要，选择时注意以下几点：

① 要能表示全部有效数字，这样可使由图形所求出的物理量的准确度与测量的准确度相一致。

② 坐标标度应选取便于计算的分度。即每一小格应代表 1，3，6，7，9 的倍数，而且应把数字标在逢 5 或逢 10 的粗线上。

③ 要使数据点在图上分散开，占满纸面，使全图布局匀称。

④ 如若图形是直线，则比例尺的选择应使直线的斜率接近 1。

（2）工具：在处理实验数据时，作图所用的主要工具有铅笔、三角板、曲线板（或尺）、绘图笔、圆规和黑墨水等。铅笔以使用中等硬度的为宜，三角板和曲线板应选用透明的，以便作图时能全面观察实验点的分布情况，绘图笔备有不同规格的几支，以便描绘不同粗细的线条。

（3）点、线的描绘：代表某一数值的点，称为代表点。可用●，▲，■，×等不同的符号表示。符号的重心所在即表示读数值。描点时，用细铅笔将所描的点准确而清晰地标在其位置上，描出的线必须平滑，尽可能接近（或贯穿）大多数的点（并非要求强行贯穿所有的点），只要使代表点均匀分布在曲线两侧邻近处即可，更确切地说，使所有代表点离曲线的距离的平方和为最小，这就是最小二乘法的原理。这样描出的线能表示出被测量数值的平均变化情况。同一图中表示不同曲线时，要用不同的符号描点，以示区别。在曲线的极大、极小或转折处应多取一些点，以保证曲线所表示的规律的可靠性。如果发现有个别点远离曲线，又不能判断被测量在此区域会发生什么突变，就要分析一下是否有偶然性的过失误差；如果属于后一种情况，描线时可不考虑这一点。但是，如果重复实验仍然有同样的情况，就应在这一区域进行仔细的测量，搞清是否有某些必然的规律。总之，切不可毫无理由地丢弃离曲线较远的点。

（4）图名与说明：每一个图应有序号和简明的标题，有时还应对测试条件作简明的说明，这些一般安置在图的下方。

（5）图解术：图解术是指对已得图形作进一步的计算和处理，以获得所需结果的技术。由于在许多情况下所求结果都不能简单地从通常所绘的图形直接读出，因此图解术的重要性并不亚于作图技术。目前常用的图解术有内插法，外推法，计算直线的斜率与截距，求波高，图解微分，图解积分等。

例如求外推值，有的数据不易或不能直接测定，在适当的条件下，常可用作图外推的方法获得。所谓外推，就是将变量间的函数关系按测量数据描绘的图像延伸至测量范围以外，求出测量范围外的函数值。但是必须指出，外推法只有在满足下列条件时才能采用：

① 在外推的那段范围及其邻近区域，被测量的变量间的函数关系呈线性或可以认为呈线性。

② 外推的那段范围离实测的范围不能相距太远。

③ 外推所得结果与已有的正确经验不能抵触。

分析化学中常用的标准加入法就是用外推法求得试样中待测组分浓度的。取若干份同体积试样溶液（一般取 4～5 份），除第一份外，其余各份分别加入不同量的待测组分的标准溶液，并稀释至一定相同的体积。设加入标准溶液的浓度为 c_i（i=1，2，3，…），所测物理量为 A_i。将被测量物理量对浓度作图，得到如图 2 所示的直线。延长直线与 x 轴的交点，即为未知试样的浓度 c_x。

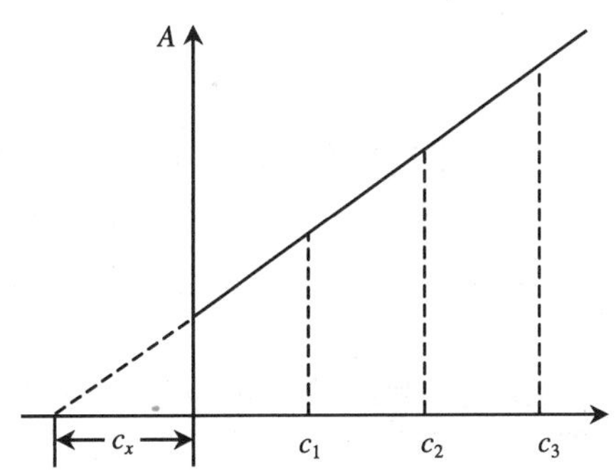

图 2　标准加入法示意图

第一章 化学实验的基础知识和常用仪器

第一节 化学实验的基础知识

一、实验室用水的规格和制备方法

在化学实验中所用的水必须是纯化的水。实验目的不同，对水质的要求也不相同。一般的化学实验用一次蒸馏水或去离子水；超纯分析或精密物理化学实验中，需用水质更高的二次蒸馏水、三次蒸馏水或根据实验要求用无二氧化碳蒸馏水等。

（一）规格

中国国家标准《分析实验室用水规格和试验方法》（GB 6682—2000）中，明确规定了实验室用水的规格、制备方法、主要技术指标及检验方法。该标准采用了国际标准（ISO 3696—1987），见表 1-1。

表 1-1 实验室用水的级别及主要技术指标（GB 6682—2000）

指标名称	一级	二级	三级
pH 范围（25℃）	—	—	5.0～7.5
电导率（25℃，mS/m）	≤0.01	≤0.10	≤0.50
可氧化物质（以氧计，mg/L）	—	<0.08	<0.4
蒸发残渣[(105±2)℃，mg/L]	—	≤1.0	≤2.0
可溶性硅（以 SiO_2 计，mg/L）	<0.01	<0.02	—

注：1. 由于在一级水、二级水的纯度下，难以测定其真实的 pH，因此，对 pH 范围不做规定。
2. 由于在一级水的纯度下，难以测定其可氧化物质和蒸发残渣，因此，对其限量不做规定。可用其他条件和制备方法来保证一级水的质量。

纯水是实验室中最常用的溶剂和洗涤剂，在实验中，应依据实验要求，选择适当级别的纯水，不要盲目追求水的纯度，造成不必要的浪费。

三级水即普通蒸馏水，用于一般化学分析实验。二级水主要用于无机痕量分析实验，如原子吸收光谱分析、电化学分析实验等。一级水主要用于有严格要求的分析实验，包括对微粒有要求的实验，如高效液相色谱分析用水。

（二）制备方法

实验室制备纯水一般可用蒸馏法、离子交换法和电渗析法。蒸馏法的优点是设备成本低、操作简单，缺点是只能除掉水中非挥发性杂质，且能耗高；采用阴阳离子交换树脂的混合床装置制得的纯水，称为"去离子水"，去离子效果好，但不能除掉水中非离子型杂质，常含有微量的有机物；电渗析法是在直流电场作用下，利用阴、阳离子交换膜对原水中存在的阴、阳离子选择性渗透的性质而除去离子型杂质，电渗析法也不能除掉非离子型杂质。

三级水可用蒸馏、去离子（离子交换及电渗析法）或反渗透等方法制取。二级水可用离子交换或多次蒸馏等方法制取。一级水可用二级水经过石英设备蒸馏或离子交换混合床处理后，再经 0.2 μm 微孔滤膜来制取。

（三）检验方法

制备出的纯水水质，一般依其电导率为主要质量指标。一般的检验也可进行诸如 pH、重金属离子、Cl^-、SO_4^{2-}等的检验；此外，根据实际工作的需要及生化、医药化学等方面的特殊要求，有时还要进行一些特殊项目的检验。

二、化学试剂

（一）化学试剂的分类

化学试剂的种类很多，其分类和分组标准也不尽一致。我国化学试剂的产品标准有国家标准（GB）、专业行业标准（ZB）和企业标准（QB）三级。

我国的化学试剂按用途可分一般试剂、标准试剂、特殊试剂、高纯试剂等多种；按组成、性质、结构又可分无机试剂、有机试剂，而且新的试剂还在不断产生，没有绝对的分类标准。我国国家标准是根据试剂的纯度和杂质含量，将试剂分为五个等级，并规定了试剂包装的标签颜色及应用范围，见表 1-2。

表 1-2 一般试剂的级别以及应用范围

级别	中文标识	英文符号	标签颜色	应用范围
一级	优级纯（保证试剂）	G.R	深绿色	精密分析研究工作
二级	分析纯（分析试剂）	A.R	红	一般分析实验
三级	化学纯	C.P	蓝	一般化学实验
四级	实验纯	L.R	棕色	工业或化学制备
生化试剂	生化试剂（生物染色剂）	B.R	黄色等	生物化学实验

注：摘录于《化学试剂包装及标志》（GB 15346—1994）。

生物化学中使用的特殊试剂，纯度表示和化学中一般试剂表示也不相同。例如，蛋白质类试剂，经常以含量表示，或以某种方法（如电泳法等）测定杂质含量来表示。再如，酶是以每单位时间能酶解多少物质来表示其纯度，也就是说，它是以其活力来表示的。

此外，还有一些特殊用途的所谓高纯试剂。例如，“色谱纯”试剂，是在最高灵敏度下以 10^{-10} g 下无杂质峰来表示的；“光谱纯”试剂，它是以光谱分析时出现的干扰谱线的数目强度大小来衡量的，往往含有该试剂各种氧化物，它不能认为是化学分析的基准试剂，这一点须特别注意。

在一般分析工作中，通常要求使用 A.R 级的分析纯试剂。

常用化学试剂的检验，除经典的湿法化学方法之外，已愈来愈多地使用物理化学方法和物理方法，如原子吸收光谱法，发射光谱法，电化学方法，紫外、红外和核磁共振分析法，以及色谱法等。高纯试剂的检验，无疑地只能选用比较灵敏的痕量分析方法。

分析工作者必须对化学试剂标准有一明确的认识，做到合理使用化学试剂，既不超规格造成浪费，又不随意降低规格而影响分析结果的准确度。

（二）化学试剂的取用

化学试剂在实验室分装时，一般把固体试剂装在广口瓶中，把液体试剂或配制的溶液盛放在细口瓶或带有滴管的滴瓶中，把见光易分解的试剂或溶液（如硝酸银等）盛放在棕色瓶内。每一试剂瓶上都贴有标签。上面写有试剂的名称、规格或浓度（溶液）以及日期，可在标签外面粘贴一层透明胶带来保护它。

取用时首先看清标签再打开瓶塞，瓶塞应倒放在实验台上，如瓶塞非平顶，则用中指和食指将它夹住或放在清洁的表面皿上，绝不能将它横放在实验台上，以免沾污。取完试剂后应立即将试剂瓶盖紧并放回原处，要严禁瓶塞混用。

1. 固体试剂的取用规则

（1）用洁净、干燥的药匙取用。用过的药匙必须洗净、擦干后才能再使用。

（2）试剂取用后应立即盖紧瓶盖，以防药品被其他物质沾污或变质。

（3）注意按指定量取用药品，多取出的药品，不能再倒回原试剂瓶，只能放在另一指定的容器中备用。

（4）一般试剂可放在干净的蜡光纸或表面皿上称量。具有腐蚀性、强氧化性或易潮解的试剂不能在纸上称量，应放在玻璃容器内称量。

（5）将固体试剂加入试管中时，所用试管必须干燥。将盛有试剂的药匙或对折的纸条平行地深入试管约 2/3 处（图 1-1），再将试管慢慢竖起，将药品倾入试管底部。

（6）有毒药品要在教师指导下取用。

图 1-1 固体药品的加入方法

2．液体试剂的取用规则

（1）从滴瓶中取用药品时，要用滴瓶中的滴管，具体做法如下：用中指和无名指夹住滴管颈部，拇指和食指虚按橡皮乳头，提起滴管，如果试管中已有溶液，即可滴用；如无溶液，则轻压橡皮乳头赶出空气后，随即深入溶液，放松手指吸入溶液，切勿在滴瓶内驱气鼓泡，以免溶液变质；使用时滴管不能触及所接收的容器的器壁，以免沾污药品；装有药品的滴管不得横置或滴管口向上斜放，以免液体流入滴管的胶皮帽中，取完试剂后，滴管应立即插回原滴瓶，切忌“张冠李戴”（图 1-2）。

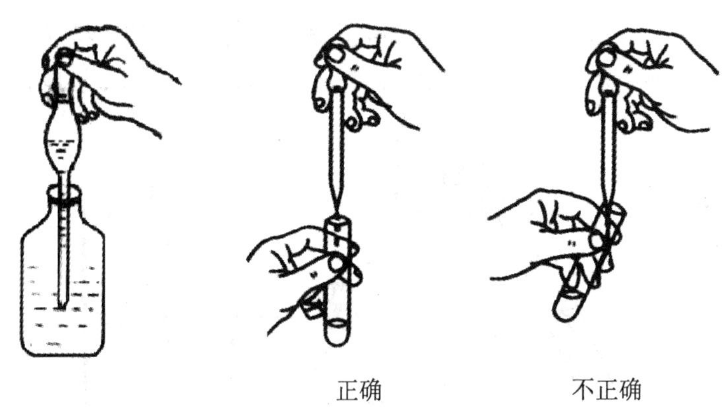

图 1-2 液体药品的取用

（2）从细口瓶中取用试剂时，用倾注法。将瓶塞取下，反放在桌面上，手握住试剂瓶上贴有标签的一面，逐渐倾斜瓶子，让试剂沿着洁净的瓶口流入试管或沿着洁净的玻璃棒注入烧杯中（图 1-3）。取出所需量后，逐渐竖起瓶子，将试剂瓶口在容器上靠一下再离开容器，以免遗留在瓶口的液体弄脏试剂瓶的外壁。

（3）应学会估计液体的取用量。如 1 mL 的液体相当于滴管的多少滴，5 mL 的液体占一个试管容量的几分之几等。在实验中对于加入量无精确要求的试剂，则可通过估计量取，从而简化操作。

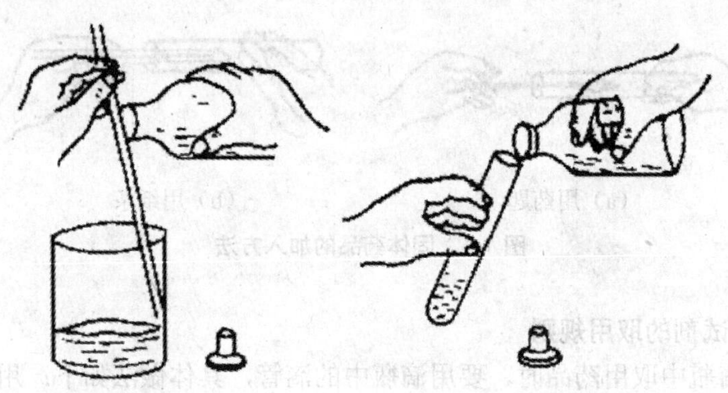

图 1-3　从细口瓶中取用液体药品

（4）定量取用时，用量筒或移液管取用。不同的计量器具的精度各不相同，应根据具体实验步骤选取。量筒是实验室最常用的量具，有多种不同的规格，测量误差通常为量筒最大测量体积的±2%左右。如果量 7 mL 的液体，应选用 10 mL 的量筒，如果用 100 mL 的量筒量取，则误差更大。

量取液体时，液面呈弯月形。要获得正确的读数，应使视线与弯月形的最低点保持水平，如图 1-4 所示，视线偏高或偏低（俯视或仰视）都会造成误差。

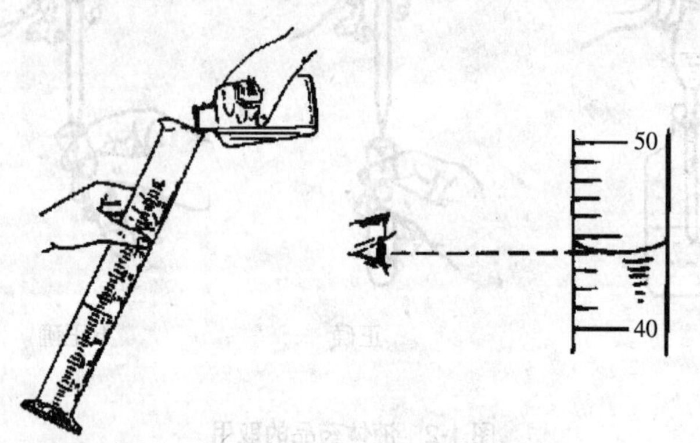

图 1-4　量筒的正确使用和读数方法

3．特殊化学试剂（汞，金属钠、钾）的存放

（1）汞：汞易挥发，可在人体内会积累起来，引起慢性中毒。因此，不要让汞直接暴露在空气中，汞要存放在厚壁器皿中，保存汞的容器内必须加水将汞覆盖，使其不能挥发。玻璃瓶装汞只能至半满。

（2）金属钠、钾：通常应保存在煤油中，放在阴凉处。使用时先在煤油中切割成小块，再用镊子夹取，并用滤纸把煤油吸干。切勿与皮肤接触，以免烧伤。未用完的金属碎屑不能乱丢，可加少量酒精，令其缓慢反应掉。

三、溶液及其配制

（一）一般溶液的配制方法

1．直接水溶法

对一些易溶于水而不易水解的固体试剂，如 KNO_3、KCl、NaCl 等，先算出所需固体试剂的量，用台秤或分析天平称出所需量，放入烧杯中，以少量蒸馏水搅拌使其溶解后，再稀释至所需的体积。若试剂溶解时有放热现象，或以加热促使其溶解的，应待其冷却后，再移至试剂瓶或容量瓶中，并贴上标签备用。

2．介质水溶法

对易水解的固体试剂如 $FeCl_3$、$SbCl_3$、$BiCl_3$ 等，配制其溶液时，称取一定量的固体，加入适量的酸（或碱）使之溶解。再以蒸馏水稀释至所需体积，摇匀后转入试剂瓶。在水中溶解度较小的固体试剂如固体 I_2 可选用 KI 水溶液溶解，摇匀转入试剂瓶。

3．稀释法

对于液态试剂，如盐酸、硫酸等，配制其稀溶液时，用量筒量取所需浓溶液的量，再用适量的蒸馏水稀释。配制硫酸溶液时，需特别注意，应在不断搅拌下将浓硫酸缓缓倒入盛水的容器中，切不可颠倒操作顺序。

易发生氧化还原反应的溶液（如 Sn^{2+}、Fe^{2+}溶液），为防止其在保存期内失效，应分别在溶液中放入一些 Sn 粒和 Fe 粉。

见光容易分解的试剂要注意避光保存，如 $AgNO_3$、$KMnO_4$、KI 等溶液应贮于棕色容器中。

（二）标准物质

标准物质（Reference Material，RM）的定义表述为：已确定其一种或几种特性，用于校准测量器具、评价测量方法或确定材料特性量值的物质。目前，中国的化学试剂中只有滴定分析基准试剂和 pH 基准试剂属于标准物质。滴定分析中常用的工作基准试剂见表 1-3。

基准试剂可用于直接配制标准溶液或用于标定溶液浓度。标准物质的种类很多，实验中还会使用一些非试剂类的标准物质，如纯金属、药物、合金等。

（三）标准溶液

标准溶液是已确定其主体物质浓度或其他特性量值的溶液。化学实验中常用的标准溶液有滴定分析用标准溶液、仪器分析用标准溶液和 pH 测量用标准缓冲溶液。其配制方如下：

（1）由基准物质或标准试剂配制：用分析天平准确称取一定量的基准试剂或标准物质，溶于适量的水中，再定量转移至容量瓶中，用水稀释到刻度。根据称取标准物质的质量和容量瓶的体积，计算其准确浓度。

（2）标定法：有许多试剂不宜用直接法配制标准溶液，而需用间接的方法，即标定法。先根据需要配制出近似浓度的溶液，再用基准物质或已知浓度的标准溶液标定其准确浓度。

表 1-3　常用基准物质的干燥条件和应用

国家标准编号	名称	主要用途	使用前的干燥方法
GB 1253—89	氯化钠	标定 $AgNO_3$ 溶液	773～873 K 灼烧至恒重
GB 1254—90	草酸钠	标定 $KMnO_4$ 溶液	（378±2）K 干燥至恒重
GB 1255—90	无水碳酸钠	标定 HCl、H_2SO_4 溶液	543～573 K 灼烧至恒重
GB 1256—90	三氧化二砷	标定 I_2 溶液	H_2SO_4 干燥器中干燥至恒重
GB 1257—89	邻苯二甲酸氢钾	标定 NaOH 溶液	378～383 K 干燥至恒重
GB 1258—90	碘酸钾	标定 $Na_2S_2O_3$ 溶液	（453±2）K 干燥至恒重
GB 1259—89	重铬酸钾	标定 $Na_2S_2O_3$、$FeSO_4$ 溶液	（393±2）K 干燥至恒重
GB 1260—90	氧化锌	标定 EDTA 溶液	1 073 K 灼烧至恒重
GB 12593—90	乙二胺四乙酸二钠	标定金属离子溶液	$Mg(NO_3)_2$ 饱和溶液恒湿器中放置 7 天
GB 12594—90	溴酸钾	标定 $Na_2S_2O_3$ 溶液，配制标准溶液	（453±2）K 干燥至恒重
GB 12595—90	硝酸银	标定卤化物及硫氰酸盐溶液	H_2SO_4 干燥器中干燥至恒重
GB 12596—90	碳酸钙	标定 EDTA 溶液	（383±2）K 干燥至恒重

（四）缓冲溶液

缓冲溶液是一种能够抵御少量外来酸碱和水的稀释，而保持体系 pH 基本不变的溶液。缓冲溶液由同时大量存在的共轭酸碱对组成，其 pH 主要取决于弱酸（弱碱）的标准离解平衡常数，另外还与共轭酸碱对浓度的比值有关，每一种缓冲溶液都有一定的缓冲容量。许多化学反应（离子的分离、提纯以及分析检验）需要在一定的 pH 的条件下才能定量进行。

常用缓冲溶液的组成及配制方法见本书附录六。

四、常用气体的制备与纯化

（一）气体的制备

化学实验中经常要制备少量气体，可根据原料和反应条件，采用以下某一装置进行。制备氢气、二氧化碳及硫化氢等气体可用启普发生器。

$$Zn+2HCl═ZnCl_2+H_2\uparrow$$
$$CaCO_3+2HCl═CaCl_2+CO_2\uparrow+H_2O$$
$$FeS+2HCl═FeCl_2+H_2S\uparrow$$

启普发生器由一个玻璃容器和球形漏斗组成，固体药品放在中间圆球内，固体下面放些玻璃棉，以免固体掉至下球内。酸从球形漏斗加入，使用时，打开旋塞，酸进入中间球内，与固体接触而产生气体。要停止使用，把旋塞关闭，气体就会把酸从中间球内压入下球及球形漏斗内，使固体与酸不再接触而停止反应。下次再用，只要重新打开旋塞，又会产生气体。启普发生器的优点之一就是使用方便（图 1-5）。

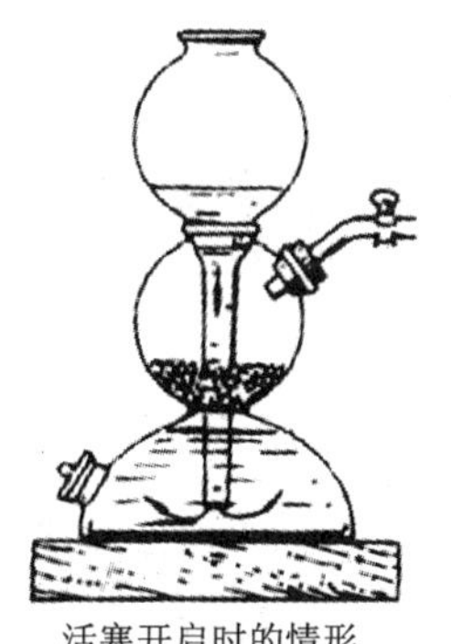
活塞开启时的情形

活塞关闭时的情形

图 1-5 启普发生器

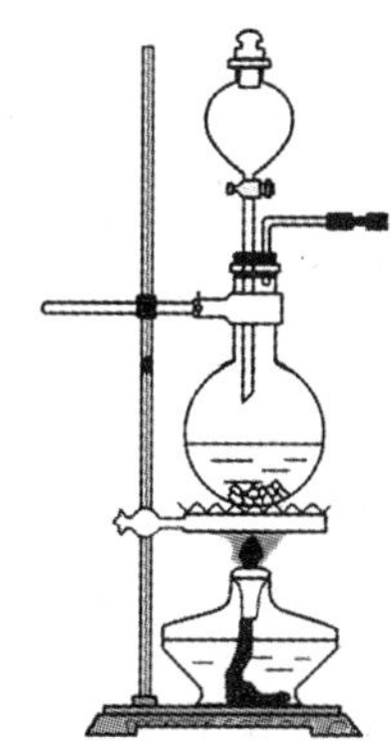

图 1-6 气体发生装置

启普发生器不能加热，且装在发生器内的固体必须是块状的。当制备反应需要在加热情况下进行或固体的颗粒很小甚至是粉末时，就不能使用启普发生器，而要采用如图 1-6 所示的仪器装置。如下列反应：

$$2KMnO_4+16HCl（浓）═2MnCl_2+2KCl+5Cl_2\uparrow+8H_2O$$
$$NaCl+H_2SO_4（浓）═NaHSO_4+HCl\uparrow$$
$$Na_2SO_3+H_2SO_4（浓）═Na_2SO_4+SO_2\uparrow+H_2O$$
$$MnO_2+4HCl（浓）═MnCl_2+Cl_2\uparrow+2H_2O$$

在此装置中，固体加在蒸馏瓶内，酸加在分液漏斗中。使用时，打开分液漏斗下面的旋塞，使酸液滴加在固体上，以产生气体（注意酸不要加得太多）。当反应缓慢或不产生气体时，可以微微加热。

实验室里还可以使用气体钢瓶直接得到各种气体。气体钢瓶是储存压缩气体的特制的耐压钢瓶。钢瓶的内压很大，且有些气体易燃或有毒，所以操作要特别小心，使用时应注意以下几点：

（1）钢瓶应存放在阴凉、干燥、远离热源（如阳光、暖气、炉火）的地方。可燃性气体钢瓶与氧气瓶要分开存放。

（2）不让油或其他易燃性有机物沾在气瓶上（特别是气门嘴和减压器）。不得用棉、麻等物堵漏，以防燃烧引起事故。

（3）使用时，要用减压器（气压表）有控制地放出气体。可燃性气体钢瓶，气门螺纹是反扣的（如氢气、乙炔气）；不燃或助燃性气体钢瓶，气门螺纹是正扣的。各种气体的气压表不得混用。

为了避免把各种气瓶混用，通常在气瓶外面涂以特定的颜色以利区分，并在钢瓶上写明瓶内气体的名称，表 1-4 为我国气瓶常用的标记。

表 1-4　我国气瓶常用标记

气体类别	瓶身颜色	标记颜色	气体类别	瓶身颜色	标记颜色
氮	黑	黄	氯	黄绿	黄
氢	深绿	红	乙炔	白	红
氧	天蓝	黑	二氧化碳	黑	黄
氨	黄	黑	其他一些可燃气体	红	白
空气	黑	白	其他一些不可燃气体	黑	黄

（二）气体的干燥与纯化

实验室中由以上方法制得的气体常常带有酸雾和水汽，所以在要求高的实验中使用前需要进行净化和干燥。酸雾可用水或玻璃棉除去，水汽可选用浓硫酸、无水氯化钙或硅胶等干燥剂吸收。通常用洗气瓶和干燥塔来进行（图 1-7），一般是让发生出来的气体先通过水洗以洗去酸雾，然后再通过浓硫酸吸去水汽，如二氧化碳的净化和干燥就是这样进行的，氢气的净化要复杂一些，因为发生氢气的原料（锌粒）中常含有硫、砷等杂质，所以在氢气发生过程中常夹杂有硫化氢、砷化氢等气体，要采用高锰酸钾溶液，醋酸铅溶液的办法除去硫和砷，酸气也同时除去，最后再通过浓硫酸干燥，有些气体是还原性的或碱性的，就不能用浓酸来干燥，如硫化氢、氨气等，它们可分别用无水氯化钙（干燥硫化氢）或氢氧化钠固体（干燥氨气）来干燥。

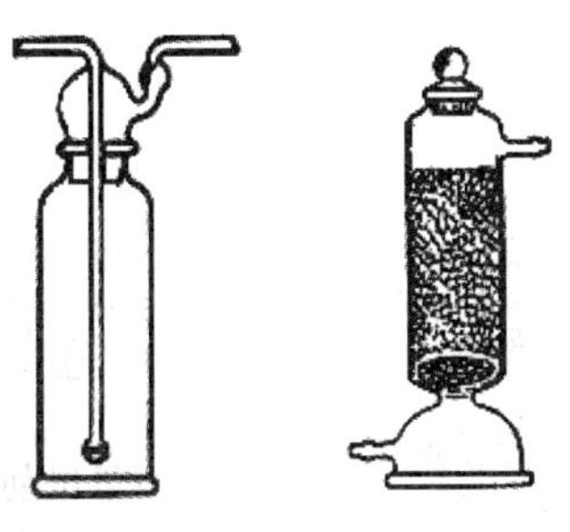

图 1-7 洗气瓶和干燥塔

（三）气体的收集

气体的收集可根据其性质选取不同的方式。在水中溶解度很小的气体（如氢气、氧气），可用排水集气法收集[图 1-8（a）]；易溶于水而比空气轻的气体（如氨气），可按图 1-8（b）所示的排气集气法收集；易溶于水而比空气重的气体（如氯气、二氧化碳），可按图 1-8（c）所示的排气集气法收集。

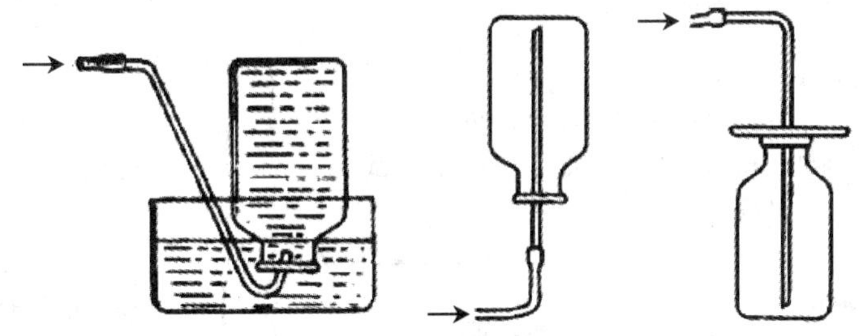

（a）排水集气法 （b）向下排气集气法 （c）向上排气集气法

图 1-8 气体的收集方法

第二节 常用仪器及基本操作

在实验课开课前，实验教师会为每位学生配齐一套常用的实验仪器（此套仪器在使用期间归学生个人保管，期末交回）并配合录像教学，使学生对常用仪器的使用、操作有一个初步的认识和了解。无机及分析化学实验常用仪器以玻璃仪器为主，这些玻璃仪器一般按用途可分为容器类（烧杯、试管等）、量器类（移液管、量筒等）和特殊用途类（如干燥器、漏斗等），按性能可分为可加热类（如试管、烧杯等）和不可加热类（如容量瓶、表面皿等）。

一、一般仪器

表 1-5　实验常用仪器介绍

仪器	规格	作用	注意事项
普通试管　离心试管	玻璃质，分硬质试管，软质试管；普通试管，离心试管。 无刻度的普通试管以管口外径（mm）×管长（mm）表示。离心试管以容量（mL）表示。	用作少量试剂的反应容器，便于操作和观察，也可用于少量气体的收集。 离心试管主要用于沉淀分离。	普通试管可直接用火加热。硬质试管可加热至高温。 加热时应用试管夹夹持。 加热后不能骤冷。 离心试管只能用水浴加热。
试管架	有木质、铝质和塑料质等。 有大小不同、形状不一的各种规格。	盛放试管。	加热后的试管应以试管夹夹好悬放架上。
试管夹	由木料或粗金属丝、塑料制成。形状各有不同。	夹持试管。	防止烧损和锈蚀。
毛刷	以大小和用途表示，如试管刷等。	洗刷玻璃器皿。	使用前检查顶部竖毛是否完整，避免顶端铁丝戳破玻璃仪器。
烧杯	玻璃质，分硬质、软质，有一般型和高型，有刻度和无刻度的几种规格。按容量（mL）分，有 50，100，150，200，250，500……	用作较大量反应物的反应容器，反应物易混合均匀。 也用作配制溶液时的容器或简易水浴的盛水器。	加热时应置于石棉网上，使受热均匀。 刚加热后不能直接置于桌面上，应垫以石棉网。
锥形烧瓶	玻璃质。规格以容量（mL）表示。	反应容器，振荡方便，适用于滴定操作。	盛液不能太多。 加热应下垫石棉网或置于水浴中。

仪器	规格	作用	注意事项
蒸馏烧瓶	玻璃质。规格以容量（mL）表示。	用于液体蒸馏，也可用作少量气体的发生装置。	加热时应放置在石棉网上。 竖放在桌面上时，应垫以合适器具，以防滚动而打破。
普通烧瓶	玻璃质。有普通型和标准磨口型。 规格以容量（mL）表示。磨口的还以磨口标号表示其口径大小，如 10，14，19 等。	反应物较多，且需长时间加热时常用它作反应容器。	同上
量筒	玻璃质。规格以刻度所能量度的最大容积（mL）表示。上口大下部小的称作量杯。	用于量度一定体积的液体。	不能加热。 不能量热的液体。 不能用作反应容器。
移液管 吸量管	玻璃质。移液管为单刻度，吸量管有分刻度。 规格以刻度最大标度（mL）表示。	用于精确移取一定体积的液体。	不能加热。 用后应洗净，置于吸管架（板）上，以免沾污。
滴定管（酸式 碱式）	玻璃质。分酸式和碱式两种；管身颜色为棕色或无色。 规格以刻度最大标度（mL）表示。	用于滴定，或用于量取较准确体积的液体。	不能加热及量取热的液体。不能用毛刷洗涤内管壁。 酸、碱管不能互换使用。酸管与酸管的玻璃旋塞配套使用，不能互换。
容量瓶	玻璃质。规格以刻度以下的容积（mL）表示。有的配以塑料瓶塞。	配制准确浓度的溶液时用。	不能加热。不能用毛刷洗刷。 瓶的磨口瓶塞配套使用，不能互换。

仪器	规格	作用	注意事项
称量瓶	玻璃质。分高型和矮型。规格以外径（mm）×瓶高（mm）表示。	需要准确称取一定量的固体样品时用。	不能直接用火加热。盖与瓶配套，不能互换。
干燥器	玻璃质。分普通干燥器和真空干燥器。规格以上口内径（mm）表示。	内放干燥剂，用作样品的干燥和保存。	小心盖子滑动而打破。灼烧过的样品应稍冷后才能放入，并在冷却过程中要每隔一定时间开一开盖子，以调节干燥器内压力。
坩埚钳	金属（铁、铜）制品。有长短不一的各种规格。习惯上以长度（cm）表示。	夹持坩埚加热，或往热源（煤气灯、电炉、马弗炉）中取、放坩埚。	使用前钳尖应预热；用后钳尖应向上放在桌面或石棉网上。
药匙	由牛角或塑料制成，有长短各种规格。	拿取固体样品用。视所取药量的多少选用药匙两端的大、小勺。	不能用于取灼热的药品，用后应洗净擦干备用。
滴瓶	玻璃质。带磨口塞或滴管，有无色和棕色。滴管上带有橡皮胶头。规格以容量（mL）表示。有15，30，60，125等。	盛放少量液体试剂或溶液，便于取用。	1．棕色瓶放见光易分解或不太稳定的物质。 2．滴管不能吸得太满，也不能倒置。 3．滴管专用，不得弄混，弄脏。
细口瓶	玻璃质。有磨口和不磨口，无色、棕色和蓝色的规格。 按容量（mL）分，有100，125，250，500，1 000…… 细口瓶又叫试剂瓶。	储存溶液和液体药品的容器。	1．不能直接加热。 2．瓶塞不能弄脏、弄乱。 3．盛放碱液应改用胶塞。 4．有磨口塞的细口瓶不用时应洗净并在磨口处垫上纸条。 5．有色瓶盛见光易分解或不太稳定的物质的溶液或液体。

仪器	规格	作用	注意事项
集气瓶	玻璃质。无塞、瓶口面磨砂并配毛玻璃盖片。规格以容量（mL）表示。	用作气体收集或气体燃烧实验。	进行固一气燃烧试验时，瓶底应放少量沙子或水。
洗气瓶	玻璃质，形状有多种。规格按容量（mL）分，有 125，250，500，1 000……	用于净化气体，反接也可作安全瓶（或缓冲瓶）用。	1. 接法要正确（进气管通入液体中）。 2. 洗涤液注入容器高度 1/3，不得超过 1/2。
表面皿	玻璃质。规格以口径（mm）表示。	盖在烧杯上，防止液体进溅或其他用途。	不能用火直接加热。
长颈漏斗　漏斗	玻璃质或搪瓷质。分长颈、短颈。 以斗径（mm）表示。	用于过滤操作以及倾注液体。长颈漏斗特别适用于定量分析中的过滤操作。	不能用火直接加热。
抽滤瓶和布氏漏斗	布氏漏斗为瓷质，规格以容量（mL）或斗径（cm）表示。 抽滤瓶为玻璃质，规格以容量（mL）表示。	两者配套，用于无机制备晶体或粗颗粒沉淀的减压过滤。	不能用火直接加热。
砂芯漏斗	又称烧结漏斗、细菌漏斗。 漏斗为玻璃质。砂芯滤板为烧结陶瓷。 其规格以砂芯板孔的平均孔径（μm）和漏斗的容积（mL）表示。	用作细颗粒沉淀以至细菌的分离。也可用于气体洗涤和扩散实验。	不能用于含氢氟酸、浓碱液及活性炭等物质体系的分离，避免腐蚀而造成微孔堵塞或沾污。 不能用火直接加热。用后应及时洗涤，以防滤渣堵塞滤板孔。
分液漏斗	玻璃质规格以容量（mL）和形状（球形、梨形、筒形、锥形）表示。	用于互不相溶的液一液分离。也可用于少量气体发生器装置中加液。	不能用火直接加热，玻璃旋塞、磨口漏斗塞子与漏斗配套使用不能互换。

仪器	规格	作用	注意事项
蒸发皿	瓷质，也有玻璃、石英或金属制成。规格以口径（mm）或容量（mL）表示。	蒸发浓缩液体用。随液体性质不同可选用不同质地的蒸发皿。	能耐高温但不宜骤冷。蒸发溶液时一般放在石棉网上。也可直接用火加热。
坩埚	有瓷、石英、铁、镍、铂及玛瑙等。规格以容量（mL）表示。	强热、煅烧固体用。随固体性质不同可选用不同质的坩埚。	灼烧固体用。随固体性质不同而选用。可直接灼烧至高温。灼热的坩埚置于石棉网上。
泥三角	用铁丝弯成，套以瓷管。 有大小之分。	灼烧坩埚时放置坩埚用。	铁丝已断裂的不能使用。灼热的泥三角不能直接置于桌面。
石棉网	由铁丝编成，中间涂有石棉。规格以铁网边长（cm）表示，如16×16、23×23等。	加热时垫在受热仪器与热源之间，能使受热物体均匀受热。	用前检查石棉是否完好，石棉脱落的不能使用。不能与水接触或卷折。
燃烧匙	铁或铜制品。	检验物质可燃性，进行固气燃烧试验。	用后应立即洗净，擦干匙勺。
三脚架	铁制品。有大小、高低之分。	放置较大或较重的加热容器，作仪器的支撑物。	1. 放置加热容器（除水浴锅外）应先放石棉网。 2. 下面加热灯焰的位置要合适，一般用氧化焰加热。
铁夹（烧瓶夹） 铁环、铁架（台）	铁制品。烧瓶夹也有铝或铜制成的。	用于固定或放置反应容器。 铁环还可代替漏斗架使用。	使用前检查各旋钮是否可旋动。 使用时仪器的重心应处于铁架台底盘中部。

仪器	规格	作用	注意事项
研钵	用瓷、玻璃、玛瑙或金属制成。 规格以口径（mm）表示。	用于研磨固体物质及固体物质的混合。 按固体物质的性质和硬度选用。	不能用火直接加热。研磨时，不能舂碎只能碾压。 不能研磨易爆物质。
水浴锅	铜或铝制品。	用于间接加热。也可用作粗略控温实验。	加热时防止锅内水烧干，损坏锅体。 用后应将水倒出，洗净擦干锅体，使其免受腐蚀。
点滴板	透明玻璃质、瓷质。分黑釉和白釉两种。 按凹穴的多少分有四穴、六穴、十二穴等。	用作同时进行多个不需分离的少量沉淀反应的容器，根据生成的沉淀及反应溶液的颜色选用黑、白或透明点滴板。	不能加热。 不能用于含氢氟酸溶液和浓碱液的反应。
碘量瓶	玻璃质。瓶塞、瓶颈部为磨砂玻璃。 规格以容量（mL）表示。	主要用作碘的定量反应的容器。	瓶塞与瓶配套使用。
自由夹、螺旋夹	铁制品，自由夹也叫弹簧夹、水止夹或皮管夹等多种名称。螺旋夹也叫节流夹。	在蒸馏水储瓶、制气或其他实验装置中沟通或关闭流体的通路。螺旋夹还可控制流体的流量。	1. 应使用自由夹的中间部位夹持胶管。 2. 在蒸馏水储瓶的装置中，夹子夹持胶管的部位应常变动。 3. 实验完毕，应及时拆卸装置，夹子擦净放入柜中。
漏斗架	木制，有螺丝可固定于铁架台或木架上。	用于过滤时支撑漏斗。	活动的有孔板不能倒放。

二、玻璃器皿

（一）量筒和量杯

量筒和量杯是容量精度不太高的最普通的玻璃量器。量筒分为量出式和量入式两种，量入式有磨口塞子。量出式在基础化学实验中普遍使用，量入式用得不多。

（二）移液管和吸量管

移液管是用于准确量取一定体积溶液的量出式玻璃量器，全称“单标线吸量管”，习惯称为移液管，如图 1-9（a）所示。管颈上部刻有一标线，吸入的液体的弯月面下沿与此标线相切后，让液体自然放出，所放出液体的总体积，就是移液管的容量。一般常用的有 25 mL，10 mL（20℃或 25℃）等规格。在使液体自然放出时，最后因毛细作用总有一小部分液体留在管口不能流出。这时不用使用外力使之放出，因为校正移液管容量时，就没有考虑这一滴液体，放出液体时把移液管的尖嘴靠在容器壁上，稍等片刻就可以拿开。也有少数移液管上面标有“吹”字，则放出液体时就要把管口的液体吹出。

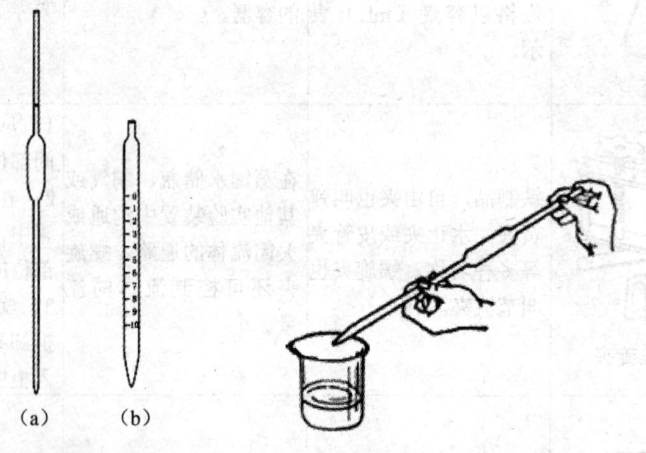

图 1-9　移液管和吸量管　　　　图 1-10　移液管的洗涤

吸量管如图 1-9（b）所示，是一种刻有百分度的内径均匀的玻璃管（下部管口尖细），最大容量有 10 mL，5 mL，2 mL 和 1 mL 等多种，可以量取非整数的小体积液体，最小分度有 0.1 mL，0.02 mL 以及 0.01 mL 等，量取液体时每次都是从上端 0.00 刻度开始，放至所需要的体积刻度为止。移液管和吸量管的使用方法如下：

（1）移液管和吸量管在使用之前，依次用铬酸洗液、自来水、蒸馏水洗，洗至内壁不挂水珠为止。移取溶液前，用待取溶液刷洗 3 次。

（2）移取溶液的正确操作姿势见图 1-11，左手拿洗耳球，右手拇指及中指拿住移液管或吸量管的上端标线以上部分，使管下端伸入液面下 1～2 cm，不应伸入太深，以免外壁沾有过多液体，也不应伸入太浅，以免液面下降时吸入空气。这时，左手用洗耳球轻轻吸上液体，眼睛注意管中液面的上升情况，移液管和吸量管则随容器中液体的液面下降而往下伸[图 1-11（a）]。当液体上升到标线刻度以上时，迅速用食指堵住上部管口，将移液管从液面下取出，靠在容器内壁上，然后稍松食指并用拇指及中指捻转移液管（吸量管）管身，使标线以上的液体流回去，当液面的弯月形最低点与标线相切时，就按紧管口，使液体不再流出。取出移液管插入准备接受液体的容器中，仍是其出口尖端接触器壁，让接受容器倾斜而移液管保持直立，松开食指，使液体自由的沿壁流下[图 1-11（b）]，待液面下降到管尖后，再等待 15 s，将管身左右转动一下后拿出移液管。

假如没有洗耳球也可以用嘴代替洗耳球吸取液体，但浓酸、浓碱或有刺激性和有毒的溶液则不能用嘴吸取以保证安全。

（三）滴定管

滴定管是化学滴定分析时准确测量滴定剂体积的玻璃量器，也可用于取用准确体积的液体试剂。滴定管分具塞和无塞两种（即习惯称的酸式滴定管和碱式滴定管）。实验室常用的有 10.00 mL、25.00 mL、50.00 mL 等容量规格的滴定管。

具塞普通滴定管的外形如图 1-12（a）所示，它不能长时间盛放碱性溶液（避免腐蚀磨口和旋塞），所以惯称为酸式滴定管。它可以存放酸性、中性及氧化性溶液。

无塞普通滴定管的外形如图 1-12（b）所示，由于它可盛放碱性溶液，故通常称为碱式滴定管。管身与下端的细管之间用乳胶管连接，胶管内放一粒玻璃珠，用手指捏挤玻璃珠周围的橡皮时会形成一条狭缝，溶液即可流出，并可控制流速如图 1-12（c）所示。玻璃珠的大小要适当，过小会漏液或使用时上下滑动，过大则在放液时手指吃力，操作不方便。碱式滴定管不宜盛放对乳胶管有腐蚀作用的溶液，如 $KMnO_4$、I_2、$AgNO_3$ 等溶液。

1. 滴定管的使用

拿到一支新滴定管，用前要先做一些初步检查，如酸式滴定管玻璃旋塞是否转动灵活，碱式滴定管的乳胶管孔径与玻璃珠大小是否合适，乳胶管是否有孔洞、裂纹和硬化，滴定管是否完好无损等。初步检查合格后，进行下列准备工作：

（1）洗涤：选择合适的洗涤剂和洗涤方法。通常滴定管可用自来水或管刷蘸肥皂水或洗涤剂洗刷，但不能使用去污粉。去污粉的细颗粒很容易沾附在管壁上，不易清洗除去。也不要用铁丝做的毛刷刷洗，因为容易划伤器壁，引起容量变化，并且划伤的表面更易藏污垢。

用洗涤剂洗后用自来水冲洗干净，再用蒸馏水润洗；有油污的滴定管要用铬酸洗液洗涤。

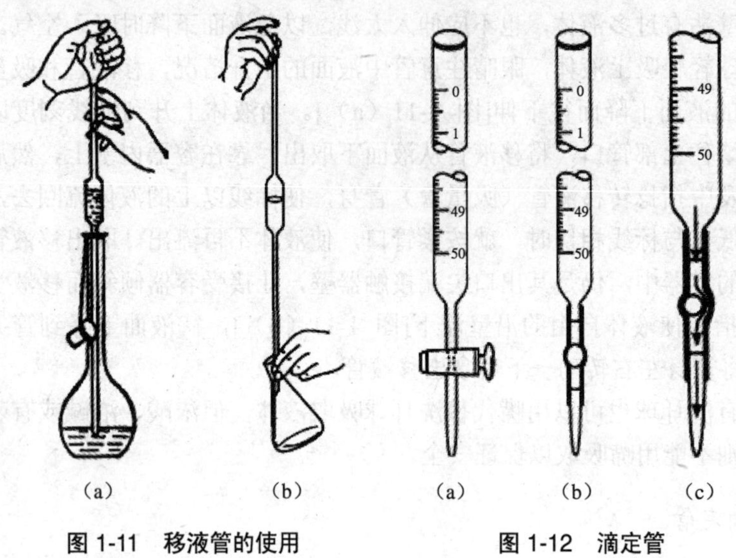

（a）（b）
图 1-11　移液管的使用
（a）（b）（c）
图 1-12　滴定管

（2）涂凡士林：使用酸式滴定管时，为使旋塞转动灵活而又不致漏水，需要在旋塞上涂一薄层凡士林。其方法是将管内的水倒掉，平放在台上，抽出旋塞，用滤纸将旋塞和旋塞套内的水吸干，再换滤纸反复擦拭干净之后，用手指蘸少量凡士林将旋塞上均匀地涂上薄薄一层凡士林（涂量不能多），尤其在孔的近旁不能涂多（图 1-13）。将旋塞插入旋塞套内，然后向同一方向转动旋塞，直到从旋塞外面观察，全部呈透明为止，否则，应重新处理。如发现转动不灵活，旋塞内油层出现纹路，表示涂油不够，如有油从旋塞缝溢出或进入旋塞孔，表示涂油太多。遇到这种情况，都必须重新涂凡士林。

（3）检漏：检查密合性，管内充水至最高标线，垂直挂在滴定台上，1 min 后观察旋塞边缘及管口是否渗水；然后转动旋塞 180°，再观察一次。如有漏水，必须重新涂油。

（4）装入操作溶液：滴定前用操作溶液（滴定液）洗涤三次，将操作溶液（滴定液）装入滴定管，排出管内空气，并调定零点。

（5）出口管口气泡的清除：当滴定溶液装入滴定管时，出口管还没有充满溶液，此时将酸式滴定管倾斜约 20°，左手迅速打开旋塞使溶液冲出，就能充满全部出口管，假如使用碱式滴定管，则把橡皮管向上弯曲，玻璃尖嘴斜向上方，用两指挤压玻璃珠，使溶液从出口管喷出，气泡随之逸出（图 1-14）。

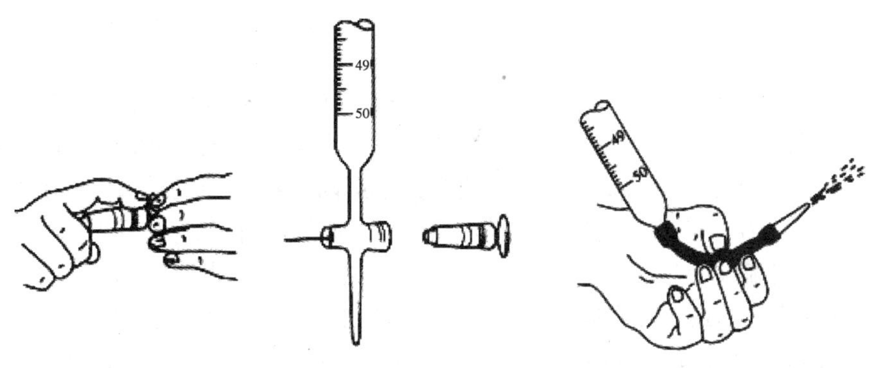

图 1-13　活塞涂凡士林的方法　　图 1-14　碱式滴定管排气法

（6）滴定操作：取一定量的被滴定试液放在锥形瓶中，滴定之前先记录滴定管的初始读数，然后将滴定管垂直夹在滴定管架上，开始滴定。用右手的拇指、食指和中指握住锥形瓶的颈部，左手拇指、食指和中指转动旋塞，同时轻轻向内扣住旋塞，手心要悬空，防止手心将旋塞顶出，造成溶液渗漏[图 1-15（a）]。右手腕不停地转动，使锥形瓶内的溶液朝同一个方向旋转运动。开始滴定时，溶液滴加的速度可以稍快些，但不能形成水流，应使溶液逐滴加入，同时注意观察锥形瓶中溶液颜色的变化，正确控制终点。滴入溶液时，锥形瓶中往往形成一个色斑，当色斑褪色较缓慢时，预示终点已临近。此时应一滴一滴地加入，滴一滴，摇几下，并用洗瓶吹入少量蒸馏水冲洗锥形瓶内壁，使附在内壁上的滴定剂也参加反应。滴至溶液颜色发生明显的突变即为终点，停止滴定，记录读数。为使终点控制得恰到好处，减小终点误差，应掌握半滴的操作要领。将旋塞稍稍转动，使溶液悬于滴定管尖嘴处，将锥形瓶与管口接触，使液滴流出，再用洗瓶将其冲下，即滴入半滴溶液[图 1-15（b）、（c）]。

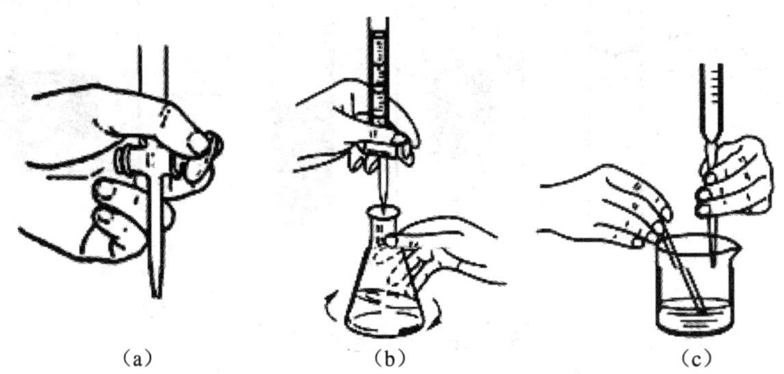

图 1-15　滴定管的操作方法

（7）滴定管读数方法：由于读数不准确而引起的误差是滴定分析误差的重要来源之一。读数应遵守下列规则：

① 将滴定管从滴定管架上取下，用右手拇指和食指轻轻捏住滴定管上部无刻度处，其他手指从旁辅助，使滴定管自然保持竖直，然后再读数。如果滴定管在滴定管架上能保持垂直而无偏斜，读数时视线能保持水平，也可在滴定管架上直接读数。

② 由于水对玻璃的浸润作用，滴定管内的液面呈弯月形。无色和浅色溶液的弯月面比较清晰，读数时，应读弯月面下缘实线的最低点[图 1-16（a）]，即视线与弯月面缘实线的最低点在同一水平。对于深色溶液，如 $KMnO_4$、I_2 溶液，其弯月面不够清晰，读数时，视线应与液面的最高点在同一水平[图 1-16（c）]。

③ 在装溶液或放出溶液后，必须等 1～2 min，使附着在内壁的溶液流下后，再读数。如果放出溶液的速度很慢，如半滴半滴放出，只需等 0.5～1 min 即可读数。注意，每次读数前应检查：管壁是否挂水珠，管口尖嘴处有无悬挂液滴，管尖部分有无气泡。

④ 每次读数都应准确至 0.01 mL，如 25.59 mL，22.10 mL 等。

⑤ 对于乳白底蓝条线衬背的“蓝带”滴定管，滴定管中液面呈现三角交叉点，应读取交叉点与刻度相交点的读数[图 1-16（b）]。

⑥ 初学者可准备一个读数卡，以便于准确读数。它是用贴有黑纸或涂有黑色长方形（约 3 cm×1.5 cm）的白纸板制成[图 1-16（d）]。读数时，将读数卡放在滴定管背后，使黑纸上缘在弯月面下约 1 mm 处。此时即可看到弯月面的反射层全部成为黑色，然后读取黑色弯月面下缘的最低点。对深色溶液须读液面最高点时，可用白色卡片为背景。应注意调零和读数时条件一致，或都使用读数卡，或都不用读数卡。

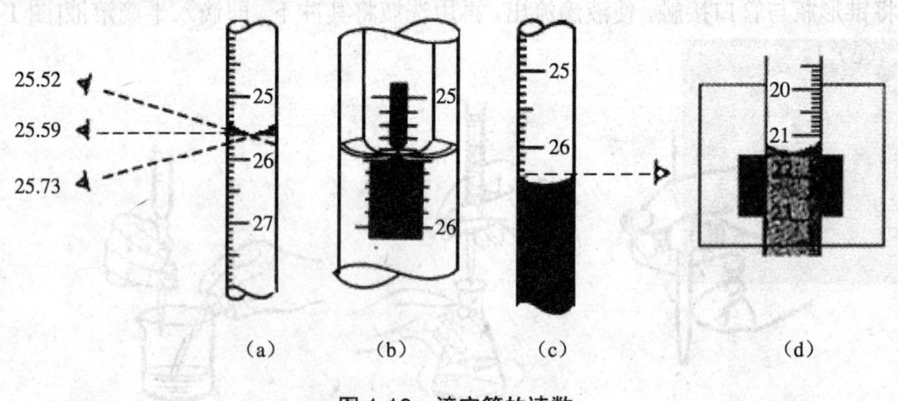

图 1-16 滴定管的读数

2．滴定操作时注意事项

（1）每次滴定最好都是将溶液装至滴定管的“0.00”mL 刻度上或稍下一点开

始，这样可以消除因上下刻度不均匀所引起的误差。

（2）使用碱式滴定管时，把握好捏胶管的位置。位置偏上，调定零点后手指一松开，液面就会降至零线以下；位置偏下，手一松开，尖嘴（流液口）内就会吸入空气，这两种情况都直接影响滴定结果。滴定读数时，若发现尖嘴内有气泡必须小心排除。

（3）握塞方式及操作如图 1-15 所示，通常滴定在锥形瓶中进行，右手持瓶，使瓶内溶液不断旋转。对溴酸钾法、碘量法等需在碘量瓶中进行反应和滴定。碘量瓶是带有磨口塞和水槽的锥形瓶，喇叭形瓶口与瓶塞柄之间形成一圈水槽，槽中加入纯水便形成水封，可防止瓶中溶液反应生成的气体遗失。反应一定时间后，打开瓶塞，水即流下并可冲洗瓶塞和瓶壁。接着进行滴定，无论哪种滴定管，都要掌握好加液速度（连续滴加、逐滴滴加、半滴滴加），终点前，用蒸馏水冲洗瓶壁，再继续滴至终点。

（4）实验完毕后，滴定溶液不宜长时间放在滴定管中，应将管中的溶液倒掉，用水洗净后再装满纯水挂在滴定台上。

（四）容量瓶

容量瓶是一个细颈梨形的平底玻璃瓶，带有磨口塞子，颈上有标线，表示在所指的温度（一般为 20℃）下，当液体充满到标线时，液体的体积恰好和瓶上所注明的体积相等。

容量瓶属于量入式量器，主要用于配制准确浓度的溶液或定量地稀释溶液。常用的容量瓶有 25 mL、50 mL、100 mL、250 mL、500 mL、1 000 mL 等规格。配好的溶液如需保存，应该转移到细口瓶中去。

使用时注意以下几点：

（1）容量瓶在洗涤前应先检查一下瓶塞是否漏水，瓶中放入自来水，放到标线附近，盖好盖后，左手按住塞子，右手把持住瓶底边缘（图 1-17），把瓶子倒立片刻，观察瓶塞有无漏水现象，不漏水的容量瓶才能使用。容量瓶的磨口玻璃塞与瓶体是配套的，如果盖错，易造成漏水，应该用一根线绳（橡皮筋）把塞子系到瓶颈上。

（2）将固体物质（基准试剂或被测样品）配成溶液时，先在烧杯中将固体物质全部溶解后，再转移至容量瓶中。转移时要使溶液沿玻璃棒缓缓流入瓶中，如图 1-17 所示。烧杯中的溶液倒尽后，烧杯不要马上离开玻璃棒，而应在烧杯扶正的同时使杯嘴沿玻璃棒上提 1～2 cm，随后烧杯离开玻璃棒（这样可避免烧杯与玻璃棒之间的一滴溶液流到烧杯外面），然后用少量水（或其他溶剂）刷洗 3～4 次，每次都用洗瓶或滴管冲洗杯壁及玻璃棒，按同样的方法转入瓶中。当溶液达 2/3 容量时，可将容量瓶沿水平方向摆动几周以使溶液初步混合。再加水至标线以下约 1 cm 处，等待 1 min 左右，最后用洗瓶（或滴管）沿壁缓缓加水至标线。盖好瓶塞，将容量瓶倒转，等气泡上升后，轻轻振荡，再倒转过来，重复操作多次，就能使瓶中溶液混合均匀（图 1-17）。

假如固体是经过加热溶解的，那么溶液必须冷却后才能转移到容量瓶中。

将一种已知其准确浓度的浓溶液定量稀释时，选择适当的容量瓶，然后按上述方法冲稀至标线。

(3) 对容量瓶材料有腐蚀作用的溶液，尤其是碱性溶液，不可在容量瓶中久贮，配好后应转移到其他容器中存放。

(4) 使用完毕，应立即将容量瓶冲洗干净。如长期不用，磨口处应洗净擦干，并用小纸片将磨口隔开。

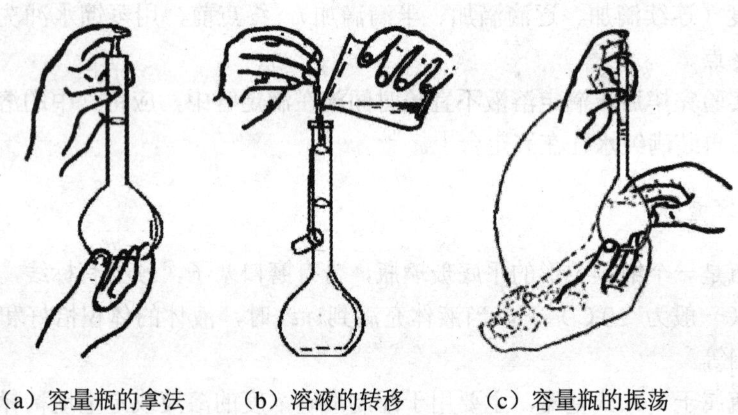

(a) 容量瓶的拿法　　(b) 溶液的转移　　(c) 容量瓶的振荡

图 1-17　容量瓶的拿法及溶液的转移

(五) 容量仪器的校准

常用的滴定管、容量瓶和移液管等量器是用来准确量取溶液体积的，因此其准确度应该符合要求。目前我国生产的量器的准确度可以满足一般分析工作者的要求，无须校准。但是在要求较高的分析上作中则必须对所用的量器进行校准。量器的误差主要来自两方面：其一是仪器标刻体积不准，其二是量器所标容积都是指在 20℃时的容积，若测量不在 20℃下进行，就会出现误差。容量器皿的校准常采用称量法；有时需要对滴定管、容量瓶和移液管等进行容积的相对比较，这种方法称为相对校准法。

1. 称量法

称量法的原理是称量量器中所容纳或放出水的质量，根据水的密度计算该容器在 20℃时的容积。由质量换算成容积时，必须考虑三方面因素的影响：

①水的密度随温度而改变；

②空气浮力对称量水的质量的影响；

③温度对玻璃量器胀缩的影响。

综合上述因素，得出总的校正公式为：

$$\rho_t' = \frac{\rho_t}{1 + \dfrac{0.001\,2}{\rho_t} - \dfrac{0.001\,2}{8.4}} + 0.000\,025(t-20)\rho_t$$

式中：ρ_t'——t℃时在空气中 1 mL 水的质量，g；

ρ_t——水的密度（在真空中的质量），g·mL^{-1}，可查表；

t——校准时的温度，℃；

0.001 2——空气的密度；

8.4——黄铜砝码的密度；

0.000 025——玻璃的体膨胀系数。

表 1-6 为不同温度时的 ρ_t 和计算所得的 ρ_t'，根据此表可以计算任一温度下一定质量的纯水所占的实际容积与量器所测量容积的差值，即为校正值。

表 1-6 不同温度时的 ρ_t 和 ρ_t'

温度/℃	ρ_t/（g·mL^{-1}）	ρ_t'/（g·mL^{-1}）	温度/℃	ρ_t/（g·mL^{-1}）	ρ_t'/（g·mL^{-1}）
10	0.999 70	0.999 39	20	0.998 23	0.997 18
11	0.999 60	0.998 31	21	0.998 02	0.997 00
12	0.999 49	0.998 23	22	0.997 80	0.996 80
13	0.999 38	0.998 14	23	0.997 56	0.996 60
14	0.999 26	0.998 04	24	0.997 32	0.996 38
15	0.999 13	0.997 93	25	0.997 07	0.996 17
16	0.998 97	0.997 80	26	0.996 81	0.995 93
17	0.998 80	0.997 65	27	0.996 54	0.995 69
18	0.998 62	0.997 51	28	0.996 26	0.995 44
19	0.998 43	0.997 34	29	0.995 97	0.995 18

下面以滴定管为例说明量器的校正方法：在洗净的滴定管中，装入蒸馏水，调节至 0.00 刻度。如欲校正滴定管 0～10 mL 范围内的容积，则以每分钟不超过 100 mL 的流速放出约 10 mL 水于干净的 50 mL 带磨口塞的锥形瓶中（锥形瓶应预先干燥并称得准确质量），记录放出水的体积。盖紧磨口塞，称量出水的质量。根据称量的水的质量，除以实验温度下的 ρ_t'（可从表 1-6 中查得），得出实际体积，将其与标刻体积相比较，即得体积校正值ΔV。

例如，在 25℃下校准滴定管，称得纯水质量为 10.08 g，按滴定管刻度读得体积为 10.10 mL，则它的实际体积为：

$$\frac{10.08}{0.99617}=10.12\ (\text{mL})$$

$$\text{校正值}\quad \Delta V=10.12-10.10=0.02\ (\text{mL})$$

2．相对校正法

在容量分析中，经常需要分取试液的若干分之一进行测定。例如，用重铬酸钾法测定铁矿石中全铁的含量时，称试样 2.500 0 g 溶解后，转入 250 mL 容量瓶中定容，再用 25 mL 移液管移取 25 mL 溶液于锥形瓶中，用重铬酸钾标准溶液滴定。若所用 250 mL 容量瓶的容积不正好等于 25 mL 移液管的 10 倍，就会造成误差，因此需要对容量瓶和移液管进行相对校准。具体操作是：取一只干燥、洁净的容量瓶，用 25 mL 移液管一次次地吸取水，注入容量瓶。若加水 10 次后水的弯月面最低点正好和刻度线相切，则容量瓶和移液管的相对容积是准确的，否则应在容量瓶上做一新的校准标线。

三、玻璃仪器的洗涤与干燥

无机及分析化学实验中使用的玻璃仪器常沾附有化学药品，既有可溶性物质，也有灰尘和其他不溶性物质以及油污等。为了使实验得到正确的结果，实验所用的玻璃仪器必须是洁净的，有时还需要干燥，所以须对玻璃仪器进行洗涤和干燥，玻璃仪器的洗涤根据实验要求、污物性质和沾污的程度选用适宜的洗涤方法。化学实验室中常用的洗涤剂是肥皂、肥皂液、洗洁精、洗衣粉、去污粉、各种洗涤液和有机溶剂等。其方法有冲洗、刷洗及药剂洗涤等。

（一）一般污物的洗涤方法

1．用水刷洗

用毛刷刷洗仪器（从里到外），每次刷洗用水不必太多，可洗去可溶性物质、部分不溶性物质和尘土等，但不能除去油污等有机物质。

2．用去污物（肥皂、合成洗涤剂）洗

去污粉是由碳酸钠、白土、细沙等混合而成的。将要洗的容器先用水湿润（需用少量水），然后，撒入少量去污粉，再用毛刷刷洗，它是利用碳酸钠的碱性具有强的去污能力，细沙的摩擦作用，白土的吸附作用，增加了对仪器的清洗效果。仪器内外壁经擦洗后，先用自来水冲洗去去污粉颗粒，然后用蒸馏水洗三次，去掉自来水中带来的钙、镁、铁、氯等离子。每次蒸馏水的用量要少些，注意节约用水（采取“少量多次”的原则）。

3．用铬酸洗液洗

铬酸洗液是由浓硫酸和重铬酸钾配制而成的（通常将 25 g $K_2Cr_2O_7$ 置于烧杯中，加 50 mL 水溶解，然后在不断搅拌下，慢慢加入 450 mL 浓硫酸），呈深红褐色，具有强酸性、强氧化性，对有机物、油污等的去污能力特别强。

一些较精密的玻璃仪器，如滴定管、容量瓶、移液管等，由于口小、管细难以用刷子刷洗，且容量精确，不宜用刷子摩擦内壁。常可用铬酸洗液来洗。洗涤时装入少量洗液，将仪器倾斜转动，使管壁全部被洗液湿润。转动一会儿后将洗液倒回原洗液瓶中，再用自来水把残留在仪器中的洗液洗去，最后用少量的蒸馏水洗三次。沾污程度严重的玻璃仪器用铬酸洗液浸泡十几分钟，再依次用自来水和蒸馏水洗涤干净。把洗液微微加热浸泡仪器效果会更好。

如何判断器皿的清洁与否呢，已经清洁的器皿壁上留有均匀的一层水膜，而不挂水珠。凡是已经洗净的仪器，绝不能用布或纸擦干，否则，布或纸上的纤维将会附着在仪器上。

使用铬酸洗液时，应注意以下几点：

①尽量把仪器内的水倒掉，以免把洗液冲稀；

②洗液用完应倒回原瓶内，可反复使用；

③洗液具有强的腐蚀性，会灼伤皮肤、破坏衣物，如不慎把洗液洒在衣物、皮肤或桌面上，应立即用水冲洗；

④已变成绿色的洗液（重铬酸钾还原为硫酸铬的颜色，无氧化性），不能继续使用；

⑤铬（Ⅵ）毒性很强，清洗残留在仪器上的洗液时，第一、二遍的洗涤水不要倒入下水道，应回收处理。

（二）特殊污物的洗涤方法

对于某些污物用通常的方法不能洗涤除去，则可通过化学反应将沾附在器壁上的物质转化为水溶性物质。例如，铁盐引起的黄色污物可加入稀盐酸或稀硝酸浸泡片刻即可除去；接触、盛放高锰酸钾后的容器可用草酸溶液清洗（沾在手上的高锰酸钾也可同样清洗）；沾在器壁上的二氧化锰用浓盐酸处理使之溶解；沾有碘时，可用碘化钾溶液浸泡片刻，或加入稀的氢氧化钠溶液温热之，或用硫代硫酸钠溶液也可除去，银镜反应后沾附的银或有铜附着时，可加入稀硝酸，必要时可稍微加热，以促进溶解。

用自来水洗净后的玻璃仪器，还需要用蒸馏水或去离子水淋洗 2～3 次，洗净的玻璃仪器器壁上不能挂有水珠。

（三）玻璃仪器的干燥

玻璃仪器的干燥方法有下列几种：

（1）倒置晾干：将洗净的仪器倒置在干净的仪器架上或仪器柜内自然晾干。

（2）热（或冷）风吹干：如急需尽快干燥，可用电吹风或冷热风干燥器直接吹干。带有刻度的计量仪器和移液管、容量瓶等不能用高温加热的方法干燥，可用冷吹风。

(3) 加热烘干：洗净的仪器可放在烘箱内烘干。烘干温度一般控制在 105℃左右，仪器放进烘箱前应尽量把水倒净。能加热的仪器如烧杯、蒸发皿等可置于石棉网上用小火烤干，容器外壁的水滴应先擦干。试管可直接用小火烤干，但必须试管口向下倾斜，防止水珠倒流炸裂试管，火焰不宜集中一个部位，应从底部开始，缓慢移至管口，并左右转动（试管口始终向斜下方），直至烘烤到无水珠，然后将试管口向上赶尽水汽。

(4) 用有机溶剂干燥：一些带有刻度的计量仪器，不能用加热方法干燥，否则，会影响仪器的精密度。我们将一些易挥发的有机溶剂（如酒精或酒精与丙酮的混合液）倒入洗净的仪器中（量要少），把仪器倾斜，转动仪器，使仪器壁上的水与有机溶剂混合，然后倾出，少量残留在仪器内的混合液，很快挥发使仪器干燥。

四、溶解、结晶、固液分离

(一) 固体的溶解

当固体物质溶解于溶剂时，如固体颗粒太大，可先在研钵中研细。对一些溶解度随温度升高而增加的物质来说，加热对溶解过程有利。加热时要盖上一表面皿、要防止溶液剧烈沸腾和飞溅。加热后要用蒸馏水冲洗表面皿和烧杯内壁，冲洗时也应使水流顺烧杯壁流下。

搅拌可加速溶质的扩散，从而加快溶解速度。搅拌时注意手持玻璃棒，轻轻转动，使玻璃棒不要触及容器底部及器壁。

在试管中溶解固体时，可用振荡试管的方法加速溶解，振荡时不能上下振荡，也不能用手指堵住管口来回振荡。

(二) 结晶

1. 蒸发（浓缩）

当溶液很稀而所制备的物质的溶解度又较大时，为了能从中析出该物质的晶体，必须通过加热，使水分蒸发、溶液浓缩到一定程度时冷却，方可析出晶体。若物质的溶解度较大时，必须蒸发到溶液表面出现晶膜时才可停止；若物质的溶解度较小或高温时溶解度较大而室温时溶解度较小，则不必蒸发到液面出现晶膜就可冷却。蒸发在蒸发皿中进行。

蒸发浓缩时要视溶质的性质选用直接加热或水浴加热的方法进行。若无机物对热是稳定的，可以用煤气灯直接加热（应先预热），否则用水浴间接加热。

2．结晶与重结晶

析出晶体的颗粒大小与结晶条件有关。如果溶液的浓度较高，溶质在水中的溶解度是随温度下降而显著减小的，冷却得越快，析出的晶体就越细小，否则就得到较大颗粒的结晶。搅拌溶液和静置溶液，可以得到不同的效果，前者有利于细小晶体的生成，后者有利于大晶体的生成。若溶液容易发生过饱和现象，可以用搅拌、摩擦器壁或投入几粒小晶体（晶种）等办法，使其形成结晶中心而结晶析出。

如果第一次结晶所得物质的纯度不合要求，可进行重结晶。其方法是在加热情况下使纯化的物质溶于一定量的水中，形成饱和溶液，趁热过滤，除去不溶性杂质，然后使滤液冷却，被纯化物质即结晶析出，而杂质则留在母液中，过滤便得到较纯净的物质。若一次重结晶达不到要求，可再次结晶。重结晶是使不纯物质通过重新结晶而获得纯化的过程，它是提纯固体物质常用的重要方法之一，适用于溶解度随温度有显著变化的化合物。

（三）固液分离及沉淀的洗涤

溶液与沉淀的分离方法有三种：倾析法、过滤法、离心分离法。

1．倾析法

当沉淀的相对密度较大或结晶的颗粒较大，静止后能很快沉降至容器底部时，可用倾析法将沉淀上部的溶液倾入另一容器中而使沉淀与溶液分离。如需洗涤沉淀时，向盛有沉淀的容器内加入少量水或洗涤液，将沉淀搅拌均匀，待沉淀沉降到容器的底部后，再用倾析法分离。反复操作两三次，即能将沉淀洗净。此操作如图 1-18 所示。

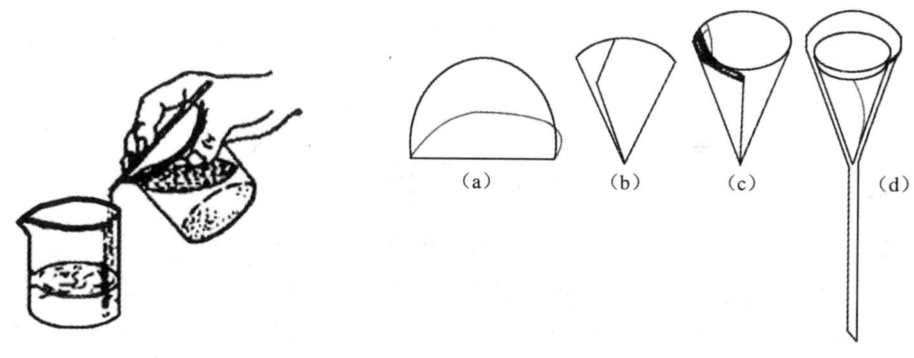

图 1-18 倾析法过滤沉淀

图 1-19 滤纸的折叠方法

2．过滤法

过滤法是固液分离较常用的方法之一。溶液和沉淀的混合物通过过滤器（如滤纸）时，沉淀留在过滤器上，溶液则通过过滤器，过滤后所得的溶液叫做滤液。

溶液的黏度、温度、过滤时的压力及沉淀物的性质、状态、过滤器孔径大小都会影响过滤速度。溶液的黏度越大，过滤越慢。热溶液比冷溶液容易过滤。减压过滤比常压过滤快。如果沉淀呈胶体状态时，易穿过一般过滤器（滤纸），应先设法将胶体破坏（如用加热法）。

常用的过滤方法有常压过滤、减压过滤和热过滤三种。

（1）常压过滤：常压过滤最为简便，也是最常用的固—液分离方法，使用玻璃漏斗和滤纸进行过滤。滤纸按用途分定性、定量两种；按滤纸的空隙大小，又分“快速”、“中速”、“慢速”三种。

过滤前先将圆形滤纸对折两次，然后展开成圆锥形（一边三层，另一边一层），放入玻璃漏斗中（图 1-19）。改变滤纸折叠角度，使之与漏斗相密合。用手按着滤纸，用少量蒸馏水把滤纸润湿，轻压滤纸四周，赶气泡，使其紧贴在漏斗上。

把带滤纸漏斗放在漏斗架上，下面放容器以收集溶液，调节漏斗架的位置，使漏斗尖端靠在容器内壁（图 1-20），以免滤液溅失。

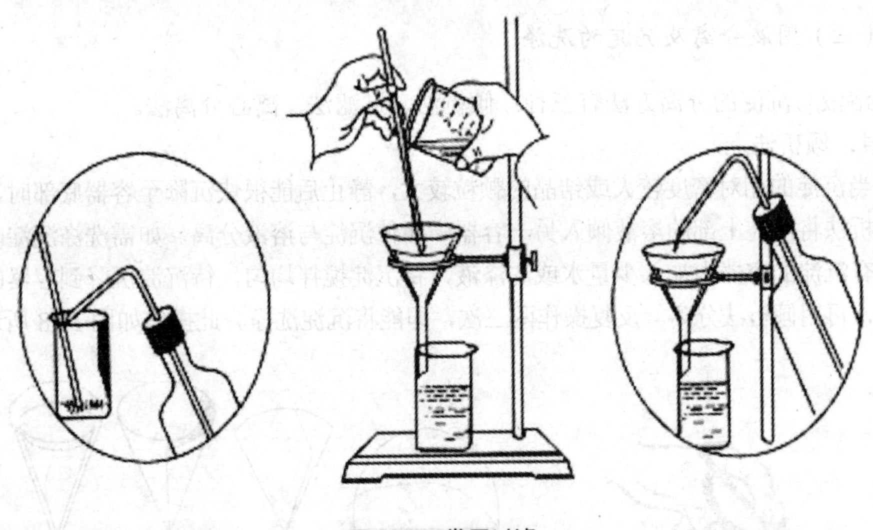
图 1-20　常压过滤

为使过滤进行较快，可让待过滤的溶液静置一段时间，使沉淀尽量下沉，先倾倒溶液，后转移沉淀，转移时应使用玻璃棒，应使玻璃棒接触三层滤纸处，漏斗中的液面应低于滤纸边缘。如果沉淀需要洗涤，应待溶液转移完毕，再将少量洗涤剂倒入沉淀上，然后用玻璃棒充分搅动，静止放置一段时间，待沉淀下沉后，将上清液倒入漏斗。洗涤两三遍，最后把沉淀转移到滤纸上。

（2）减压过滤：减压过滤又叫抽滤、吸滤或真空过滤。减压过滤可加快过滤速度，并把沉淀抽滤得比较干燥。但胶状沉淀在过滤速度很快时会透过滤纸，不能用减压过滤。颗粒很细的沉淀会因减压抽吸而在滤纸上形成一层密实的沉淀，使溶液不易透过，反而达不到加速目的，也不宜用此法。

减压过滤装置如图 1-21 所示，先选好一张比抽滤漏斗（或布氏漏斗）内径略小的圆形滤纸，平整地放在抽滤漏斗上，用少量蒸馏水润湿滤纸，然后用橡皮塞把抽滤漏斗装在抽滤瓶上（注意漏斗下端的斜削面要对着抽滤瓶侧面的细嘴），用橡皮管将抽滤瓶与水流抽气泵（图 1-22）接好，过滤时慢慢打开水阀门。

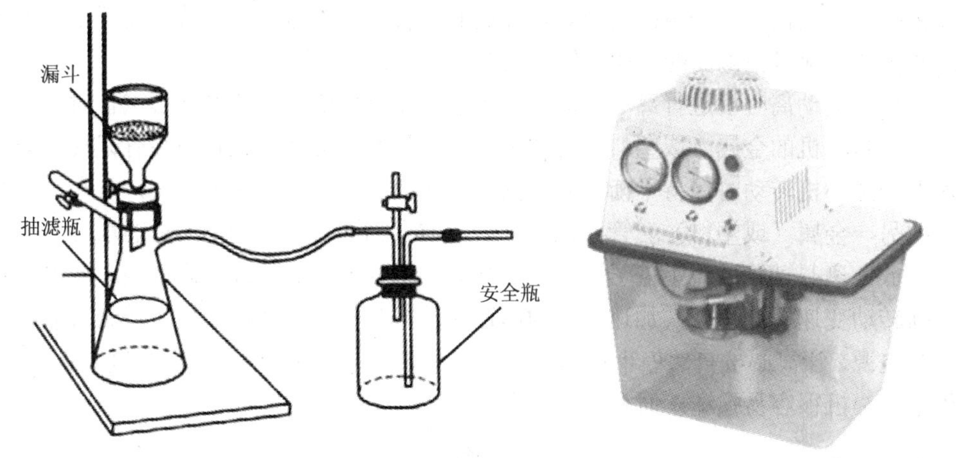

图 1-21　减压过滤装置　　图 1-22　循环水泵

过滤时，先把上部澄清液沿着玻璃棒注入漏斗内，加入的量不要超过漏斗的 2/3，然后把沉淀物均匀地分布在滤纸上，继续减压，直至沉淀物较干为止。洗涤沉淀时，应关小水龙头或暂停抽滤，加入洗涤剂使其与沉淀充分接触后。再开大水龙头将沉淀抽干。

若用真空泵进行抽滤时，为了防止滤液倒流和潮湿空气抽入泵内，在抽滤瓶和真空泵之间要连接一个缓冲瓶和一个装有变色硅胶的干燥瓶。

过滤完后，应把连接抽滤瓶的橡皮管拔下，再关闭水阀门（或停真空泵），否则水会倒流回抽滤瓶中，把滤液弄脏。取下漏斗，把它倒扣在滤纸上，轻轻敲打漏斗边缘，使滤纸和沉淀脱离漏斗。滤液则从过滤瓶的上口倾出，不要从侧面尖嘴倒出，以免弄脏滤液。

有些浓的强酸、强碱和强氧化性溶液，过滤时不能用滤纸，可用石棉纤维来代替，也可用玻璃砂漏斗，这种漏斗是玻璃质的，可以根据沉淀颗粒的不同选用不同规格，这种漏斗不适用于强碱性溶液的过滤，因为强碱会腐蚀玻璃。

（3）热过滤：当溶质的溶解度对温度极为敏感易结晶析出时，可用热滤漏斗过滤（热过滤）。把玻璃漏斗放在金属制成的外套中，底部用橡皮塞连接并密封，夹套内充水至约 2/3 处，灯焰放在夹套支管处加热（图 1-23）。这种热滤漏斗的优点是能够使待滤液一直保持或接近其沸点，尤其适用于滤去热溶液中的脱色炭等细小颗粒的杂质；缺点是过滤速度慢。

3．离心分离

当分离试管中少量的溶液与沉淀物时，常采用离心机分离法。这种方法操作简单而迅速，实验室常用的电动离心机是由高速旋转的小电动机带动一组金属套管做高速圆周运动。装在金属管内离心试管中的沉淀物受到离心力的作用向离心试管底部集中，上层便得到澄清的溶液。这样离心试管中的溶液与沉淀就分离开了。电动离心机的转速可由侧面的变速器旋钮调节。

使用电动离心机进行离心分离时，把装有少量溶液与沉淀的离心试管对称地放入电动离心机的金属（或塑料）套管内，如果只有一支离心试管中装有试样，为了使电动离心机转动时保持平衡，防止高速旋转引起振动而损坏离心机，可在与之对称的另一金属（或塑料）套管内也放入一支装有相同（或相近）质量的水的离心试管。放好离心试管后盖上盖子。先把电动离心机变速器旋钮拧到最低挡，通电后，逐渐转动变速器旋钮使其加速，大约高速转动半分钟后，变速器旋钮转到最低挡，切断电源，让离心机自然停止转动。千万不要用手或其他方法强制离心机停止转动，否则离心机很容易损坏，而且容易发生危险。

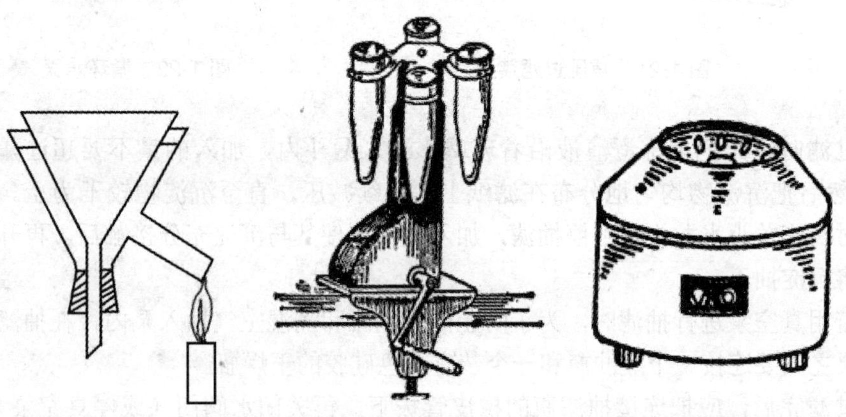

图 1-23　热过滤漏斗　　　　图 1-24　离心机（手动、电动）

五、试纸的制备及使用

（一）试纸的种类

试纸包括石蕊试纸、酚酞试纸、pH 试纸、淀粉—碘化钾试纸、碘—淀粉试纸、醋酸铅试纸等。

（1）石蕊试纸和酚酞试纸：用来定性检验溶液的酸碱性，有红色和蓝色两种。

（2）pH 试纸：包括广泛 pH 试纸和精密 pH 试纸两类，用来检验溶液的 pH。广泛 pH 试纸的变色范围是 pH 1～14，它只能粗略地估计溶液的 pH。精密 pH 试纸可以较精确地估计溶液的pH，根据其变色范围可分为多种。如变色范围为pH 3.8～5.4，pH 8.2～10等。根据待测溶液的酸碱性，可以选用某一变色范围的试纸。

（3）淀粉—碘化钾试纸，碘—淀粉试纸：用来检验氧化性、还原性气体，如Cl_2、Br_2等，当氧化性气体遇到润湿的淀粉—碘化钾试纸后，则将试纸上的I^-氧化成I_2，I_2立即与试纸上的淀粉作用变成蓝色；如气体的氧化性很强，而且浓度大时，还可以进一步将I_2氧化成IO_3^-使试纸的蓝色褪去。使用时须仔细观察试纸颜色的变化，否则会得出错误的结论。

（4）醋酸铅试纸：用来定性检验硫化氢气体。当含S^{2-}的溶液被酸化时，逸出的硫化氢气体遇到润湿的醋酸铅试纸后，即与试纸上的醋酸铅反应，生成褐色的硫化铅沉淀，使试纸呈褐色，并有金属光泽。当溶液中S^{2-}浓度较小时，则不易检出。

（二）试纸的制备

（1）酚酞试纸（白色）：溶解1 g酚酞在100 mL乙醇中，振摇后加入100 mL蒸馏水，将滤纸浸渍后，放在无氨蒸气处晾干。

（2）淀粉—碘化钾试纸（白色）：把3 g淀粉和25 mL水搅和，倾入225 mL沸水中，加入1 g碘化钾和1 g无水碳酸钠，再用水稀释至500 mL，将滤纸浸泡后，取出放在无氧化性气体处晾干。

（3）醋酸铅试纸（白色）：将滤纸浸入3%的醋酸铅溶液中浸渍后，取出放在无硫化氢气体处晾干。

（三）试纸的使用方法

（1）石蕊试纸、酚酞试纸、pH试纸：

①先将试纸剪成大小合适的小纸条；

②将小纸条放在干燥洁净的表面皿上；

③再用玻璃棒蘸取要检验的溶液，滴在试纸小纸条上；

④然后观察试纸的颜色。切不可将试纸条投入溶液中试验。

（2）醋酸铅试纸、淀粉—碘化钾试纸、碘—淀粉试纸等用于检验挥发性试剂。

①先将试纸剪成大小合适的小纸条；

②将小纸条放在干燥洁净的表面皿上，用蒸馏水润湿；

③悬空放在挥发性试剂的上方，观察试纸颜色变化。

六、加热、灼烧、干燥用仪器

（一）加热用仪器

在实验室中加热常用酒精灯、酒精喷灯、煤气灯、电炉、电热板、电热套等。

1．酒精灯

酒精灯提供的温度不高。酒精易燃，使用时要特别注意安全。必须用火柴点燃，绝不能用另一燃着的酒精灯来点燃，否则会把酒精洒在外面而引起火灾或烧伤，不用时将灯罩罩上，火焰即熄灭，不能用嘴吹。酒精灯温度通常可达400～500℃。

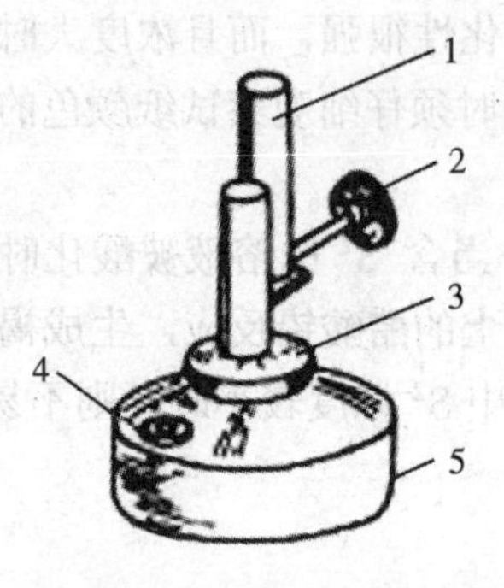

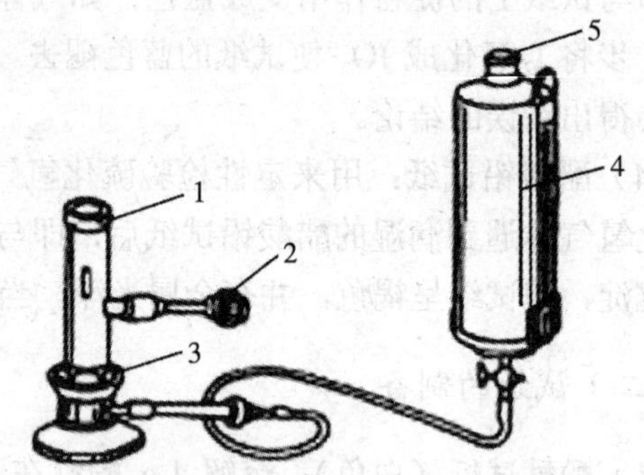

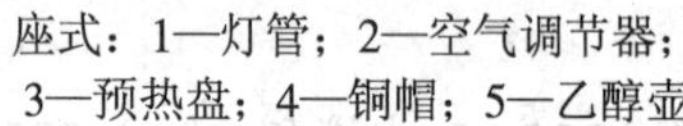
座式：1—灯管；2—空气调节器；3—预热盘；4—铜帽；5—乙醇壶

挂式：1—灯管；2—空气调节器；3—预热盘；4—乙醇储罐；5—盖子

图 1-25　酒精喷灯的类型和结构

2．酒精喷灯

酒精喷灯使用前，先在预热盆上注入酒精至满，然后点燃盆内的酒精，以加热铜质灯管。待盆内的酒精将近燃完时，开启开关，这时酒精在灼热燃管内汽化，并与来自气孔的空气混合，用火柴在管口点燃，温度可达 700～1 000℃。调节开关螺丝，可以控制火焰的大小。用毕，向右旋紧开关，可使灯焰熄灭。应该注意，在开启开关、点燃以前，灯管必须充分灼烧，否则酒精在灯管内不会全部汽化，会有液态酒精由管口喷出，形成“火雨”，甚至会引起火灾。不用时，必须关好储罐的开关，以免酒精漏失，造成危险。

3．煤气灯

实验室中如果备有煤气，在加热操作中，可用煤气灯。使用时按下述方法进行操作：

（1）煤气由导管输送到实验台上，用橡皮管将煤气龙头和煤气灯相连。

（2）煤气的点燃：旋紧金属灯管，关闭空气入口，点燃火柴，打开煤气开关，将煤气点燃，观察火焰的颜色。

（3）调节火焰：旋紧金属管，调节空气进入量，观察火焰颜色的变化，待火焰分为三层时，即得正常火焰。当煤气完全燃烧时，生成不发光亮的五色火焰，可以得到最大的热量，如果点燃煤气时，空气入口开得太大，进入的空气太多，就会产生“侵入火焰”，此时煤气在管内燃烧，发出“嘘嘘”的响声，火焰的颜色变为绿色，灯管被烧得很热。发生这种现象时，应该关上煤气，待灯管冷却后，再关小空气入口，重新点燃。煤气量的大小，一般可用煤气开关调节，也可用煤气灯下的螺丝来调节。

（4）关闭煤气灯：往里旋转螺旋形针阀，关闭煤气灯开关，火焰即灭。

4．电炉

电炉根据发热量不同有不同规格：如 800 W、1 000 W 等。使用时注意以下几点：

（1）电源电压与电炉电压要相符；

（2）加热容器与电炉间要放一块石棉网，以使受热均匀；

（3）耐火炉盘的凹渠要保持清洁，及时清除烧灼焦煳的杂物，以保证炉丝传热良好，延长使用寿命。

5．电热板、电热套

电炉做成封闭式称为电热板。由控制开关和外接调压变压器调节加热温度。电热板升温速度较慢，且受热是平面的，不适合加热圆底容器，多用作水浴和油浴的热源，也常用于加热烧杯、锥形瓶等平底容器。电热套（包）是专为加热圆底容器而设计的，使用时应根据圆底容器的大小选用合适的型号，电热套相当于一个均匀加热的空气浴，为有效地保温，可在包口和容器间用玻璃布围住。

（二）干燥用仪器

1．干燥箱

干燥箱（电热恒温干燥箱）是利用电热丝隔层加热使物体干燥的设备。主要用于烘干玻璃仪器和固体试剂，见图 1-26。电热恒温干燥箱一般由箱体、电热系统和自动恒温控制系统 3 个部分组成，其电热系统一般由 2 组以上电热丝构成。工作温度从室温起至最高温度，在此温度范围内可任意选择，借助自动控制系统使温度恒定。箱体内装有鼓风机，促使箱内空气对流，温度均匀。工作室内设有二层网状搁板以放置被干燥物，烘箱的使用步骤及注意事项如下：

（1）通电前先检查是否断路、短路，箱体接地是否良好，然后再在排气阀上孔插入温度计，接通电源。

（2）设置所需温度（或调节温度设置旋钮），并开启升温旋钮（开始可设置高挡，使干燥箱在短时间内快速升温，待温度恒定后再调至低挡）。用温度设置旋钮控温时应注意，当温度升至所需值时，还需再作数次小微调，使温度旋钮的位置正好设在红绿灯交替明亮处，即能自动控温。恒温后温度旋钮示值并不直接表示干燥室的工作温度，但可备作下次使用时参考。

（3）恒温后一般不需要人工监视，但为防止控制器失灵，仍需有人经常照看，不能长时间远离，更不能在无人照看的情况下开启过夜。

（4）为使箱内温度均匀，可根据需要开启鼓风。

（5）需观察工作室内干燥物品情况时，可开启外道箱门，透过玻璃内门观察。箱门尽量少开为宜，以免影响恒温。高温工作时不宜开启箱门，以防玻璃门因骤冷而爆裂。

（6）易燃、易爆、易挥发及有腐蚀性或有毒物品禁止放入烘箱内。

（7）停止使用时，应及时切断电源。

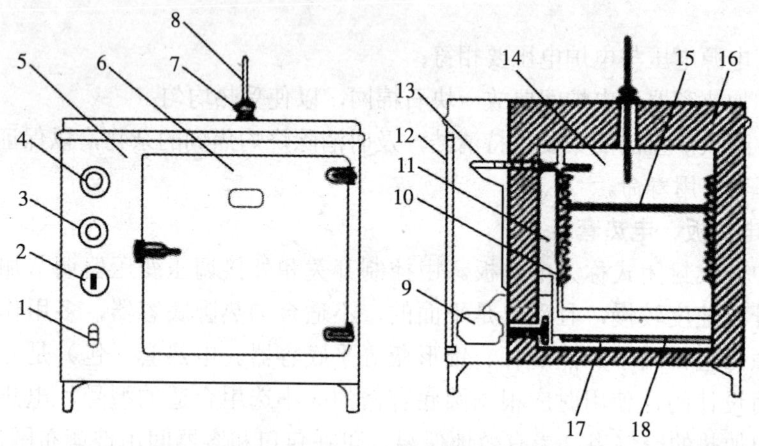

1—鼓风开关；2—加热开关；3—指示灯；4—控温器旋钮；5—箱体；6—箱门；7—排气阀；8—温度计；9—鼓风电动机；10—钢板支架；11—风道；12—侧门；13—温度控制器；14—工作室；15—试样搁板；16—保温层；17—电加热器；18—散热板

图 1-26　电热鼓风干燥箱

2．电吹风

电吹风用于局部加热，快速干燥仪器。

（三）灼烧用仪器

灼烧除用电炉外，还常用高温炉，它是利用电加热使物体干燥或灼烧、灰化的设备（图 1-27）。高温炉利用电热丝或硅碳棒加热，用电热线加热的高温炉最高使用温度为 950℃；用硅碳棒加热的高温炉温度高达 1 300～1 500℃。高温炉根据形状分为箱式和管式，箱式又称马弗炉。高温炉的炉温由高温温度计测量，它由一对热电偶和一只毫伏表组成。使用时注意事项如下：

（1）查看高温炉所接电源电压是否与电炉所需电压相符。热电偶是否与测量温度相符，热电偶正负极是否接对。

（2）调节温度控制器的定温调节使定温指针指示所需温度处。打开电源开关升温，当温度升至所需温度时即能恒温。

（3）灼烧完毕，先关电源，不要立即打开炉门，以免炉膛骤冷碎裂。一般当温度降至200℃以下时方可打开炉门。用坩埚钳取出样品。

（4）高温炉应放置在水泥台上，不可放置在木质桌面上，以免引起火灾。

（5）炉膛内应保持清洁，炉周围不要放置易燃物品，也不可放置精密仪器。

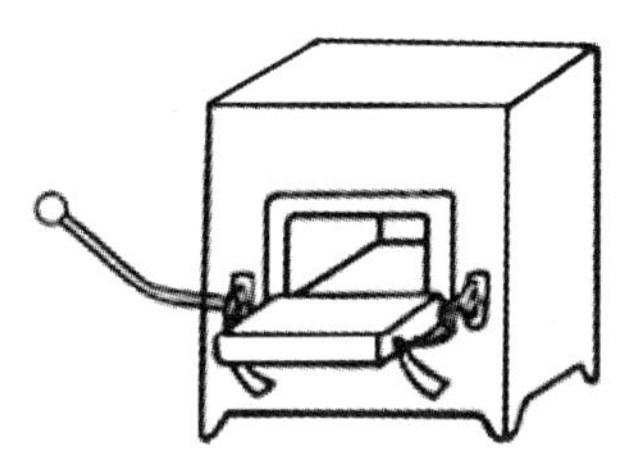

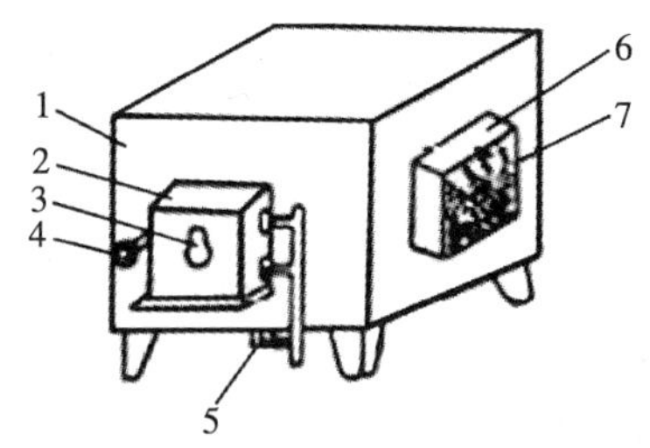

1—炉体；2—炉门；3—观察孔；4—把手；5—安全开关；6、7—安全罩

图 1-27　高温电阻炉

（四）常见加热的操作

实验室内常用的加热器皿有烧杯、烧瓶、蒸发皿、试管等。这些器皿能承受一定的温度，但不能骤热或骤冷，因此，在加热前必须将器皿外壁的水擦干。开始加热时，应尽可能使用小火和弱火，加热后不能立即与潮湿物体接触。

1. 加热烧杯、烧瓶中的液体

在烧杯、烧瓶等玻璃仪器中加热液体时，玻璃仪器必须放在石棉网上，以防止受热不均而破裂。液体体积不超过烧杯容积的1/2，烧瓶的1/3。加热含较多沉淀的液体，或需蒸干时，应用蒸发皿。

2. 加热试管中液体

加热时用试管夹夹持试管上部，以手腕关节缓缓摇动。不要集中加热某一部分，并注意试管口不得对着人或有危险品的方向，液体量不超过试管容积的1/3。

3. 加热试管中的固体

加热试管中的固体时，必须使试管口向下倾斜，以免凝结的水珠倒流回灼热的试管底，而使试管炸裂。

4. 坩埚的加热

高温加热或熔融固体时，根据原料不同可选用不同材质的坩埚（如瓷质坩埚，石墨坩埚或金属坩埚），加热时，将坩埚放在泥三角上，用酒精喷灯的氧化焰灼烧，先小火，后强火。若需灼烧较高温度或固定温度，应将坩埚置于马弗炉中进行强热。

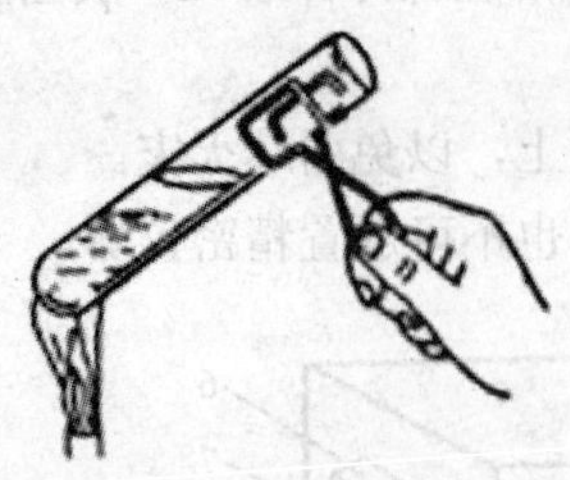
（a）试管中液体的加热

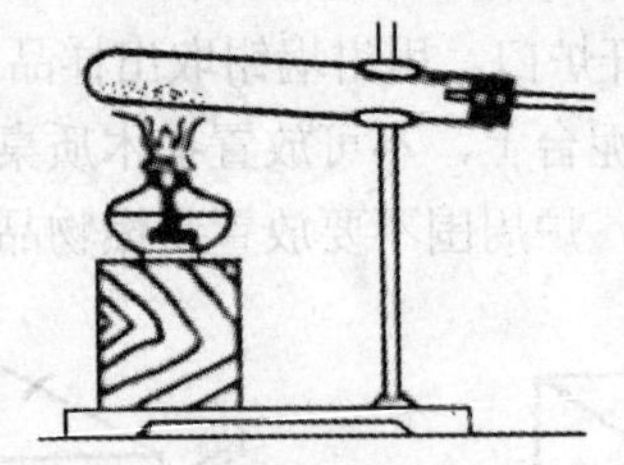
（b）试管中固体的加热

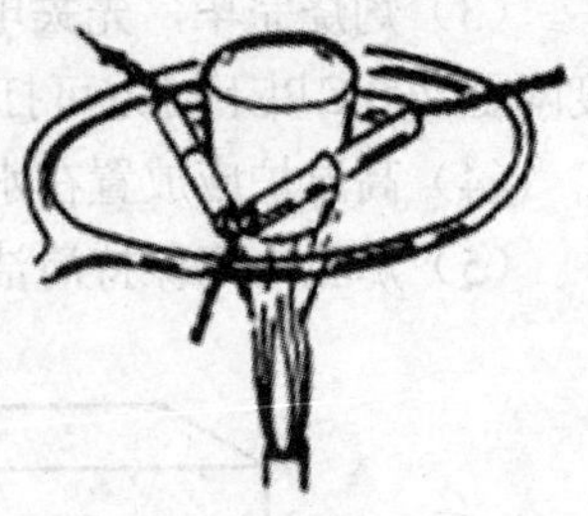
（c）灼烧坩埚中的固体

图 1-28　加热操作示意图（1）

5. 水浴和沙浴

（1）水浴：当被加热物质要求受热均匀而温度又不超过 100℃时，可用水浴加热。水浴是在浴锅中加水（不超过容积的 2/3）将要加热的器皿浸入水中（但不能触及底部），就可在一定温度（或沸腾）下加热。若被加热器皿并不浸入水中，而是通过水蒸气加热，则称之为水蒸气浴。无机实验中常用大烧杯代替水浴锅。

（2）沙浴：当被加热物质要求受热均匀而温度高于 100℃时，可用沙浴。它是一个盛有均匀细沙的平底铁盘，铁盘下有电热丝。操作时可将器皿欲加热部分埋入沙中，若要测量加热温度，必须将温度计水银球部分埋在靠近被加热器皿处的沙中，根据温度控制加热。

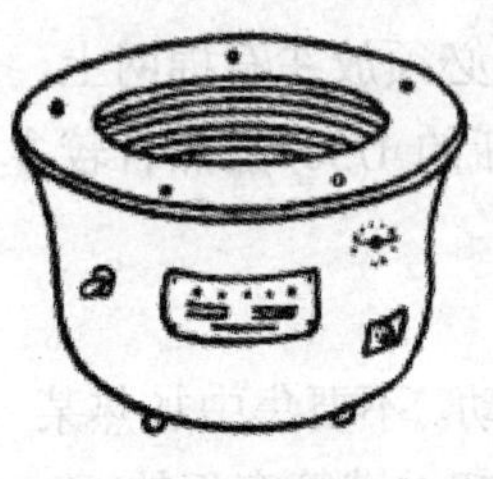
（a）电加热套

（b）水浴（蒸汽浴）加热

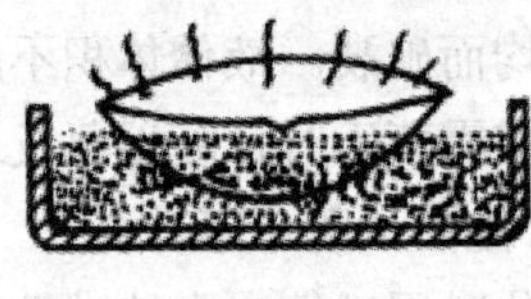
（c）沙浴加热

图 1-29　加热操作示意图（2）

七、物质的称量（台秤、分析天平）

实验室常用的称量仪器有台秤、托盘式扭力天平和分析天平。台秤能迅速地称量物质的质量，但精确度不高，一般只能准确到 0.1 g；扭力天平能准确至 0.03 g；分析天平则能达到 0.000 1 g。

（一）台秤

台秤又称托盘天平或架盘天平，感量一般在 100～500 mg，最大称量有 100 g、500 g、1 000 g 等数种，用于精度不是很高的称量。实验室常用的台秤有两种，一种是带游码台秤（图 1-30），另一种是不带游码的快速天平。其使用方法以游码台秤为例加以说明。

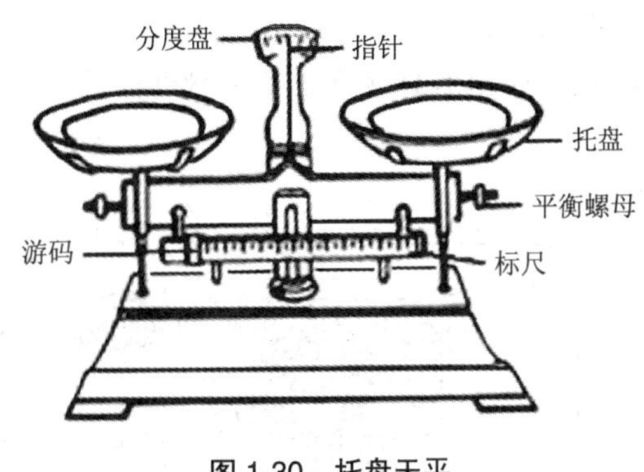

图 1-30　托盘天平

使用台秤前，需先把游码放在刻度尺的零点处，检查台秤的摆动是否平衡。如果平衡，则指针摆动时所指示的标尺上的左右格数应相等，当指针静止时，应指在标尺的中线。如果不平衡，可以调节平衡螺母，使之平衡。

称量时，将要称的物品放在左盘（称量盘）内，然后在右盘（砝码盘）内添加砝码，5（10）g 以下的砝码用游码代替，直到台秤平衡为止。台秤的砝码和游码读数之和即是被称物品的质量。称量完毕，用镊子将砝码夹回砝码盒，游码要回零。

称量固体药品时，应在两盘内各放一张重量相当的蜡光纸，然后用药匙将药品放在左盘的纸上。氢氧化钠、氢氧化钾等易吸潮或有腐蚀性的固体在称量时应衬以表面皿，称量液体试剂时，要用已称量过重量的容器盛放药品，称法同前。

（二）分析天平的分类及构造原理

分析天平是定量分析中最常用的精密衡量仪器。根据天平的构造，可分为机械天平和电子天平。根据天平的分度值大小，可分为常量天平（0.1 mg）、半微量天平（0.01 mg）、微量天平（0.001 mg）等几类。根据天平的平衡原理，可分为杠杆式天平、电磁力式天平、弹力式天平和液体静力平衡式天平四大类。

杠杆式天平是根据杠杆原理制成的一种精密衡量仪器，是用已知质量的砝码来衡量被称量物的质量，有等臂和不等臂两种。常用的半机械加码电光分析天平就是等臂分析天平的一种。

目前我国制造的天平，主要是依据杠杆原理设计的。杠杆天平尽管种类繁多，名称各异，其基本结构大体相同，它们都有底板、立柱、横梁、刀子、刀承、悬挂系统和读数装置等，其他部分如制动器、阻尼器、光学读数系统、机械加减码装置等都可看作是天平的附属结构。这些附属结构，有的天平全部具备，有的只具备一部分。

各种型号的等臂天平，其结构和使用方法大同小异，现以 TG328B 型半机械加码电光天平为例，介绍这类天平的结构和使用方法。它的最大载重量 200 g，称量精确度可达 0.000 1 克（即 0.1 mg）。

1. 半自动电光天平的构造

半自动电光天平的构造如图 1-31 所示。主要部件如下：

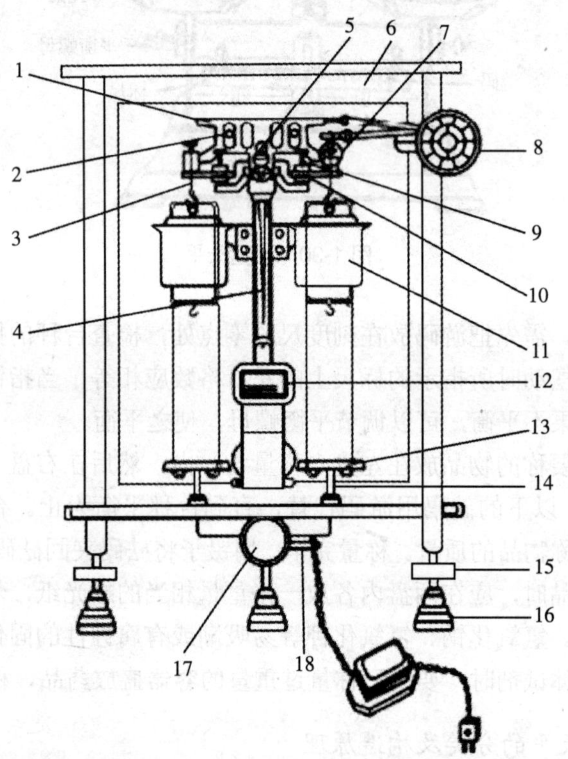

1—横梁；2—平衡螺丝；3—吊耳；4—指针；5—支点刀；6—框罩；7—圈码；8—指数盘；9—承重刀；10—折叶；11—阻尼筒；12—投影屏；13—秤盘；14—盘托；15—螺旋脚；16—垫脚；17—升降旋钮；18—调屏拉杆

图 1-31 双盘半机械加码电光天平

（1）天平梁：天平梁是天平的主要部件，它由质轻而坚硬、膨胀系数小的铝铜合金制成。梁上装有 3 个三棱形的玛瑙刀。正中间的一个称为支点刀，刀刃向下，天平启动后，作为天平梁的支点。另外 2 个装在距支点刀等距离的天平梁两端，称为承重刀，刀刃向上，天平启动后，天平盘悬挂其上，3 个刀刃必须完全平行，并且位于同一个水平面上。

指针位于天平梁的正中间，下端连接微分标尺。天平梁上装有 2 个平衡螺丝，用来粗调天平的零点，支点刀的后上方装有重心螺丝，用来调节天平的灵敏度。

（2）天平立柱：天平立柱是金属制作的中空圆柱，下端固定在天平底座中央，起支撑天平梁的作用，柱的上方嵌有一块玛瑙平板，与支点刀口相接触。天平立柱的上部装有托梁架，中空部分装有升降枢。

（3）悬挂系统：这一系统包括吊耳、天平盘和阻尼器。在天平梁两端的承重刀上各悬挂一个吊耳。吊耳的上钩挂有秤盘，左盘为称量盘，右盘为砝码盘。吊耳的下钩挂空气阻尼器。阻尼器由 2 个金属圆筒组成，外筒固定在天平立柱上，开口向上；内筒比外筒略小，开口向下，挂在吊耳上。两筒间隙均匀，没有摩擦、当天平梁摆动时，阻尼器的内筒上下移动，上升的阻尼器内筒中形成负压，下降的阻尼器内筒中形成正压，从而阻碍天平梁的摆动，使天平梁很快趋于平衡状态，加快称量速度，同时避免天平剧烈振动，保护天平。吊耳、秤盘和阻尼器上一般都刻有“Ⅰ”，“Ⅱ”标记，安装时要分左、右配套使用。

（4）机械加码装置：机械加码装置是一种通过转动指数盘加减环形码（亦称环码）的装置。环码分别挂在码钩上，称量时，转动指数盘旋钮将环码加到承受架上。当平衡时，环码的质量可以直接在砝码指数盘上读出。指数盘转动时可经天平梁上加 10～990 mg 砝码，内层由 10～90 mg 组合，外层由 100～900 mg 组合。大于 1 g 的砝码则要从与天平配套的砝码盒中取用（用镊子夹取）。

（5）光学读数系统：天平的光学读数装置包括变压器、灯泡、微分标尺和光幕等部分（图 1-32）。指针下端装有缩微标尺，光源通过光学系统将缩微标尺上的分度线放大，再反射到光屏上，从屏上可看到标尺的投影，可直接读出 0.1～10 mg 以内的数值，中间为零，左负右正。光屏中央有一条垂直刻线，标尺投影与该线重合处即天平的平衡位置。天平箱下的调屏拉杆可将光屏在小范围内左右移动，用于细调天平的零点。

（6）盘托和升降枢：在天平盘下面装有盘托，使天平盘在不称量时稳定，并防止称量时天平梁倾斜过度。

升降枢是天平的制动系统，它连接着托梁架、盘托和光源。开启天平时，顺时针旋转升降旋钮，托梁架下降，梁上的 3 个刀口与相应的玛瑙刀承接触，盘托下降，吊耳和秤盘自由摆动，同时接通了电源，投影屏上显示出标尺的投影，天平进入工作状态。停止称量时，逆时针旋转升降旋钮，托梁和盘托上升，天平梁和秤盘被托住，刀口与刀承分离，光源切断，天平处于休止状态。

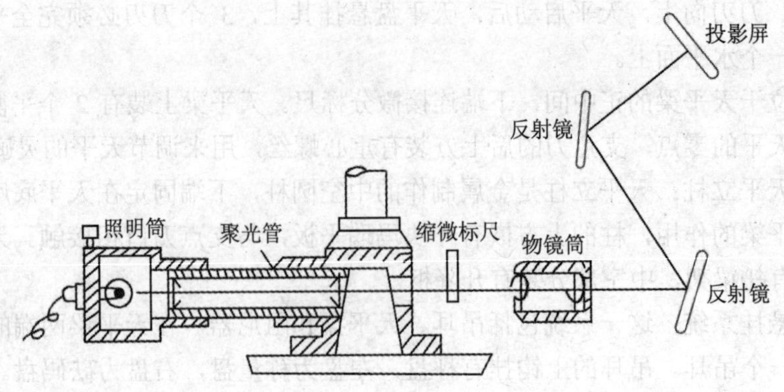

图 1-32　电光分析天平的光学读数装置

（7）天平箱下装有三个脚，前面的两个脚带有旋钮，可使天平底板升降，用于调节天平的水平位置。天平立柱的后方装有气泡水平仪，用来指示天平的水平位置。

（8）砝码：每台天平都附有一盒配套使用的砝码，盒内装有 1 g、2 g、2 g、5 g、10 g、20 g、20 g、50 g、100 g 的三等砝码共 9 个。标称值相同的两个砝码，其实际质量可能有微小的差别，所以规定其中的一个用单点"."或者单星"★"作记号以示区别。取用砝码时要用镊子，用完后及时放回盒内并盖严。

2．双盘全机械加码电光天平

双盘全机械加码电光天平构造如图 1-33 所示。此种天平与半机械加码电光天平的结构基本相同，不同之处是增加了两套机械加码器，以实现全部机械加码。这种天平的被称物放在天平的右盘，机械加码在左盘。微分标尺的刻度是左为正，右为负。

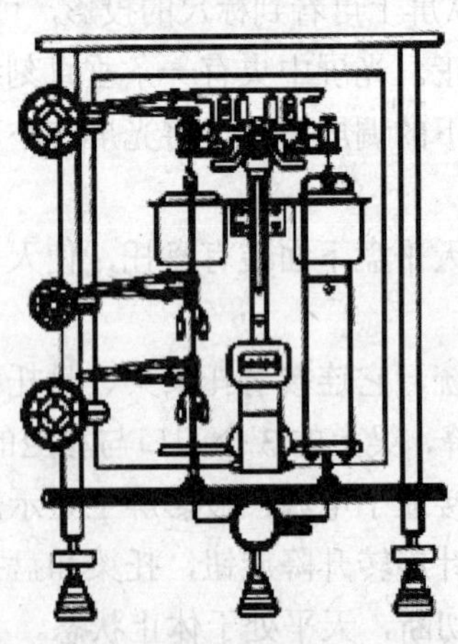
图 1-33　双盘全机械加码电光天平

3．天平的安装及调试

天平的安装及调试可参阅关于分析天平安装使用的详细说明书。实验室的天平通常已安装好，主要是学会正确使用和维护天平。

4．分析天平的质量和计量性能

天平作为精密的衡量仪器，必须具有适当的灵敏度、准确性、稳定性和不变性等性能。

（1）天平的灵敏度：天平的灵敏度一般是指天平上增加 1 mg 所引起的指针在读数标牌上偏移的格数：灵敏度=指针偏移的格数/毫克。指针偏移的距离愈大，表示天平愈灵敏。双盘天平以 TG328B 型为例，其标尺的分度数为–10～110（分度值为 0.1 mg），在左盘上加 10 mg 标准砝码，如果平衡位置 99～101 分度内，其空载时的分度值误差就在国家规定的允许误差之内。测定结果若超出这个范围，就应调整其灵敏度（见仪器说明书）。

天平的灵敏度就是天平能察觉出两盘载重质量差的能力。灵敏度高，表示天平感觉能力强，即两盘载重有微小的差别时，天平也能察觉出来。所以，灵敏度也可以用感量（或分度值）表示。感量是指针偏移一格所相当的质量的变化，即：感量=1/灵敏度。

（2）稳定性：是指天平受到扰动后，能自动回到初始平衡位置的能力。天平不仅要有一定的灵敏度，而且要有相当的稳定性，才能完成准确的称量。灵敏度和稳定性是相互矛盾的两种性质。对天平的灵敏度和稳定性两者都要兼顾到，才能使它处于最佳状态。

（3）准确性：是指天平本身的系统误差最小到多大范围的能力，对双盘等臂天平而言，通常用横梁的“不等臂性误差”来表示。对单盘天平和电子天平来说，主要是指天平在不同载荷下所能控制线性偏差在规定范围内的能力。

（4）不变性：是指天平在相同条件下，多次称量同一物体，所得称量结果的一致程度。通常用相反的语言，即天平示值的变动性来表示。

天平在空载时所停的点，叫零点；而天平载重时所停的点，叫平衡点。连续多次测定天平空载和全载时标尺的平衡位置，往往会有微小的差别，各次测量值的偏差称为天平的示值变动性。空载时和全载时，应连续测定 5 次，天平的示值变动性，一般要求允差在 1 个分度以内。

（三）分析天平的使用规则和称量方法

1．分析天平的使用规则

分析天平是精密的称量仪器，正确地使用和维护，不仅称量快速、准确，而且保证天平的精度，延长天平的使用寿命。

（1）分析天平应安放在室温均匀的室内，并放置在牢固的台面上，避免震动、潮湿、阳光直接照射，防止腐蚀气体的侵蚀。

（2）称量前先将天平罩取下叠好，放在天平箱上面，检查天平是否处于水平状态，天平是否处于关闭状态，各部件是否处于正常位置。砝码、环码的数目和位置是否正确。用软毛刷清刷天平，检查和调整天平的零点。

（3）称量物必须干净，过冷和过热的物品都不能在天平上称量（会使水汽凝结在物品上，或引起天平箱内空气对流，影响准确称量）。不得将化学试剂和试样直接放在天平盘上，应放在干净的表面皿或称量瓶中；具有腐蚀性的气体或吸湿性物质，必须放在称量瓶或其他适当的密闭容器中称量。

（4）天平的前门主要供安装、调试和维修天平时使用，不得随意打开。称量时，应关好两边侧门。

（5）旋转升降枢旋钮时必须缓慢，轻开轻关。加减砝码和取放称量物时，必须关闭天平，以免损坏玛瑙刀口。

（6）必须用砝码专用镊子按量值大小依次取换砝码，用镊子夹住砝码颈部，严禁用手直接拿取砝码。砝码除放在砝码盒内及天平秤盘上外，不得放在其他地方。不用时应“对号入座”地放回砝码盒空穴内（包括镊子），并随时关好盒盖，以防止灰尘落入。

砝码和天平是配套检定的，同时，同一砝码盒中的各个砝码的质量，彼此间都保持一定的比例关系，因此，不能将不同砝码盒内的砝码相互调换。

称量中应遵循“最少砝码个数”的原则。

砝码应轻放在秤盘中央，大砝码在中心，小砝码在大砝码四周，不要侧放或堆叠在一起。应先根据砝码盒内的砝码穴，记录称量结果（对于具有相同示值的两个砝码以*号区别），然后从秤盘中按由大到小的次序将砝码取下，并直接放回盒中原位，同时与原记录进行核对，以免发生错误。称量的数据应及时记录在实验记录本上，不得记录在纸片上或其他地方。同时应检查盒内砝码是否完整无缺。

使用机械加码装置时，不要将箭头对着两个读数之间，指数盘可以按顺时针或逆时针方向旋转，但绝不可用力快速转动，以免造成圈码变形，互相重叠，圈码脱钩等。

（7）天平的读数。当投影屏上标牌投影稳定后，就可以从标牌上读出 10 mg 以下的质量。克以上的读取可由砝码而得，克以下的由加码器上的数加上投影屏上的数字，而投影屏上的最后位数采取“四舍六入五入双”的办法。例如天平右盘放有 20 g 砝码，而旋转圈砝码指示盘旋钮停止后，投影屏上的零点指示线在如图 1-34 所示的位置，这时物质的质量为 $20 + 0.230 + 0.001\,6 = 20.231\,6$（g）。

（8）天平的载重不应超过天平的最大载重量。进行同一分析工作，应使用同一台天平和相配套的砝码，以减小称量误差。

（9）称量结束，关闭天平，取出称量物和砝码，清刷天平，将指数盘恢复至零位。关好天平门，检查零点，将使用情况登记在天平使用登记本上，切断电源，罩好天平罩。

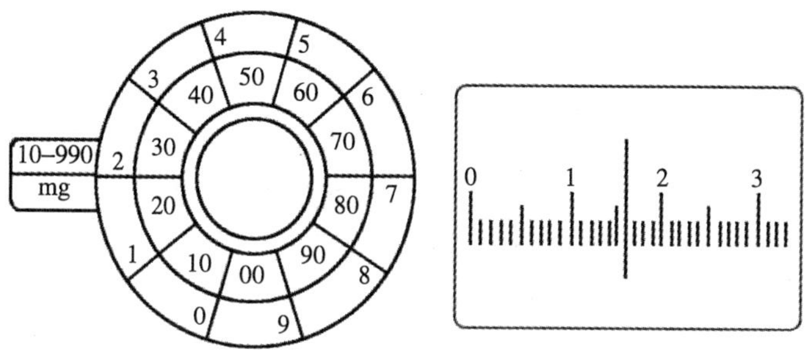

图 1-34 天平标尺的读数

2．称量方法

实验中根据不同的称量对象和不同的天平，需采用不同的称量方法和操作步骤。就机械天平而言，常用的几种称量方法如下：

（1）直接称量法：调节天平零点后，将所称的物质如坩埚、小烧杯、表面皿等直接置于电光天平的称量盘上，加砝码或转动指数盘到投影屏平衡，则所加砝码即是所称物质的质量。

（2）固定质量称量法：此法用于称取不易吸水、在空气中能够稳定存在的粉末状或小颗粒试样。先按直接称量法称取盛放试样的空容器质量，在已有砝码的质量上再加上欲称试样质量的砝码，然后用药匙将试样慢慢加入容器中，直至天平达到平衡。

称量时，将自备的称量容器（如表面皿）置于天平左盘，右盘放置相当于容器和欲称试样总质量的砝码。左手持药匙盛试样后小心地伸向表面皿的近上方，以手指轻击匙柄，将试样弹入，半开天平试其加入量。直到所加试样量与预定量之差小于微分标牌的标度范围，便可以开启天平，极其小心地以左手拇指、中指及掌心拿稳药匙，以食指摩擦匙柄，让匙里的试样以尽可能少的量慢慢抖入表面皿。这时，既要注意试样抖入量，同时也要注意微分标牌的读数，当微分标牌正好移动到所需要的刻度时，立即停止抖入试样，在此过程中右手不要离开天平的开关钮，以便及时开关天平（图 1-35）。若不慎多加了试样，应将天平关闭，再用药匙取出多余的试样（不要放回原试样瓶中）。称好后，用干净的小纸片衬垫取出表面皿，将试样全部转移到接受的容器内。试样若为可溶性盐类，可用少量蒸馏水将沾在表面皿上的粉末吹洗进容器。

（3）递减称量法（又称减重称量法）：如果试样是粉末或易吸湿的物质，则需把试样装在称量瓶内称量。倒出一份试样前后两次质量之差，即为该份试样的质量。

称量时，用纸条叠成宽度适中的两层纸带，毛边朝下套在称量瓶上。左手拇指与食指拿住纸条，由天平的左门放在天平左盘的正中，取下纸带，称出瓶和试样的质量。然后左手仍用纸带把称量瓶从盘上取下，放在容器上方。右手用另一小纸片衬垫打开瓶盖，但勿使瓶盖离开容器上方。慢慢倾斜瓶身至接近水平，瓶底略低于瓶口，切勿使瓶底高于瓶口，以防试样冲出。此时原在瓶底的试样慢慢下移至接近瓶口。在称量瓶口离容器上方约 1 cm 处，用盖轻轻敲瓶口上部使试样落入接受的容器内（图 1-35）。倒出试样后，把称量瓶轻轻竖起，同时用盖敲打瓶口上部，使粘在瓶口的试样落下（或落入称量瓶或落入容器，所以倒出试样的手必须在容器口正上方进行）。盖好瓶盖，放回天平盘上，称出其质量。两次质量之差，即为倒出的试样质量。若不慎倒出的试样超过了所需的量，则应弃之重称。如果接受的容器口较小（如锥形瓶等），也可以在瓶口上放一只洗净的小漏斗，将试样倒入漏斗内，待称好试样后，用少量蒸馏水将试样洗入容器内。

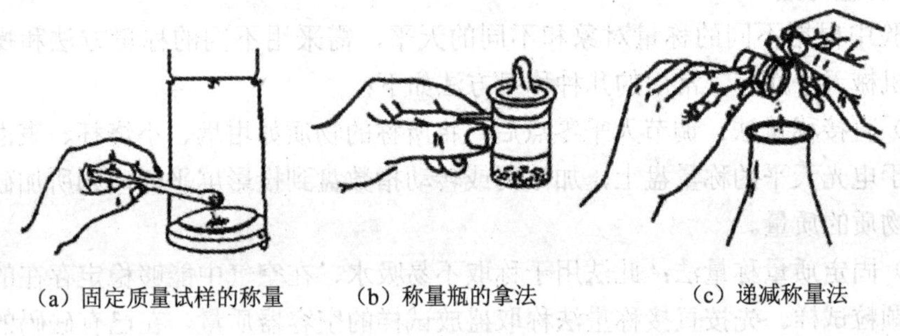

（a）固定质量试样的称量　　（b）称量瓶的拿法　　（c）递减称量法

图 1-35　称量方法示意图

（四）电子天平

电子天平是近年发展起来的最新一代天平。它是根据电磁力补偿原理，采用石英管梁制成的。可直接称量，全量程不需砝码，放上被称物后，几秒钟内即达到平衡，显示读数，称量速度快，精度高。它的支承点用弹性簧片，取代机械天平的玛瑙刀口，用差动变压器取代升降枢装置，用数字显示代替指针刻度。因此，具有使用寿命长、性能稳定、操作简便和灵敏度高等特点。此外，电子天平具有自动校正、自动去皮、超载指示、故障报警等功能以及具有质量电信号输出功能，还可与打印机、计算机联用，进一步扩展其功能，如统计称量的最大值、最小值、平均值和标准偏差等。

电子天平按结构可分为上皿式和下皿式电子天平。秤盘在支架上面为上皿式，秤盘在支架下面为下皿式。目前，广泛使用的是上皿式电子天平（图 1-36）。尽管电子天平的种类很多，但使用方法大同小异，具体操作方法参看各种仪器使用说明书。

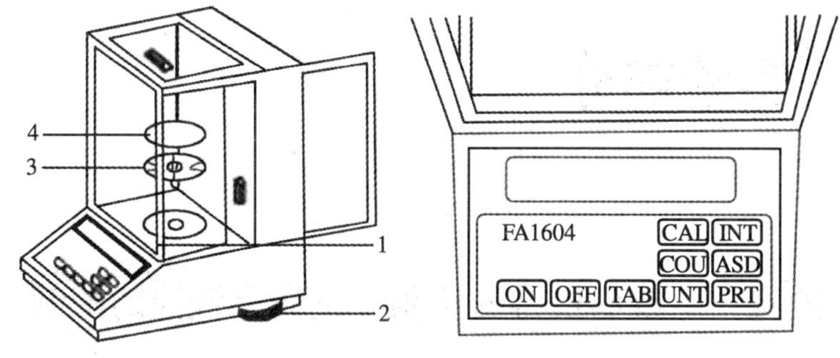

（a）外形图　　　　　　　　（b）操作面板

1—水平仪；2—水平调节脚；3—托盘；4—秤盘

ON—开启显示键；OFF—关闭显示器键；TAR—清零，去皮键；CAL—校准功能键；INT—积分时间调整键；COU—点数功能键；ASD—灵敏度调整键；UNT—量制转换键；PRT—输出模式设定键

图 1-36　电子天平

第二章 实验部分

实验一 玻璃仪器的认领、洗涤及洗液的配制

一、实验目的

- ✧ 学习实验室规则和实验室安全守则，了解各项要求的目的和意义。
- ✧ 清点和认识化学实验常用的仪器，明确它们的名称、规格、用途等。
- ✧ 学习配制铬酸洗液，掌握铬酸洗液可清洗的对象。
- ✧ 学习一般玻璃仪器的洗涤方法，了解实验用水纯度要求。

二、仪器与试剂

仪器：量筒、烧杯、三脚架、石棉网、酒精灯、玻璃棒。

试剂：工业用浓 H_2SO_4，$K_2Cr_2O_7$（s）。

三、实验步骤

1. 预习

预习实验室的各项规章制度，对实验室安全的重要性要有充分认识，了解相关规定和措施（水、火、电爆等）。

2. 辨认和清点仪器

按照仪器单上各种仪器的名称、规格和数量识别并清点仪器。识别一种仪器时，要了解它的用途和规格。如是带刻度的量器，要看清刻度的单位，刻度零点在什么地方，最小分度是多少等。每清点一件仪器，要检查有无破损（注意仔细检查玻璃仪器的裂纹，有时不易发现），瓶口和管口有无缺损等。

学会清点仪器和检查仪器是实验室工作的第一基本功，也是我们做好每一项工作重要的素质。做实验前，必须把所需的仪器准备齐全。否则因此出差错，做实验将会受到很大影响。

仪器清点：检查与仪器单符合后签收。将仪器单交给主管教师或准备室。

3．洗涤仪器

在实验室里备有洗涤剂（洗衣粉）、去污粉和铬酸洗液。当然，还有自来水和蒸馏水。根据实验要求和污物的性质选择合适的洗涤方法，将配制洗液所需的器具洗净。

（1）洗涤的目的：保证玻璃仪器上没有杂质，避免干扰反应。

（2）玻璃仪器洗涤的要求：清洁透明，水沿器壁自然流下后，均匀润湿，无水的条纹，且不挂水珠。

4．基本操作练习

预习第一章的相关内容，以水为介质进行以下练习：（1）滴管的使用：滴加练习，滴加液体体积的估算；（2）量筒的使用；（3）移液管和容量瓶的使用。

5．铬酸洗液的配制

称取 6.5 g 重铬酸钾（$K_2Cr_2O_7$）粉放在一只 250 mL 烧杯（为什么用烧杯，而不用其他容器？）中，加入 80 mL 蒸馏水溶解。用干燥量筒（为什么用干燥的量筒？）量取 20 mL 工业硫酸（浓 H_2SO_4）缓缓倾入烧杯中，并不断用玻璃棒搅拌（为什么？注意：加酸搅拌时眼睛不要靠得太近）。搅拌时，注意玻璃棒在液体里做圆周运动，既要把重铬酸钾搅起，又不要使玻璃棒碰烧杯底和烧杯壁（要练习到搅拌时不出声音）。待重铬酸钾（$K_2Cr_2O_7$）全溶后冷到室温，把它转移到磨口小口瓶中密塞保存（为什么小口瓶要是磨口塞瓶？怎样把液体从烧杯转移到小口瓶里？）。在转移时，应能做到不把洗液流到烧杯外或瓶外。

在上面一连串提出了这么多“为什么”，是为了让同学们养成一种习惯：在做实验时一定要对每一步骤都想一想为什么这样做，以及要注意什么。以后，我们将逐渐减少这样的提示，请同学们自己思考。

四、思考题

1．下列污物污染玻璃仪器时，用什么洗涤方法？

（1）附着在瓶壁上的二氧化锰。

（2）附着在试管上的银镜（金属银）。

（3）在烧瓶中的油污。

2．仪器洗净的标志是什么？不同类型的玻璃仪器应用什么方法洗涤？

3．铬酸洗液配制时应注意什么？新配制的铬酸洗液应是什么状态和颜色？

附：

表 2-1　常用仪器清单

名称	规格	数量	名称	规格	数量
烧杯	100 mL	只	试管刷		把
烧杯	250 mL	只	洗耳球		只
烧杯	400 mL	只	皮头滴管		支
漏斗	6 cm	只	量筒		只
玻璃棒		根	容量瓶		只
石棉网		块	锥形瓶		只
小口试剂瓶	1 000 mL	只	移液管		支
洗瓶	500 mL	只	牛角勺		
酒精灯		只	表面皿		块
试管夹		只	蒸发皿		只

实验二　分析天平的称量练习

一、实验目的

- ✧ 了解分析天平的构造，学习分析天平的正确使用方法。
- ✧ 检查分析天平的稳定性和灵敏度。
- ✧ 学会用直接法和减量法称量试样。
- ✧ 学会正确使用称量瓶。

二、实验原理

分析天平是定量分析实验必备的精密衡量仪器。因此，了解分析天平的构造，掌握正确的称量方法及严格遵守天平的使用规则是成功完成定量分析实验任务，维护好天平和提高实验效益的基本保证。详见第一部分中第二节“七、物质的称量”。

三、仪器与试剂

分析天平，10 mg 标准砝码一个，托盘天平，称量瓶，称量试样，已知质量的金属片等。

四、实验步骤

1．熟悉半自动电光天平的构造和砝码组合

（1）检查砝码是否齐全，各砝码位置是否正确，圈码是否完好并正挂在圈码钩上，读数盘的读数是否在零位。

（2）检查天平是否处于休止状态，天平梁和吊耳的位置是否正常。

（3）检查天平是否处于水平位置，如不水平，可调节天平箱前下方的两个调水平螺丝，使气泡水准器中的气泡位于正中。

（4）天平盘上如有灰尘或其他落入的物体，应该用软毛刷轻扫干净。

2．示值变动性的测定

天平的外观检查完毕后，端坐于天平前面，沿顺时针方向轻轻转动旋钮（即打开旋钮），使天平梁放下，指针稳定后，读出天平的零点，然后沿逆时针方向旋转旋钮（即关掉旋钮），将天平梁托起。天平的零点宜在微分标尺 0±2 刻度范围内，如偏离太远，可通过天平梁上的零点调节螺丝或旋钮后下方的调零杆进行调节。

准确测出天平的零点 L_0，关掉旋钮，然后在天平的左右盘上各加 20 g（或 10 g）砝码，再测出天平的平衡点（停点）L_0。如此反复测定 L_0 及 L 各四次，并计算出天平示值变动性的大小。

$$空盘天平的示值变动性=L_0（最大值）-L_0（最小值）$$

$$载重天平的示值变动性=L（最大值）-L（最小值）$$

3．灵敏度的测定

（1）空盘灵敏度

轻轻旋开旋钮以放下天平梁，记下天平零点后，关掉旋钮托起天平梁。用镊子夹取 10 mg 片码，置于天平左盘的正中间。重新旋开旋钮，待指针稳定后，读取平衡点。关上旋钮。由平衡点和零点之差算出空盘灵敏度（以分度/mg 表示）。

（2）载重灵敏度

天平左右两盘各载重 20 g，用同样操作测定载重情况下的灵敏度。

4．称量练习

（1）直接法称量

①称量瓶的洗涤与干燥。称量瓶依次用洗涤剂、自来水、蒸馏水洗干净后，置于 105℃的烘箱中烘干。

②称量瓶的称量。调整和记录天平的零点后，用叠好的纸条拿取带盖的称量瓶一只，放在天平左盘中央。在右盘上添加砝码，直至达到平衡。准确读取砝码质量，指数盘读数及投影屏读数（准确至 0.1 mg），记录在报告本上。

③已知质量物品的称量。向教师领取一已知质量的样品，记下样品号，调好天平

的零点后，把它放在天平左盘的中央，右盘中添加砝码，记录称量结果并与教师核对。

（2）减量法称量

本实验要求用减量法从称量瓶中准确称量出 0.2～0.3 g 的固体试样（准确到小数点后第四位）。

在称量瓶中装入 1 g 左右的固体试样，盖上瓶盖，按直接称量法准确称其质量。然后旋转天平的指数盘，减去 0.2 g 圈码，取出称量瓶，用其瓶盖轻轻地敲打瓶口上方，使样品落到一只干净的 250 mL 烧杯中。估计取出的试样在 0.2 g 左右时，将称量瓶再放回左盘中，旋开旋钮，若指针向右移动，说明倒出的试样还少于 0.2 g，应再次敲取（注意不应一下敲取过多），直到指针向左，表示倒出的试样已超过 0.2 g，这时把圈码再减去 0.1 g，若指针向右，则表示倒出的试样还少于 0.3 g，因此称取的试样在 0.2～0.3 g 符合要求。记下称量瓶和试样的准确质量，两次称量之差即为样品质量（注意：在每次旋动指数盘和取放称量瓶时，一定要先关好旋钮，使天平梁托起）。

用同样操作，在另一干净的烧杯中，准确称入另一份 0.2～0.3 g 的试样。

用减量法称取每一份试样时，最好在一两次内能倒出所需要的量，以减少试样的损失和吸湿。

五、思考题

1．使用天平时，为什么要强调轻开轻关天平旋钮？为什么必须先关闭旋钮，方可取放称量物体、加减砝码和圈码？否则会引起什么后果？

2．天平的光源灯泡亮着时意味着什么？

3．分析天平的灵敏度越高，是否称量的准确度就越高？

4．递减称量法称量过程中能否用小勺取样，为什么？

5．如何根据刻度牌上零点的移动方向判断天平盘的轻重？

6．用减量法称取试样时，若称量瓶内的试样吸湿，将对称量结果造成什么误差？若试样倾倒入烧杯后再吸湿，对称量是否有影响？

附：实验报告示例

分析天平的使用和称量

分析天平编号：　　　　　　　　　　日期：

一、示值变动性的测定

	1	2	3	4	示值变动性/分度	
零点	0.0	+0.1	0.0	+0.2	空盘	0.2–0.0＝0.2
停点	+0.1	0.0	0.0	+0.1	载重	0.1–0.0＝0.1

二、灵敏度的测定

记录项目	投影屏读数/分度		灵敏度
零点	–0.1		
左盘加 10 mg	100.0	空盘	［100.0–（–0.1）］分度/10 mg ＝100.1 分度/10 mg ＝10.0 分度/mg
左右盘各加 20 mg	0.2		
左盘再加 10 mg	99.9	载重	（99.9–0.2）分度/10 mg＝99.7 分度/10 mg ＝10.0 分度/mg

三、称量记录

称量物	砝码质量/g	圈码质量/mg	投影屏读数/mg	称量物质量/g	试样质量/g
称量瓶	10，5，2，1	930	1.9	18.931 9	
已知质量物（　号）	1	880	0.1	1.880 1	
称量瓶+试样质量	10，5，2，2*	700	0.9	19.700 9	
倒出第一份试样后的质量	10，5，2，2*	470	3.1	19.473 1	0.227 8
倒出第二份试样后的质量	10，5，2，2*	230	1.9	19.231 9	0.241 2

实验三　氯化钠的提纯

一、实验目的

✧ 学习控制沉淀反应的条件，了解氯化钠提纯的一种方法。

✧ 熟练台秤的使用，以及熟悉溶解、加热、过滤（常压过滤、减压过滤）、蒸发结晶、干燥等基本操作。

✧ 了解中间控制检验和 NaCl 纯度检验方法。

二、实验原理

氯化钠俗称食盐，简称“盐”。它是一种无色立方晶体，易溶于水，是构成人类生命的要素，也是化工、医药、食品等工业的重要原料。但是，粗食盐中除了含有不溶性的泥沙等杂质外，还含有一些可溶性杂质，主要有 K^+、Ca^{2+}、Mg^{2+}和 SO_4^{2-}等相应的盐类。不溶性杂质可通过溶解过滤除去，可溶性杂质则选用适当的试剂和控制适当的条件，通过化学反应生成难溶性化合物沉淀而过滤除去。方法是在粗盐溶液中加入稍微过量的 $BaCl_2$ 溶液，将溶液中的 SO_4^{2-}转化为难溶性的 $BaSO_4$ 沉淀而过滤除去：

$$Ba^{2+} + SO_4^{2-} \longrightarrow BaSO_4\downarrow \text{（白色）}$$

在滤液中，再加入稍微过量的 NaOH 和 Na_2CO_3 溶液，使溶液中 Ca^{2+}、Mg^{2+}及过量的 Ba^{2+}生成难溶性沉淀，再经过滤而除去：

$$Mg^{2+} + 2OH^- \longrightarrow Mg(OH)_2\downarrow \text{（白色）}$$
$$Ca^{2+} + CO_3^{2-} \longrightarrow CaCO_3\downarrow \text{（白色）}$$
$$Ba^{2+} + CO_3^{2-} \longrightarrow BaCO_3\downarrow \text{（白色）}$$

过量的 NaOH 和 Na_2CO_3 可以用浓盐酸中和而除去：

$$NaOH + HCl \longrightarrow NaCl + H_2O$$
$$Na_2CO_3 + 2HCl \longrightarrow 2NaCl + CO_2\uparrow + H_2O$$

粗盐中还含有很少量的可溶性钾盐，它在滤液蒸发浓缩和结晶过程中仍留在母液中，而不至于和氯化钠同时结晶出来。

生产上，在物质提纯过程中，为了检查某种杂质是否除尽，常常需要取少量溶液（称为取样），然后在其中加入适当的试剂，从反应现象来判断某种杂质存在的情况，这种步骤通常称为“中间控制检验”，而对产品纯度和含量的测定，则称为“成品检验”。

三、仪器与试剂

1．仪器

台秤，普通漏斗，漏斗架，布氏漏斗，抽滤瓶，真空泵，蒸发皿，离心机。

2．试剂

固体：粗食盐。

酸：HCl（$2\ mol\cdot L^{-1}$）。

碱：NaOH（$1\ mol\cdot L^{-1}$、$2\ mol\cdot L^{-1}$）。

盐：$BaCl_2$（$1\ mol\cdot L^{-1}$），Na_2CO_3（$1\ mol\cdot L^{-1}$），Na_2SO_4（$2\ mol\cdot L^{-1}$），$(NH_4)_2C_2O_4$（$0.5\ mol\cdot L^{-1}$）。

其他：镁试剂，滤纸，pH 试纸。

四、实验步骤

1．粗食盐的提纯

（1）在台秤上称取 8 g 粗盐，放入 100 mL 的小烧杯中，加入 30 mL 蒸馏水，用玻璃棒搅拌，并加热使其溶解。

（2）将溶液继续加热近沸，在不断搅拌下缓慢逐滴加入 $1\ mol\cdot L^{-1}$ 的 $BaCl_2$ 溶液至沉淀完全（2 mL 左右），陈化半小时。

为了检查是否沉淀完全，可吸取上面清液少许于试管中，加入 1～2 滴 $BaCl_2$

溶液，振荡试管观察是否有浑浊现象（用蒸馏水加 $BaCl_2$ 做对比试验）。如无浑浊现象，说明 SO_4^{2-}已经沉淀完全，将试管中的液体倒回烧杯中；如有浑浊现象，则说明 SO_4^{2-}尚未完全沉淀，需继续滴加 $BaCl_2$ 溶液，然后再取样检验，直至 SO_4^{2-}沉淀完全。继续加热近沸 5 min，静置片刻，用倾析法在普通漏斗上过滤。

（3）将滤液加热近沸，在不断搅拌下加入 1 mL 2 $mol \cdot L^{-1}$ 的 NaOH 溶液和 3 mL、1 $mol \cdot L^{-1}$ 的 Na_2CO_3 溶液。待沉淀稍沉降后，吸取上层清液约 1 mL 于离心试管中进行离心分离，取分离出的清液加入 2 $mol \cdot L^{-1}$ Na_2SO_4 溶液 1～2 滴，振荡试管，观察是否有浑浊产生。若无白色浑浊现象，表明上述操作中所加过量的 Ba^{2+}已沉淀完全，弃去试液（为什么不能倒回烧杯中？）；若有白色浑浊现象，则在溶液中再加 0.5～1 mL 的 Na_2CO_3 溶液（视浑浊程度而定），加热近沸，然后再取样检验，直至 Ba^{2+}沉淀完全。静置片刻，用普通漏斗过滤，保留滤液，弃去沉淀。

（4）在滤液中逐滴加入 2 $mol \cdot L^{-1}$ 的 HCl 溶液，直至溶液呈微酸性（pH 3～4）。

（5）将调节好 pH 的滤液倒入蒸发皿中，用小火加热蒸发，不断搅拌，防止爆溅，直至呈稀糊状，但切不可将溶液蒸干。

（6）适当冷却后，用布氏漏斗进行减压过滤，要尽量将结晶抽干，并用少许水洗涤两次，每次洗涤也应尽量将结晶抽干。

（7）将结晶取出重新置于蒸发皿中，在石棉网上用小火加热，轻轻搅拌干燥、冷却。

（8）称量产品质量，计算产率。

2．产品纯度检验

称取提纯前的粗盐和提纯后的精盐各 1 g，分别置于两支试管中，各用 5 mL 蒸馏水溶解，然后各分成三份，组成三组，对照检验它们的纯度。

（1）SO_4^{2-}的检验。在第一组溶液中，各加 2 $mol \cdot L^{-1}$ HCl 溶液 1～2 滴，再各加 2 滴 1 $mol \cdot L^{-1}$ $BaCl_2$ 溶液，振荡试管，观察并记录二者沉淀产生的情况。

（2）Ca^{2+}的检验。在第二组溶液中，各加入 0.5 $mol \cdot L^{-1}$ $(NH_4)_2C_2O_4$ 溶液 2 滴，振荡试管，观察有无白色 CaC_2O_4 浑浊或沉淀生成，记录现象。

（3）Mg^{2+}的检验。在第三组溶液中，各加入 2～3 滴 1 $mol \cdot L^{-1}$ NaOH 溶液，使溶液呈微碱性（用 pH 试纸试验），再各加入 2～3 滴“镁试剂”，比较两溶液产生蓝色沉淀的情况。

根据上述实验现象，对氯化钠在提纯前后的纯度作出结论。

五、思考题

1．在除去 Ca^{2+}、Mg^{2+}、SO_4^{2-}时为何先加 $BaCl_2$ 溶液，然后再加 Na_2CO_3 溶液？

2．能否用 $CaCl_2$ 代替毒性大的 $BaCl_2$ 来除去食盐中的 SO_4^{2-}？

3．中和过量的 NaOH 和 Na_2CO_3 为什么只选 HCl 溶液，选用其他酸是否可以？

4．在除 Ca^{2+}、Mg^{2+}、SO_4^{2-}等杂质离子时，能否用其他可溶性碳酸盐代替 Na_2CO_3？

5．在提纯粗食盐过程中，K^+将在哪一步操作中除去？

6．加 HCl 除去 CO_3^{2-}时，为什么要把溶液的 pH 调至 3～4？调至恰为中性如何？（提示：从溶液中 H_2CO_3、HCO_3^-和 CO_3^{2-}浓度的比值与 pH 的关系去考虑）

注释

镁试剂是一种有机染料（硝基偶氮间苯二酚，O_2N—⟨苯环⟩—N＝N—⟨苯环(OH)⟩—OH），它在酸性溶液中呈黄色，在碱性溶液中呈红色或紫色，当被 $Mg(OH)_2$ 吸附后则呈天蓝色，因此可用于检测 Mg^{2+}的存在。

实验四　金属镁的相对原子量测定

一、实验目的

✧　学会用置换法测定镁的相对原子量。

✧　掌握理想气体状态方程和气体分压定律的应用。

✧　练习分析天平称量和使用气压计。

二、实验原理

元素的相对原子质量是元素的平均原子质量与核素（核素是指具有相同数目质子和相同数目中子的一类原子）^{12}C 原子质量的 1/12 之比。用符号 A_r 表示。A 表示原子（atom），r 表示相对（relative），说明元素的原子质量是相对的。相对原子质量是无量纲的量。过去称相对原子质量为原子量，目前仍有用此名称的。从 19 世纪初道尔顿发表第一张原子量表，迄今已有一百多年的历史，在此期间许多化学家致力于元素原子量的测定工作，尝试过多种方法，20 世纪和 21 世纪初主要利用化学分析方法。自 1919 年 Aston F W（阿斯顿）创制质谱仪，并随着质谱仪的不断改进，利用质谱仪能精确测定元素相对原子质量，因此质谱法已逐渐取代化学法。

本实验是利用化学法测定镁的相对原子量 A_r，原理如下：

镁与稀硫酸作用可按如下反应定量进行：

$$Mg + H_2SO_4（稀） \longrightarrow MgSO_4 + H_2\uparrow$$

反应中镁的物质的量（n_{Mg}）与生成氢气的物质的量（n_{H_2}）之比等于 1。设所称取金属镁条的质量为 m_{Mg}，镁的摩尔质量为 M_{Mg}，则：

$$\frac{m_{Mg}}{M_{Mg}} : n_{H_2} = 1 \qquad 即：M_{Mg} = \frac{m_{Mg}}{n_{H_2}}$$

镁的摩尔质量在数值上等于镁的相对原子量。假设该实验中的气体为理想气体，则有：

$$p_{H_2} \cdot V_{H_2} = n_{H_2} RT \qquad n_{H_2} = \frac{p_{H_2} \cdot V_{H_2}}{RT}$$

式中：T——实验时热力学温度；

p_{H_2}——氢气的分压；

V_{H_2}——置换出来的氢气的体积；

R——气体常数（8.314 $kPa \cdot L \cdot mol^{-1} \cdot K^{-1}$）。

由于实验中由量气管收集到的氢气是被水蒸气所饱和的，所以量气管内气体的压力是氢气的分压（p_{H_2}）与实验温度时水的饱和蒸气压的分压（p_{H_2O}）的总和，并等于外界大气压（p）。即：

$$p = p_{H_2} + p_{H_2O}; \quad p_{H_2} = p - p_{H_2O}$$

所以：
$$M_{Mg} = \frac{R \cdot T \cdot m_{Mg}}{(p - p_{H_2O}) \cdot V_{H_2}}$$

若 V_{H_2} 的单位为 mL，则：$M_{Mg} = \frac{R \cdot T \cdot m_{Mg}}{(p - p_{H_2O}) \cdot V_{H_2}} \times 10^3$

镁的摩尔质量 M_{Mg} 的数值即为它的相对原子量。

三、仪器与试剂

仪器：分析天平，50 mL 量气管（或 50 mL 碱式滴定管），漏斗，橡皮管，试管，铁架台，滴定管架，橡皮塞，量筒（10 mL），铁环，气压计（公用）。

试剂：镁条，H_2SO_4（2 $mol \cdot L^{-1}$）。

四、实验步骤

（1）用分析天平准确称取两份已擦去表面氧化膜的镁条，每份重 0.028 0～0.032 0 g（称至 0.000 1 g）。

（2）按图 2-1 装配好仪器装置[①]，取下试管，从漏斗处注入自来水，使液面保持在量气管刻度 0～10 之间，上下移动漏斗以赶尽附着在胶管和量气管内壁的气泡，然后，把试管和量气管的塞子塞紧。

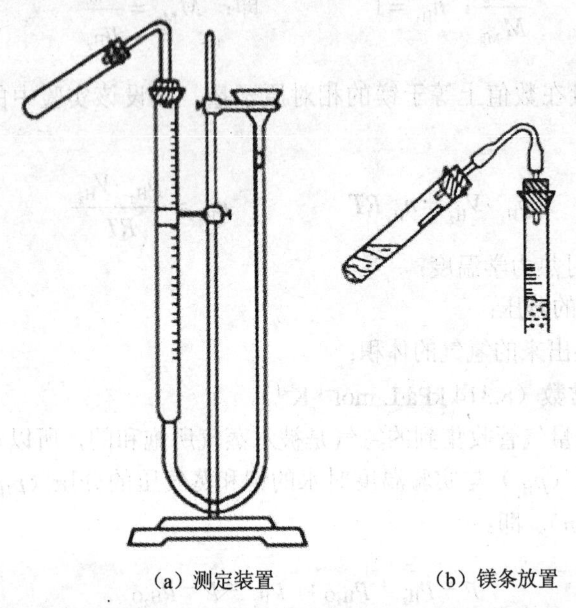

（a）测定装置　　　　（b）镁条放置

图 2-1　镁相对原子质量测定装置

（3）检查装置是否漏气。将漏斗下移一段距离，并固定在一定位置上。如果量气管中的液面只在开始时稍有下降，以后即维持恒定（须经过 3～5 min 时间观察才能判断），便表明装置不漏气。如果液面继续下降，则说明装置漏气。这时就要检查各个接口处是否严密。经过检查并改装之后，再重复试验，直至确保不漏气为止。

（4）镁与硫酸作用前的准备。取下试管，用一洁净的漏斗将 2 mL H_2SO_4（2 mol·L^{-1}）注入试管中（切勿使酸沾在试管上半部的壁上），将镁条用水稍微湿润一下，贴放在试管上部[②]（切勿使镁条触及酸液），固定试管，塞紧橡皮塞。再按步骤（3）检查一次装置是否漏气。若不漏气将漏斗移至量气管的右侧，使两者的液面保持同一水平，记下量气管中液面的位置。

（5）氢气的发生、收集和体积的量度。轻轻地摇动试管，使镁条落入 H_2SO_4 中，镁条和 H_2SO_4 反应放出氢气，这时反应产生的 H_2 进入量气管中，将管中水压入漏

① 本实验装置可以采用两支 50 mL 碱式滴定管用橡皮管连接的装置，装置简单易行。

② 在镁条的放置过程中，如果镁条长度大于试管直径，可将镁条轻微弯曲一下，然后用一洁净玻璃棒将镁条送入试管中，让镁条弯曲地卡在试管中，切勿与酸接触。反应时，让酸与镁条接触反应，随着反应的进行，镁条变小进而滑入试管底部继续与酸反应。此法可避免在反应前不小心将镁条抖入酸中。

斗内，为使量气管内气压不致过大而造成漏气，在管内液面下降的同时，漏斗可相应地向下移动，使管内液面和漏斗中液面大体上保持在同一水平上。

镁条反应完毕后，待试管冷至室温。然后使漏斗与量气管的液面处于同一水平，记下液面位置。稍等 1～2 min，再记录液面位置，如两次读数一致，表明管内气体温度已与室温相同。

用另一份镁条重复实验一次。

（6）记录实验室的室温和大气压 p。

（7）从附录中查出室温下水的饱和蒸气压 p_{H_2O}。

五、数据记录和处理

	I	II
镁条质量 m_{Mg}/g		
室温 t/K		
大气压 p/kPa		
t（K）时饱和水蒸气压 p_{H_2O} /kPa		
反应前量气管液面读数 V_1/mL		
反应后量气管液面读数 V_2/mL		
氢气的体积 V_{H_2} /mL		
镁相对原子量实测值 $M_{实}$		
镁相对原子量平均值 $M_{平}$		
镁相对原子量的理论值 $M_{理论}$	24.31	
测量的相对误差 $=\frac{\vert M_{理}-M_{实}\vert}{M_{理}}\times 100\%$		

六、思考题

1. 本实验中检查漏气的操作原理是什么？如果装置漏气，对实验结果有何影响？

2. 读取液面位置时，为什么要使量气管和漏斗中的液面保持在同一水平面上？

3. 反应后试管未冷却就记录量气管中的液面刻度对实验结果有何影响？

附：气压计的使用

测量工作环境大气压力的仪器称气压计。气压计的种类很多，实验室最常用的是福廷式（Fortin）气压计。

1．福廷式气压计的构造

福廷式气压计的构造如附图 2-2 所示，它的外部是一黄铜管，管的顶端有悬环，用于悬挂在实验室内的适当位置。气压计内部是一根一端封闭的装有水银的长玻璃管，封闭的一端向上，管中汞面的上部为真空，玻璃管下端插在水银槽内。水银槽底部是一羚羊皮袋，下端由螺旋支持，转动此螺旋可调节槽内水银面的高低，水银槽的顶盖上有一倒置的象牙针，其针尖是黄铜标尺刻度的零点。此黄铜标尺上附有游标尺，转动游标调节螺旋，可使游标尺上下移动。

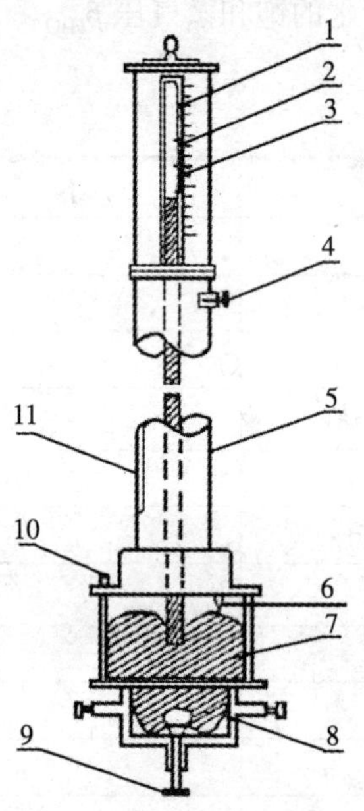

1—封闭玻璃罩；2—黄铜标尺；3—游标尺；4—游标尺调节旋钮；5—黄铜管；
6—零点象牙针；7—汞槽；8—羚羊皮袋；9—调节槽内汞面升降旋钮；
10—汞槽与外界大气压相通孔盖；11—温度计

图 2-2　福廷式气压计结构

2．福廷式气压计的使用方法

（1）调节水银槽内水银面的高度，慢慢旋转螺旋，使槽内水银面升高，利用水银槽后面的磁板的反光，注视水银面与象牙尖的空隙，直至水银面与象牙尖刚刚接触，然后用手轻轻扣一下铜管上面，使玻璃上部水银面凸面正常，稍等几秒钟，待象牙针尖与水银面的接触无变动为止。

（2）调节游标尺。转动气压计旁的螺旋，使游标尺升起，并使下沿略高于水银面，然后慢慢调节游标，直到游标尺底边及其后边金属片的底边，同时与水银面凸面顶端相切，这时观察者眼睛的位置应和游标尺前后两个底边的边缘在同一水平线上。

（3）读取汞柱高度。当游标尺的零线与黄铜标尺中某一刻度线恰好重合时，则黄铜标尺上该刻度的数值便是气压值，不需使用游标尺；当游标尺的零线不与黄铜标尺上任何一刻度重合时，则按着游标尺零线所对应标尺上的刻度，从标尺上读取气压值的整数部分（mm），再从游标尺上找出一根恰好与标尺上的刻度相重合的刻度线，则游标尺上刻度线的数值便是气压的小数部分。

（4）整理工作。记下读数后，将气压计底部螺旋向下移动，使水银面离开象牙针尖，并记下气压计的温度及从所附卡片上记下气压计的仪器误差，然后再进行其他校正。

3．使用时注意事项

（1）调节螺旋时，动作要缓慢，不可旋转过急。

（2）在旋转使游标与汞柱凸面相切时，应使眼睛的位置与游标尺前后下沿在同一水平线上，然后再调到与水银柱凸面相切。

（3）发现槽内水银不清洁时，要及时更换纯净水银。

4．气压计读数的校正

水银气压计的刻度是以温度为 0℃，纬度为 45° 的海平面高度为标准的。若不符合上述规定时，从气压计上直接读出的数值，除进行仪器误差校正外，在精密的工作中还必须进行温度、纬度及海拔高度的校正。

（1）仪器误差的校正。由于仪器本身制造的不精确而造成读数上的误差称“仪器误差”。仪器出厂时都附有仪器误差的校正卡片。气压的观测值应首先加上此项校正。

（2）温度影响的校正。由于温度改变，水银密度也随之改变，因而会影响水银柱的高度，同时由于铜管本身的热胀冷缩，也会影响刻度的准确性。当温度升高时，前者引起偏高，后者引起偏低。但由于水银的膨胀系数较铜管的大，因此温度高于 0℃时，经仪器校正后的气压值应减去温度校正值。反之，温度低于 0℃时，要加上温度校正值。气压计的温度校正公式如下：

$$p_0=\frac{1+\beta\cdot t}{1+\alpha\cdot t}\times p=p-p\times\frac{\alpha-\beta}{1+\alpha\cdot t}\times t$$

式中：p——气压计读数，mmHg；

t——气压的温度，℃；

α——水银柱在 0～35℃的平均体膨胀系数（α=0.000 181 8）；

β——黄铜的线膨胀系数（β= 0.000 184）；

p_0——读数校正到 0℃时的气压值，mmHg。

显然，温度校正值即为 $p\times\dfrac{\alpha-\beta}{1+\alpha\cdot t}$，其数值列有数据表，实际校正时，读取 p、t 后可查表求得。

（3）海拔高度及纬度的校正。重力加速度（g）随海拔高度及纬度不同而异，致使水银的重量受到影响，而导致气压计读数的误差，其校正办法是：经温度校正后的气压值再乘以（$1-2.6\times10^{-3}\cos\lambda-3.14\times10^{-7}H$），式中 λ 为气压计所在地纬度（度），H 为气压计所在地海拔高度（m）。此项校正值很小，在一般实验中不必考虑。

（4）其他如水银蒸气压的校正、毛细管效应的校正等，因校正值极小，一般均不考虑。

实验五　硫酸亚铁铵的制备

一、实验目的

- ✧ 掌握制备复盐硫酸亚铁铵的方法，了解复盐的特性。
- ✧ 掌握水浴加热、蒸发、浓缩等基本操作。
- ✧ 了解无机物制备的投料、产量、产率的有关计算。
- ✧ 练习目视比色测定离子浓度。

二、实验原理

硫酸亚铁铵，俗称摩尔盐，为浅蓝绿色透明晶体，易溶于水，但难溶于乙醇。存放时不易被空气中的氧氧化，故比 $FeSO_4\cdot7H_2O$（俗称绿矾）稳定，但仍具有 Fe^{2+} 的还原性，是分析化学中常用的还原剂。

制备一个化合物要根据产品所属化合物类别、质量要求以及可能获得的原料选择反应。本品是一种复盐，可以由两个母体二元盐的溶液中析出：

$$FeSO_4+(NH_4)_2SO_4+6H_2O \longrightarrow (NH_4)_2SO_4\cdot FeSO_4\cdot 6H_2O$$

其中，$(NH_4)_2SO_4$ 是工业产品（硫铵，作肥料用），经过重结晶就可以纯制。至于 $FeSO_4$，从理论上有以下几种形成途径：

$$Fe+H_2SO_4 \longrightarrow FeSO_4+H_2\uparrow \quad (1)$$

$$Fe(OH)_2+H_2SO_4 \longrightarrow FeSO_4+2H_2O \quad (2)$$

$$FeO+H_2SO_4 \longrightarrow FeSO_4+H_2O \quad (3)$$

我们选用反应（1）制备 $FeSO_4$，因为原料便宜，而且纯 $Fe(OH)_2$ 和 FeO 不易得到。铁能溶于稀硫酸中生成硫酸亚铁：

$$Fe(s) + 2H^+(aq) \longrightarrow Fe^{2+} + H_2(g)$$

通常，亚铁盐在空气中易氧化。例如，硫酸亚铁在中性溶液中能被溶于水中的少量氧气氧化并进而与水作用，甚至析出棕黄色的碱式硫酸铁①（或氢氧化铁）沉淀。

$$4Fe^{2+} + 2SO_4^{2-}(aq) + O_2(g) + 6H_2O(l) \longrightarrow 2[Fe(OH)_2]_2SO_4(s) + 4H^+(aq)$$

若往硫酸亚铁溶液中加入与 $FeSO_4$ 相等的物质的量的硫酸铵，则生成复盐硫酸亚铁铵。硫酸亚铁铵比较稳定，它的六水合物$(NH_4)_2SO_4 \cdot FeSO_4 \cdot 6H_2O$ 不易被空气氧化，在定量分析中常用来配制亚铁离子的标准溶液。像所有的复盐那样，硫酸亚铁铵在水中的溶解度比组成它的各个组分 $FeSO_4$ 或$(NH_4)_2SO_4$ 的溶解度都要小。蒸发浓缩所得溶液，可制得浅蓝绿色的硫酸亚铁铵（六水合物）晶体。

$$Fe^{2+}(aq) + 2NH_4^+(aq) + 2SO_4^{2-}(aq) + 6H_2O(l) \longrightarrow (NH_4)_2SO_4 \cdot FeSO_4 \cdot 6H_2O(s)$$

不纯铁中还可能含有硫、磷、砷等杂质，当与酸作用时能生成有毒的氢化物，它们都具有还原性，可用高锰酸钾溶液来处理：

$$5H_2S + 2MnO_4^- + 6H^+ \longrightarrow 5S + 2Mn^{2+} + 8H_2O$$
$$5H_3P + 8MnO_4^- + 9H^+ \longrightarrow 5PO_4^{3-} + 8Mn^{2+} + 12H_2O$$
$$5AsH_3 + 8MnO_4^- + 9H^+ \longrightarrow 5AsO_4^{3-} + 8Mn^{2+} + 12H_2O$$

如果溶液的酸性减弱，则亚铁盐（或铁盐）中 Fe^{2+}与水作用的程度将会增大。在制备$(NH_4)_2SO_4 \cdot FeSO_4 \cdot 6H_2O$ 过程中，为了使 Fe^{2+}不与水作用，溶液需要保持较强的酸度。

目视比色法是确定杂质含量的一种常用方法，在确定杂质含量后便能定出产品的级别。方法是：将产品配成溶液后，与标准色阶进行比色，如果产品溶液的颜色比某一标准溶液的颜色浅，就确定杂质含量低于该标准溶液中的含量，即低于某一规定的限度，所以这种方法又称为限量分析。

Fe^{3+}由于能与 SCN^-生成血红色的配离子$[Fe(SCN)_n]^{3-n}$，当红色较深时，表明产品中含 Fe^{3+}较多；当红色较浅时，表明产品中含 Fe^{3+}较少。所以，只要将所制备的硫酸亚铁铵晶体与 KSCN 溶液在比色管中配制成待测溶液，将它所呈现的红色与含一定 Fe^{3+}量所配制成的标准$[Fe(SCN)]^{2+}$溶液的红色进行比较，根据红色深浅程度相仿情况，即可知待测溶液中杂质Fe^{3+}的含量范围。

① Fe^{3+}极易水解，其水解产物复杂，通常写为其氧化物的水合物。

三种盐的溶解度数据见表 2-2。

表 2-2 三种盐的溶解度 单位：g/100 g

温度/℃	$FeSO_4·7H_2O$	$(NH_4)_2SO_4$	$(NH_4)_2SO_4·FeSO_4·6H_2O$
10	20.0	73.0	17.2
20	26.5	75.4	21.2
30	32.9	78.0	24.5
40	40.2	81.0	33.0
50	48.6	84.5	40.0

三、仪器与试剂

仪器：台式天平，水浴锅（可用大烧杯代替），吸滤瓶，布氏漏斗，真空泵，温度计，比色管（25 mL）。

试剂：盐酸（2 $mol·L^{-1}$），硫酸（3 $mol·L^{-1}$），硫氰酸钾（KSCN，质量分数 25%），硫酸铵（s），碳酸钠（质量分数 10%），铁屑，乙醇（质量分数 95%），pH 试纸。

四、实验步骤

1．铁屑的洗净去油污

用台式天平称取 2.0 g 铁屑，放入小烧杯中，加入 15 mL 质量分数为 10%碳酸钠溶液。小火加热约 10 min 后，倾倒去碳酸钠碱性溶液，用自来水冲洗后，再用去离子水把铁屑冲洗洁净（如何检验铁屑已洗净？）。

2．硫酸亚铁的制备

往盛有 2.0 g 洁净铁屑的小烧杯中加入 15 mL 3 $mol·L^{-1}$ H_2SO_4 溶液，盖上表面皿，放在石棉网上用小火加热（由于铁屑中的杂质在反应中会产生一些有毒气体，最好在通风橱中进行），使铁屑与稀硫酸反应至基本不再冒出气泡为止（约需 15 min）。在加热过程中应不时加入少量的去离子水，以补充被蒸发的水分，防止 $FeSO_4$ 结晶析出；同时要控制溶液的 pH 不大于 1（为什么？如何测量和控制？），趁热用普通漏斗过滤（参见基本操作），滤液承接于干净的蒸发皿中（为何要趁热过滤，小烧杯及漏斗上的残渣是否要用热的去离子水洗涤，洗涤液是否要弃掉？）。将留在烧杯中及滤纸上的残渣取出，用滤纸吸干后称量。根据已作用的铁屑质量，计算溶液中 $FeSO_4$ 的理论产量。

3．硫酸亚铁铵的制备

根据 $FeSO_4$ 的理论产量，计算并称取所需固体$(NH_4)_2SO_4$ 的用量。在室温下将称出的$(NH_4)_2SO_4$ 配制成饱和溶液，然后倒入上面制得的 $FeSO_4$ 溶液中。混合均匀并调节 pH 为 1～2，在水浴锅上蒸发浓缩至溶液表面刚出现薄层的结晶时为止（蒸发过程不宜搅动）。自水浴锅上取下蒸发皿，放置、冷却，即有硫酸亚铁铵晶体析出。待冷至室温后（*能否不冷至室温？*），用布氏漏斗抽滤（参见基本操作），最后用少量的乙醇洗去晶体表面所附着的水分（此时应继续抽气过滤）。将晶体取出，置于两张干净的滤纸之间，并轻压以吸干母液，称重。计算理论产量和产率。公式如下：

$$产率=\frac{实际产量}{理论产量}\times 100\%$$

4．产品检验

（1）Fe^{3+}分析。称取 1.0 g 产品，置于 25 mL 比色管中，加入 15 mL 不含氧气的去离子水，加入 2 mL 2 mol·L^{-1} HCl 和 1 mL 25%KSCN 溶液，用玻璃棒搅拌均匀，加水到刻度线，摇匀，所呈红色不得深于标准。

将它与配制好的上述标准溶液进行目测比色，确定产品的等级。在进行比色操作时，可在比色管下衬白瓷板；为了消除周围光线的影响，可用白纸包住盛溶液那部分比色管的四周。从上往下观察，对比溶液颜色的深浅程度来确定产品的等级（表 2-3）。

表 2-3　产品中 Fe（Ⅲ）含量与试剂的等级

规格	Ⅰ级	Ⅱ级	Ⅲ级
含 Fe^{3+}量/（mg·mL^{-1}）	0.05	0.10	0.20

（2）Fe（Ⅲ）标准系列的配制（可由实验室配制）。

① 不含氧的水。加一定量的水到锥形瓶中，小火加热，煮沸 10～20 min，冷后即可使用。

② Fe^{3+}标准溶液的配制。称取 0.863 4 g $NH_4Fe(SO_4)_2\cdot 12H_2O$ 固体溶于水（内含 2.5 mL 浓 H_2SO_4），移入 1 000 mL 容量瓶中，并冲稀至刻度。此溶液每毫升含 Fe^{3+} 0.1 mg。

标准：用吸管分别吸取一定量的 Fe^{3+}标准溶液，加入到比色管中，使 Fe^{3+}量为Ⅰ级：0.05 mg；Ⅱ级：0.10 mg；Ⅲ级：0.20 mg。然后与样品同体积同样处理。

五、思考题

1．在铁与硫酸反应，蒸发浓缩溶液时，为什么采用水浴？

2．计算硫酸亚铁铵的产率时，应以什么为准？为什么？

3．能否将最后产物直接放在表面皿上加热干燥？为什么？

4．在制备硫酸亚铁时，为什么要使铁过量？

实验六　化学反应速率和化学平衡

一、实验目的

✧ 了解浓度、温度、催化剂对反应速率的影响。

✧ 了解浓度、温度对化学平衡移动的影响。

✧ 练习在水浴中进行恒温操作。

✧ 根据实验数据练习作图。

二、实验原理

化学反应速率是以单位时间内反应物浓度的减少或生成物浓度的增加来表示的。化学反应速率首先取决于反应物的本性，此外反应速率还受到反应进行时所处的外界条件（浓度、温度、催化剂）的影响。

碘酸钾和亚硫酸氢钠在水溶液中发生如下反应：

$$2KIO_3 + 5NaHSO_3 \longrightarrow Na_2SO_4 + 3NaHSO_4 + K_2SO_4 + I_2\downarrow + H_2O$$

反应中生成的碘遇淀粉变为蓝色。如果在反应物中预先加入淀粉作为指示剂，则淀粉变蓝色所需时间 t 可以用来指示反应速率的大小①。反应速率与 t 成反比而与 $1/t$ 成正比。本实验中固定亚硫酸氢钠的浓度，改变碘酸钾浓度，可以得到一系列与不同浓度碘酸钾相应的淀粉变蓝色的时间，将碘酸钾浓度与 $1/t$ 作图，可得到一条直线。

温度可显著地影响化学反应速率，对大多数化学反应来说，温度升高，反应速率增大。

催化剂可大大改变化学反应速率。催化剂与反应系统处于同相，称为均相（或单相）催化。在 $KMnO_4$ 和 $H_2C_2O_4$ 的酸性混合溶液中，加入 Mn^{2+}可增大反应速率。该反应的反应速率可由 $KMnO_4$ 的紫红色褪去时间长短来指示。该反应可表示如下：

$$2KMnO_4 + 5H_2C_2O_4 + 3H_2SO_4 \longrightarrow 2MnSO_4 + 10CO_2\uparrow + K_2SO_4 + 8H_2O$$

催化剂与反应系统不为同一相，称为多相催化，如 H_2O_2 溶液在常温下极其缓慢分解放出氧气，而加入催化剂 MnO_2 则 H_2O_2 分解速率明显加快。

在可逆反应中，当正、逆反应速率相等时即达到化学平衡。改变平衡系统的条件如浓度（系统中有气体时的压力）或温度时，会使化学平衡发生移动。根据吕·查德里原理，当条件改变时，平衡就向着减弱这个改变的方向移动。

如在 $CuSO_4$ 水溶液中，Cu^{2+}以水合离子形式存在，$[Cu(H_2O)_4]^{2+}$呈蓝色，当加

① 经研究该反应实际上是分步进行的，只有当溶液中亚硫酸氢钠全部作用完后，才可能有 I_2 存在，并与溶液中淀粉作用而呈蓝色。本实验中碘酸钾过量，以保证亚硫酸氢钠全部作用完。

入一定量 Br^- 后，会发生下列反应：

$$[Cu(H_2O)_4]^{2+} + 4Br^- \rightleftharpoons [CuBr_4]^{2-} + 4H_2O$$

$[CuBr_4]^{2-}$ 为黄色，改变反应物或生成物浓度，会使平衡移动，从而使溶液改变颜色。该反应为吸热反应，升高温度会使平衡向右移动，降低温度平衡则向左移动。当然，温度变化也会使溶液颜色发生变化。

三、仪器与试剂

1. 仪器

秒表，温度计（100℃），量筒（100 mL、10 mL 各 2 只），烧杯（100 mL 6 只，400 mL 2 只），NO_2 平衡球。

2. 试剂

固体：MnO_2，KBr。

酸：H_2SO_4（3 mol·L^{-1}），$H_2C_2O_4$（0.05 mol·L^{-1}）。

盐：KIO_3（0.05 mol·L^{-1}），$NaHSO_3$ ②（0.05 mol·L^{-1}，已添加有淀粉），$KMnO_4$（0.01 mol·L^{-1}），$MnSO_4$（0.1 mol·L^{-1}），$FeCl_3$（0.1 mol·L^{-1}），NH_4SCN（0.1 mol·L^{-1}），$CuSO_4$（1 mol·L^{-1}），KBr（2 mol·L^{-1}）。

其他：H_2O_2（质量分数 3%），碎冰。

四、实验步骤

1. 浓度对反应速率的影响

用量筒准确量取 10 mL 0.05 mol·L^{-1} $NaHSO_3$ 溶液和 35 mL 蒸馏水，倒入 100 mL 小烧杯中，搅拌均匀。用另一只量筒准确量取 5 mL 0.05 mol·L^{-1} KIO_3 溶液，将量筒中的 KIO_3 溶液迅速倒入盛有 $NaHSO_3$ 溶液的烧杯中，立刻按动秒表开始计时，并搅拌溶液，记录溶液变为蓝色的时间，并填入下表。用同样方法依次按下表编号进行实验。

数据记录 室温________

实验编号	$NaHSO_3$ 体积/mL	H_2O 体积/mL	KIO_3 体积/mL	溶液变蓝时间 t/s	$\frac{1}{t}$/（s^{-1}）	$c(KNO_3)$/（mol·L^{-1}）
1	10	35	5			
2	10	30	10			
3	10	25	15			
4	10	20	20			
5	10	15	25			

② 亚硫酸氢钠溶液的配制：先用少量水将淀粉调成浆状，然后倒入 100～200 mL 沸水，煮沸，冷却后加入含有 5.2 g 亚硫酸氢钠溶液，然后加水稀释至 1 L。

根据实验数据，以 $c(KNO_3)$ 为横坐标，$\frac{1}{t}$ 为纵坐标，用坐标纸绘制曲线。

2．温度对反应速率的影响

在一只 100 mL 的小烧杯中，混合 10 mL $NaHSO_3$ 溶液和 35 mL 蒸馏水，在试管中加入 5 mL KIO_3 溶液，将小烧杯和试管同时放在水浴③中，加热到比室温高出约 10℃，恒温 3 min 左右，将 KIO_3 溶液倒入 $NaHSO_3$ 溶液中，立即计时，并搅拌溶液，记录溶液变为蓝色的时间，并填入下表中。

数据记录

实验编号	$NaHSO_3$ 体积/mL	H_2O 体积/mL	KIO_3 体积/mL	实验温度/℃	溶液变蓝色时间/s
1					
2					

如果在室温 30℃以上做本实验时，可用冰浴代替热水浴，温度可选比室温低 10℃左右。

根据实验结果，说明温度对反应速率的影响。

3．催化剂对反应速率的影响

（1）均相催化

在试管中加入 3 mol·L^{-1} H_2SO_4 溶液 1 mL，0.1 mol·L^{-1} $MnSO_4$ 溶液 10 滴，0.05 mol·L^{-1} $H_2C_2O_4$ 溶液 3 mL；在另一试管中加入 3 mol·L^{-1} H_2SO_4 溶液 1 mL，蒸馏水 10 滴，0.05 mol·L^{-1} $H_2C_2O_4$ 溶液 3 mL，然后向两支试管中各加入 0.01 mol·L^{-1} $KMnO_4$ 溶液 3 滴，摇匀，观察并比较两支试管中紫红色褪去得快慢。

（2）多相催化

在试管中加入 3%H_2O_2 溶液 1 mL，观察是否有气泡产生，然后向试管中加入少量 MnO_2 粉末，观察是否有气泡放出，并检验是否为氧气。

4．浓度对化学平衡的影响

（1）在小烧杯中加入 10 mL 蒸馏水，然后加入 0.1 mol·L^{-1} 的 $FeCl_3$ 及 0.1 mol·L^{-1} 的 KSCN 溶液各 2 滴，得到浅红色溶液，其反应方程式如下：

$$Fe^{3+} + nSCN^- \rightleftharpoons [Fe(SCN)_n]^{3-n} \qquad n = 1 \sim 6$$

将所得溶液等分于两支试管中，在第一支试管中逐滴加入 0.1 mol·L^{-1} 的 $FeCl_3$ 溶液，观察颜色的变化，并将其与第二支试管中的颜色比较，说明浓度对化学平衡

③ 用 400 mL 烧杯中盛水作水浴，加热至比室温高 10℃左右，调节火焰大小，以维持基本恒温。也可用加热热水调节水温比室温高 13～14℃，然后将小烧杯及试管浸入 3 min，可达到内外平衡，水浴温度即为反应温度。

的影响。

（2）在三支试管中分别加入 1 mol·L^{-1} 的 $CuSO_4$ 溶液 10 滴、5 滴、5 滴，在第一、二支试管中各加入 2 mol·L^{-1} 的 KBr 溶液 5 滴，在第三支试管中再加入少量固体 KBr，比较三支试管中溶液的颜色，并解释之。

5．温度对化学平衡的影响

（1）在试管中加入 1 mol·L^{-1} 的 $CuSO_4$ 溶液 1 mL 和 2 mol·L^{-1} 的 KBr 溶液 1 mL，混合均匀，分装在三支试管中，将第一支试管加热至近沸，第二支试管放入冰水槽中，第三支试管保持室温，比较三支试管中溶液的颜色，并解释之。

（2）取一只带有两个玻璃球的平衡球（图 2-3），其中有二氧化氮和四氧化二氮气体处于平衡状态，它们之间的平衡关系为：

$$2NO_2(g) \rightleftharpoons N_2O_4(g); \qquad \Delta H^{\ominus} = -54.43\ \text{kJ} \cdot \text{mol}^{-1}$$

NO_2 为红棕色气体，N_2O_4 为无色气体，气体混合物的颜色视二者的相对含量不同，可从浅红棕色至红棕色。将平衡球的一个玻璃球浸入热水浴中，另一个玻璃球浸入冰水中，观察两个玻璃球中气体颜色的变化，指出平衡移动的方向，用吕·查德里原理解释之。

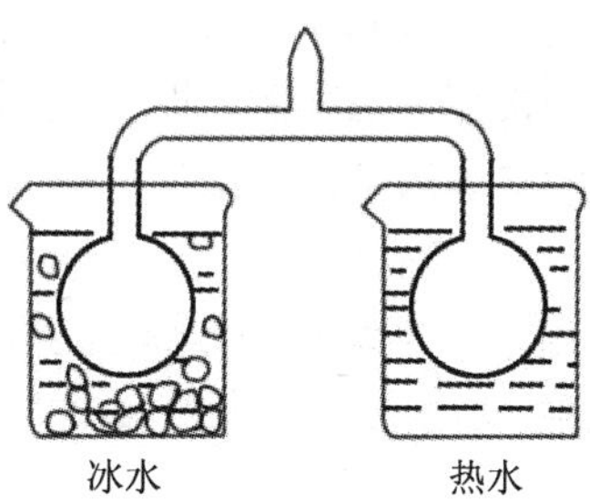

图 2-3 平衡球

五、思考题

1．影响化学反应速率的因素有哪些？本实验中如何试验温度、浓度、催化剂对反应速率的影响？

2．如何应用吕·查德里原理判断浓度、温度的变化引起化学平衡移动的方向？

3．结合 NO_2 和 N_2O_4 的平衡说明，升高温度时 $p(N_2O_4)$、$p(NO_2)$、$K^{\ominus}$ 如何变化，平衡向什么方向移动？

实验七　滴定分析的基本操作练习

一、实验目的

✧ 初步掌握滴定管、移液管的使用方法。

✧ 练习滴定操作技术。

✧ 通过甲基橙和酚酞指示剂的使用，初步熟悉判断滴定终点的方法。

✧ 掌握滴定结果的数据记录和数据处理方法。

二、实验原理

滴定分析法是将滴定剂（已知准确浓度的标准溶液）滴加到含有被测组分的试液中，直到化学反应完全时为止，然后根据滴定剂的浓度和消耗的体积计算被测组分含量的一种方法。因此，在滴定分析实验中，必须学会标准溶液的配制、标定、滴定管的正确使用和滴定终点的正确判断。

浓 HCl 浓度不稳定、易挥发，NaOH 不易制纯，在空气中易吸收 CO_2 和水分。因此，酸碱标准溶液要采用间接配制法配制，即先配制近似浓度的溶液，然后通过比较滴定或标定来确定它们的准确浓度，其浓度一般为 0.01～1 $mol \cdot L^{-1}$，具体浓度可以根据需要选择。

酸碱比较滴定一般是指用酸标准溶液滴定碱标准溶液的操作过程。当 HCl 和 NaOH 溶液反应达到等量点时，根据等物质的量规则有：

$$c_{HCl} \cdot V_{HCl} = c_{NaOH} \cdot V_{NaOH} \quad 即 \frac{c_{HCl}}{c_{NaOH}} = \frac{V_{NaOH}}{V_{HCl}}$$

因此，只要标定其中任何一种溶液的浓度，就可以通过比较滴定的结果（体积比），算出另一种溶液的准确浓度。

0.10 $mol \cdot L^{-1}$ NaOH 溶液滴定等浓度的 HCl 溶液，滴定的突跃范围为 pH 4.3～9.7，可选用酚酞（变色范围 pH 8.0～9.6）和甲基橙（变色范围 pH 3.1～4.4）作指示剂。甲基橙和酚酞变色的可逆性好，当浓度一定的 NaOH 和 HCl 相互滴定时，所消耗的体积比 V_{HCl}/V_{NaOH} 应是固定的。在使用同一指示剂的情况下，改变被滴溶液的体积，此体积比应基本不变，因此，可训练学生的滴定基本操作技术和正确判断终点的能力。通过观察滴定剂落点处周围颜色改变的快慢判断终点是否临近；临近终点时，要能控制滴定剂一滴一滴地或半滴半滴地加入，至最后一滴或半滴引起溶液颜色的明显变化，立即停止滴定，即为滴定终点，要做到这些，必须反复练习。

三、试剂

NaOH（s），浓 HCl（ρ=1.18 g·mL^{-1}），酚酞（2 g·L^{-1} 乙醇溶液），甲基橙（1 g·L^{-1} 水溶液）。

四、实验步骤

1．配制 0.10 mol·L^{-1} NaOH 溶液和 HCl 溶液各 500 mL

（1）NaOH 溶液的配制。用洁净的小烧杯于台秤上称取 2.0 g NaOH（s），加纯水 50 mL，使全部溶解后，转入 500 mL 试剂瓶中，用少量纯水涮洗小烧杯数次，将涮洗液一并转入试剂瓶中，再加水至总体积约 500 mL，盖上橡皮塞，摇匀。

（2）HCl 溶液的配制。在通风橱内用洁净的小量筒量取市售浓 HCl 4.2～4.5 mL，倒入 500 mL 试剂瓶中，加水稀释至 500 mL 左右，盖上玻璃塞，摇匀。

2．滴定操作练习

（1）按第一章第二节所述方法准备好酸式和碱式滴定管各一支。分别用 5～10 mL HCl 和 NaOH 溶液润洗酸式和碱式滴定管 2～3 次。再分别装入 HCl 和 NaOH 溶液，排除气泡，调节液面至零刻度或稍下一点的位置，静止 1 min 后，记下初读数。

（2）以酚酞作指示剂用 NaOH 溶液滴定 HCl。从酸式滴定管放出约 10 mL HCl 于锥形瓶中，加 10 mL 纯水，加入 1～2 滴酚酞，在不断摇动下，用 NaOH 溶液滴定，注意控制滴定速度，当滴加的 NaOH 落点处周围红色褪去较慢时，表明已临近终点，用洗瓶冲洗锥形瓶内壁，控制 NaOH 溶液一滴一滴或半滴半滴地滴出。至溶液呈微红色，且半分钟不褪色即为终点，记下读数。又由酸式滴定管放入 1～2 mL HCl，再用 NaOH 溶液滴至终点。如此反复练习滴定、终点判断及读数若干次。

（3）以甲基橙作指示剂用 HCl 溶液滴定 NaOH。由碱式滴定管放出约 10 mL NaOH 于锥形瓶中，加 10 mL 纯水，加入 1～2 滴甲基橙，在不断摇动下，用 HCl 溶液滴定至溶液由黄色恰呈橙色为终点。再由碱式滴定管放入 1～2 mL NaOH，继续用 HCl 溶液滴定至终点，如此反复练习滴定及终点判断若干次。

3．HCl 和 NaOH 溶液体积比 V_{HCl}/V_{NaOH} 的测定

由酸式滴定管以每分钟 10 mL 的流速放出 20 mL HCl 于锥形瓶中，加 1～2 滴酚酞，用 NaOH 溶液滴定溶液呈微红色，且半分钟不褪为终点。读取并准确记录 HCl 和 NaOH 溶液的体积，平行测定三次。计算 V_{HCl}/V_{NaOH}，要求相对平均偏差不大于 0.3%。

体积比的测定也可以采用甲基橙作指示剂，以 HCl 溶液滴定 NaOH，平行测定三次。如时间允许，这两种相互滴定均可进行，将所得结果进行比较并讨论。

数据记录及计算结果

测定次数	Ⅰ	Ⅱ	Ⅲ
NaOH 终读数 NaOH 初读数 V_{NaOH}/mL			
HCl 终读数 HCl 初读数 V_{HCl}/mL			
V_{HCl}/V_{NaOH} 平均值			
绝对偏差			
相对均差			

五、思考题

1．HCl 和 NaOH 标准溶液能否用直接配制法配制？为什么？

2．配制酸碱标准溶液时，为什么用量筒量取 HCl，用台秤称取 NaOH（s），而不用吸量管和分析天平？

3．标准溶液装入滴定管之前，为什么要用该溶液润洗滴定管 2~3 次？而锥形瓶是否也需先用该溶液润洗或烘干，为什么？

4．滴定至临近终点时加入半滴的操作是怎样进行的？

5．在每次滴定完成后，为什么要将标准溶液加至滴定管零点或零点附近，然后进行第二次滴定？

注释

（1）不含 CO_3^{2-}盐的 NaOH 溶液可用下列三种方法配制。

①在台秤上用小烧杯称取较理论量稍多的 NaOH（s），用不含 CO_2 的纯水迅速冲洗一次，以除去固体表面少量的 Na_2CO_3，溶解并定容。

②制备 NaOH 的饱和溶液（500 g·L^{-1}）。由于浓碱中 Na_2CO_3 几乎不溶解，待 Na_2CO_3 下沉后，吸取上层清液，稀释至所需浓度。稀释用水，一般是将纯水煮沸数分钟，再冷却。

③在 NaOH 溶液中加入少量 $Ba(OH)_2$ 或 $BaCl_2$，CO_3^{2-}就以 $BaCO_3$ 形式沉淀下来，取上层清液稀释至所需浓度。

（2）用 NaOH 滴定 HCl，以酚酞作指示剂，终点为微红色，半分钟不褪色。如果经较长时间颜色慢慢褪去，那是由于溶液中吸收了空气中的 CO_2 生成 H_2CO_3 所致。

实验八　盐酸和氢氧化钠标准溶液的配制和标定

一、实验目的

- ✧ 学会配制一定浓度的标准溶液的方法。
- ✧ 学会用滴定法测定酸碱溶液浓度的原理和操作方法。
- ✧ 进一步练习滴定管、容量瓶、移液管的使用。
- ✧ 学会用基准物标定标准溶液浓度的方法。
- ✧ 熟悉甲基橙和酚酞指示剂的使用和终点的变化。初步掌握酸碱指示剂的选择方法。

二、实验原理

在酸碱滴定中，酸标准溶液通常是用 HCl 或 H_2SO_4 来配制，其中用得较多的是 HCl。如果试样要和过量的酸标准溶液共同煮沸时，则选用 H_2SO_4。HNO_3 有氧化性并且稳定性较差，故不宜选用。碱标准溶液一般都用 NaOH 配制。KOH 较贵，应用不普遍。

配制标准溶液的方法有两种：

（1）直接法：准确称量一定的某基准物质，用少量的水溶解，移入容量瓶中直接配成一定浓度的标准溶液。

（2）间接法：浓硫酸，浓盐酸之类不能直接配制成标准溶液的物质，可先配制成近似所需的浓度，然后用基准物质（或已经用基准物质标定的标准溶液）来标定它的浓度。氢氧化钠、盐酸的配制就是采用间接配制法配制的。浓盐酸易挥发，固体 NaOH 容易吸收空气中水分和 CO_2，因此不能直接配制准确浓度的 HCl 和 NaOH 标准溶液，只能先配制近似浓度的溶液，然后用基准物质标定其准确浓度。也可用另一已知准确浓度的标准溶液滴定该溶液，再根据它们的体积比求得该溶液的浓度。

酸碱指示剂都具有一定的变色范围。0.2 $mol \cdot L^{-1}$ NaOH 溶液的滴定，其突跃范围为 pH 4～10，应当选用在此范围内变色的指示剂，例如，甲基橙或酚酞等，NaOH 溶液和 HAc 溶液的滴定，是强碱和弱酸的滴定，其突跃范围处于碱性范围，应选用在此区域内变色的指示剂。

标定酸和碱液所用的基准物有多种，现各举两种常用的例子。

（1）标定碱的基准物质

①邻苯二甲酸氢钾（$KHC_8H_4O_4$），它易制得纯品，在空气中不吸水，容易保存，

摩尔质量大，可相对减少称量误差，是一种较好的基准物质，标定反应如下：

$$C_6H_4(COOH)(COOK) + NaOH = C_6H_4(COONa)(COOK) + H_2O$$

反应产物为二元弱碱，在水溶液中显微碱性，可选用酚酞作指示剂。

邻苯二甲酸氢钾通常在 105～110℃下干燥 2 h 后备用，干燥温度过高，则脱水成为邻苯二甲酸酐。

②草酸（$H_2C_2O_4 \cdot 2H_2O$），它在相对湿度为 5%～95%时不会被风化失水，故将其保存在磨口玻璃瓶中即可，草酸固体状态比较稳定，但溶液状态的稳定性较差，空气能使 $H_2C_2O_4$ 慢慢氧化，光和 Mn^{2+}能催化氧化，因此，$H_2C_2O_4$ 溶液应置于暗处存放。

草酸是二元酸，$K_{a_1}^{\ominus}$ 和 $K_{a_2}^{\ominus}$ 相差不大，不能分步滴定，两级解离的 H^+一次被滴定。标定反应为：

$$2NaOH + H_2C_2O_4 = Na_2C_2O_4 + 2H_2O$$

反应产物为 $Na_2C_2O_4$，在水溶液中为微碱性，可选用酚酞作指示剂。

（2）标定酸的基准物质

①无水碳酸钠（Na_2CO_3），它易吸收空气中的水分，于 180℃干燥 2～3 h，也可将 $NaHCO_3$ 置于瓷坩埚内，在 270～300℃的烘箱内干燥 1 h，然后放入干燥器内冷却后备用。其标定反应为：

$$Na_2CO_3 + 2HCl \longrightarrow 2NaCl + CO_2\uparrow + H_2O$$

计量点时，为 H_2CO_3 的饱和溶液，pH 为 3.9，以甲基橙作指示剂应滴至溶液呈橙色为终点，为使 H_2CO_3 的过饱和部分不断分解逸出，临近终点时应将溶液剧烈摇动或加热。

②硼砂（$Na_2B_4O_7 \cdot H_2O$），它易制得纯品，吸湿性小，摩尔质量大，但由于含有结晶水，当空气相对湿度小于 39%时，有明显的风化而失水的现象，常保存在相对湿度为 60%的恒温器（下置饱和的蔗糖和食盐溶液）。其标定反应为：

$$Na_2B_4O_7 + 2HCl + 5H_2O = 4H_3BO_3 + 2NaCl$$

产物为 H_3BO_3，其水溶液的 pH 约为 5.1，可用甲基红作指示剂。

NaOH 标准溶液与 HCl 标准溶液的浓度，一般只需标定其中一种，另一种则通过 NaOH 溶液与 HCl 溶液滴定的体积比算出。标定 NaOH 溶液还是标定 HCl，要视采用何种标准溶液测定何种试样而定。原则上，应标定测定时所用的标准溶液，标定时的条件与测定时的条件（例如指示剂和被测组分等）应尽可能一致。

但必须注意，以指示剂变色来判断化学计量点到达时，必须选择指示剂的变色范围要落在滴定的突跃范围内，否则会造成误差增大，甚至会有较大的误差。

pH 突跃范围的大小是与浓度、离解常数（或水解常数）的大小有关。浓度越大，突跃越大；水解常数或离解常数愈大，突跃愈大，反之皆小。无水碳酸钠是一种水解盐，碱性相当于弱碱，所以用甲基橙作指示剂时，浓度不能太稀，否则误差太大。

三、试剂

浓盐酸，固体 NaOH，甲基橙指示剂，酚酞指示剂，甲基红指示剂，邻苯二甲酸氢钾（A.R），碳酸钠。

四、实验步骤

1．0.2 $mol \cdot L^{-1}$ HCl 和 0.2 $mol \cdot L^{-1}$ NaOH 溶液的配制

（根据标定的物质只配其中一个）

通过计算求出配制 1 000 mL 0.2 $mol \cdot L^{-1}$ HCl 的溶液所需浓盐酸（浓度约 12 $mol \cdot L^{-1}$）的体积，然后，用小量筒量取此量的浓盐酸，加入水中并稀释成 1 000 mL，贮于玻璃塞细口瓶中，摇匀。

同样，通过计算求出配置 1 000 mL 0.2 $mol \cdot L^{-1}$ NaOH 溶液所需的固体 NaOH 的量。在台秤上迅速称出（NaOH 应置于什么容器中？为什么？），置于烧杯中，立即用 1 000 mL 水溶解，配制成溶液，贮于具橡皮塞的细口瓶中，充分摇匀。

固体氢氧化钠极易吸收空气中的 CO_2 和水，所以称量必须迅速。市售固体氢氧化钠常因吸收 CO_2 而混有少量 Na_2CO_3，以致在分析结果中引入误差，因此在要求严格的情况下，配置 NaOH 液时必须设法除去 CO_3^{2-}离子，常用方法有两种：

（1）在台秤上称取一定量的固体氢氧化钠于烧杯中，再用少量的水溶解后倒入试剂瓶中，再用水稀释到一定体积，加入 1～2 mL 20% $BaCl_2$ 溶液，摇匀后用橡皮塞塞紧，静置过夜，待沉淀完全沉降后，用虹吸管把清液转入另一试剂瓶中，塞紧，备用。

（2）饱和的 NaOH 溶液（50%）具有不溶解 Na_2CO_3 的性质。所以用固体 NaOH 配制饱和溶液，其中的 Na_2CO_3 可以全部沉降下来。在涂蜡的玻璃器皿或塑料容器中先配制饱和的 NaOH 溶液，待溶液澄清后，吸取上层的溶液，用新煮沸并冷却的水稀释至一定浓度。

2．标定

（标定实验只选作其中一个）

（1）NaOH 标准溶液浓度的标定。在分析天平上准确称取 3 份已在 105～110℃烘过 1 h 以上的分析纯的邻苯二甲酸氢钾，每份 1～1.5 g（取此量的依据什么？）

放入 250 mL 锥形瓶或烧杯中，用 50 mL 煮沸后刚冷却的水使之溶解（如没有完全溶解，可稍微加热）。冷却后加入二滴酚酞指示剂，用 NaOH 标准溶液滴定至微红色半分钟不褪，即为终点。根据下式计算 NaOH 的浓度：

$$c_{NaOH} = \frac{m_{KHC_8H_4O_4}}{\frac{V_{NaOH}}{1000} \times M_{KHC_8H_4O_4}}$$

3 份测定的相对平均偏差应小于 0.2%，否则应重复测定。

（2）HCl 标准溶液的标定。准确称取已烘干的无水碳酸钠 3 份（其重量按消耗 20～40 mL 0.2 $mol \cdot L^{-1}$ 溶液计），置于 3 只 250 mL 锥形瓶中，加水约 30 mL，温热，摇动使之溶解，以甲基橙为指示剂，以 0.2 $mol \cdot L^{-1}$ HCl 标准溶液滴定至溶液由黄色变为橙色。记下 HCl 标准溶液的消耗量，根据下式计算 HCl 标准溶液的浓度：

$$c_{HCl} = \frac{m_{Na_2CO_3}}{\frac{V_{HCl}}{1000} \times M_{\frac{1}{2}Na_2CO_3}}$$

数据记录及计算结果（以标定 NaOH 为例）

测定次数	Ⅰ	Ⅱ	Ⅲ
$KHC_8H_4O_4$ m_1/g $KHC_8H_4O_4$ m_2/g $KHC_8H_4O_4$ m_3/g			
NaOH 终读数 NaOH 初读数 V_{NaOH}/mL			
c_{NaOH}/（$mol \cdot L^{-1}$）			
平均值			
相对均差			
c_{HCl}/（$mol \cdot L^{-1}$）			

五、思考题

1. HCl 溶液滴定标准溶液 NaOH 时是否可用酚酞作指示剂？

2. 如 NaOH 标准溶液在保存过程中吸收了空气中的 CO_2，用标准溶液滴定盐酸，以甲基橙为指示剂，NaOH 溶液的浓度会不会改变？若用酚酞为指示剂进行滴定时，该标准溶液会不会改变？

实验九　醋酸离解常数和离解度的测定——pH 法

一、实验目的

✧ 了解 pH 计测定醋酸离解常数的原理和测定方法。
✧ 学习 pH 计的使用方法。
✧ 巩固滴定管、移液管、容量瓶的操作。
✧ 进一步熟悉溶液的配制与标定。

二、实验原理

本实验通过测定不同浓度的醋酸溶液的 pH 来求算醋酸的标准离解常数。

醋酸（CH_3COOH 或 HAc）是弱电解质，在水溶液中存在以下离解平衡：

$$HAc \rightleftharpoons H^+ + Ac^-$$

其标准离解常数表达式为：

$$K^{\ominus}(HAc)=\frac{\{c(H^+)/c^{\ominus}\}\{c(Ac^-)/c^{\ominus}\}}{\{c(HAc)/c^{\ominus}\}}$$

若 HAc 的起始浓度为 c_0，$c(H^+)$、$c(Ac^-)$、$c(HAc)$ 分别为 H^+、Ac^-、HAc 的平衡浓度，α为离解度，在纯 HAc 溶液中 $c(H^+)=c(Ac^-)$；$c(HAc)=c_0\times(1-\alpha)$，则：

$$\alpha=\frac{c(H^+)}{c_0}\times 100\%;\quad K^{\ominus}(HAc)=\frac{\{c(H^+)/c^{\ominus}\}^2}{c_0/c^{\ominus}-c(H^+)/c^{\ominus}}=\frac{\{c(H^+)\}^2}{c_0-c(H^+)}$$

在一定温度下，用酸度计测定一系列已知浓度的醋酸溶液的 pH，根据 $pH=-\lg[c(H^+)/c^{\ominus}]$，可换算出相应的 $c(H^+)$，将 $c(H^+)$ 的值代入上式，可求出一系列对应的 $K^{\ominus}(HAc)$ 值，取其平均值，即为该温度下醋酸的离解常数。

三、仪器与试剂

仪器：pHS-3 型酸度计，电磁搅拌器，移液管（25 mL），酸式滴定管（50 mL），塑料烧杯（干燥，50 mL），锥形瓶（250 mL）。

试剂：HAc 溶液（约 0.1 $mol\cdot L^{-1}$）。

四、实验步骤

1．醋酸溶液浓度的标定

用 25 mL 移液管准确移取 0.100 $mol \cdot L^{-1}$ HAc 溶液 3 份，分别注入 3 只锥形瓶中，各加 2～3 滴酚酞指示剂，分别用 NaOH 标准溶液滴定至溶液呈淡红色，经振荡后半分钟不褪色为止。记下滴定前后滴定管中 NaOH 溶液的读数，计算 NaOH 溶液的体积，求出 HAc 溶液的准确浓度。

2．不同浓度醋酸溶液的配制和 pH 的测定

在 5 只干燥的小烧杯中，用酸式滴定管加入已标定的醋酸溶液 48.00 mL、24.00 mL、12.00 mL、6.00 mL、3.00 mL，再从另一支装有蒸馏水的碱式滴定管中向小烧杯中依次加入 0.00 mL、24.00 mL、36.00 mL、42.00 mL、45.00 mL 蒸馏水（使各溶液的总体积为 48.00 mL），混合均匀。求出各 HAc 溶液的准确浓度。

用 pH 计测定上述各 HAc 溶液（由稀到浓）的 pH。记录各溶液的 pH 及实验时的室温，计算各醋酸溶液的离解常数。

3．数据记录与处理

HAc 浓度的标定

滴定序号		Ⅰ	Ⅱ	Ⅲ
NaOH 溶液的浓度/（$mol \cdot L^{-1}$）				
HAc 溶液的用量/mL				
NaOH 溶液的用量/mL				
HAc 溶液的浓度/（$mol \cdot L^{-1}$）	测定值			
	平均值			

醋酸溶液 pH 的测定　　　　室温________

烧杯编号	加入的 HAc 体积/mL	加入的 H_2O 体积/mL	混合后 HAc 溶液的浓度/（$mol \cdot L^{-1}$）	pH	c（H^+）	α	离解常数 K_a	
							测定值	平均值
1								
2								
3								
4								
5								

五、思考题

1. 改变被测 HAc 溶液的浓度或温度，则电离度和离解常数有无变化？若有变化，会有怎样的变化？

2. 用 NaOH 标准溶液测定醋酸溶液的浓度时，滴定已达到终点（即酚酞指示剂呈微红色半分钟内不褪色），但久置后，红色褪掉了。有人说："是由于刚才的终点不是真正的终点所致。"你认为这种说法对吗？为什么？

3. 用 pH 法测定醋酸的离解常数的依据是什么？由测得的 pH，如何计算醋酸的离解常数？

4. 测定不同浓度醋酸溶液的 pH 时，为什么要由稀到浓的顺序进行？由浓到稀的顺序测定行吗？为什么？

5. 使用酸度计应注意哪些方面的问题？

附：pHS-3 型酸度计使用说明

酸度计又称 pH 计，是一种用来测定溶液 pH（也可测定 mV）的最常用仪器之一，其优点是使用方便、测量迅速。主要由参比电极、指示电极和测量系统三部分组成（有些仪器配备的是复合电极，它由指示电极和参比电极组合而成）。参比电极常用的是饱和甘汞电极，指示电极则通常是一支对 H^+具有特殊选择性的玻璃电极。组成的电池可表示如下：

玻璃电极 | 待测溶液 ‖ 饱和甘汞电极

酸度计的种类很多，精度也不相同。这里仅介绍 pHS-3 型酸度计，其前、后面板如图 2-4 所示。

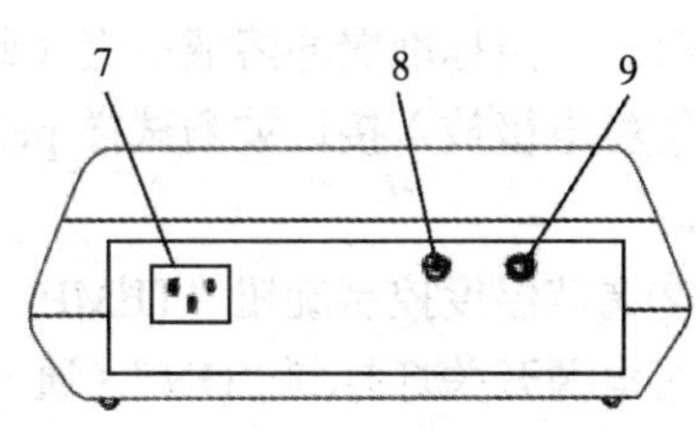

1—电源开关；2—功能选择（pH/mV）；3—显示屏；4—校准旋钮"CALIB"；
5—斜率控制旋钮"SLOPE"；6—温度控制旋钮"TEMP"；7—电源插座；
8—参比电极插口；9—玻璃电极或复合电极输入端

图 2-4　pHS-3 型数字酸度计（前、后面板）

pHS-3 型数字酸度计是采用 4 位 LED 显示的数字式酸度计，可用于测定水溶液的 pH，如配上适当的离子选择性电极，则可用于离子浓度分析，还可作电位滴定分析的终点显示仪表使用。使用方法如下：

1．仪器的准备工作

①接好电源。

②在仪器下端接入 BNC 短路插头，将电源开关打到“ON”（接通），调节校准控制钮“CALIB”，使仪器稳定显示 7.00。

③完成上述步骤后，取下短路插头，仪器处于备用状态。

2．连接电极

①将电极插头插入仪器的输入端，顺时针旋转直至牢固地固定。

②将电极小心地装入电极架的孔中。

③使用仪器测量 pH。

④测量完成后，卸下电极，此时反时针方向转动插头，直至插头从插座中脱出。

3．通用测量技术

①温度：所有待测溶液和标准缓冲溶液均应处于同一温度下，任何温度的变化均能引起测量误差。这是因为 pH 电极的斜率、参比电极的电极电势、缓冲溶液的 pH 等都与温度有关。

②清洗电极：玻璃电极在使用前需在蒸馏水中浸泡 24 h 进行活化。在两次测量之间，电极均应认真进行冲洗，并用滤纸吸干。

③搅动：适当搅动测量溶液，以使玻璃球体和溶液之间接触良好。电极应插入溶液约 3 cm。

注意：给出的最高精度是在每天开始时进行一次两点标准缓冲溶液校准，保证斜率正确调准。在 1 天以后的测量，可以进行一点校准。

4．pH 测量

（1）一点标准缓冲溶液标定（此法达不到最高精度要求）：

①将电极放入接近被测试样 pH 的标准缓冲溶液中，电极插入约 3 cm，并适当搅动。

②调节温度控制旋钮“TEMP”到缓冲溶液的温度。

③电源开关灯打到“ON”（通），等仪器读数稳定后，调节校准旋钮“CALIB”，使显示相应温度下溶液的 pH。

④从缓冲溶液中取出电极，用蒸馏水冲洗，用滤纸吸干剩余的水滴。

⑤将电极放入被测溶液中约 3 cm，并适当搅动，待读数稳定后，即可记录 pH 读数。

（2）两点标准缓冲溶液标定（此法能达到最高精度）：

①选择与被测溶液 pH 相近的两种标准缓冲溶液，其中一种标准缓冲溶液的 pH

应为6.86。

②将电极放入 pH=6.86 的标准缓冲溶液中，插入约 3 cm，并适当搅动。调节温度控制旋钮“TEMP”到缓冲溶液的温度；待读数稳定后，再调节校准旋钮“CALIB”，使显示相应温度下溶液的pH。

③从缓冲溶液中取出电极，用蒸馏水冲洗，用滤纸吸干剩余的水滴。

④将电极放入第二种标准缓冲溶液中，插入约 3 cm，并适当搅动。用螺丝刀调节斜率控制旋钮“SLOPE”，使显示相应温度下溶液的pH。

⑤从缓冲溶液中取出电极，用蒸馏水冲洗，用滤纸吸干剩余的水滴。

⑥将电极放入被测溶液中约3 cm，并适当搅动，待读数稳定后记录pH读数。

注意：

（1）注意保护电极，防止损坏或污染。

（2）电极插入溶液后要充分搅拌均匀（2～3 min），待溶液静止后（2～3 min）再读数。

（3）复合电极和饱和甘汞电极补充参比补充液，复合电极的外参比补充液是 3 $mol \cdot L^{-1}$ 的氯化钾溶液，饱和甘汞电极的补充参比补充液是饱和氯化钾溶液。电极的引出端，必须保持干净和干燥，绝对防止短路。

（4）离子选择性电极（玻璃电极）使用之前要用蒸馏水浸泡活化。

（5）仪器标定好后，不能再动定位和斜率旋钮，否则必须重新标定。

实验十　缓冲溶液的配制和性质

一、实验目的

- 学会选择和配制缓冲溶液。
- 了解缓冲溶液的性质。
- 了解缓冲能力与缓冲剂浓度和缓冲组分比值的关系。
- 学习使用pH试纸、酸度计测溶液pH的方法。

二、实验原理

缓冲溶液一般是由弱酸及其共轭碱（如 HAc—NaAc）或弱碱及其共轭酸（如 NH_3—NH_4Cl），或多元弱酸盐与其次级盐（如 Na_2CO_3—$NaHCO_3$）组成。缓冲溶液具有抵抗少量外加酸、碱或适当稀释的影响而保持溶液 pH 不变的特性。缓冲溶液pH的计算公式为：

$$\mathrm{pH} = pK_a^\ominus + \lg\frac{c_{盐}}{c_{酸}} \quad 或 \quad p\mathrm{OH} = pK_b^\ominus + \lg\frac{c_{盐}}{c_{碱}}$$

缓冲溶液 pH 除主要决定于 $pK_a^\ominus$（$pK_b^\ominus$）外，还和盐与酸（或碱）的浓度比值有关，若配制缓冲溶液所用的盐和酸（或碱）的原始浓度相同，均为 c，酸（碱）的体积为 V_a（V_b），盐的体积为 $V_{盐}$，总体积为 V，混合后酸（或碱）的浓度为 $\frac{c\cdot V_a}{V}$（或$\frac{c\cdot V_b}{V}$），盐的浓度为$\frac{c\cdot V_{盐}}{V}$，则：

$$\frac{c_{盐}}{c_a} = \frac{\frac{c\cdot V_{盐}}{V}}{\frac{c\cdot V_a}{V}} = \frac{V_{盐}}{V_a} \quad 同理：\frac{c_{盐}}{c_b} = \frac{V_{盐}}{V_b}$$

所以，在这种情况下，缓冲溶液的 pH 可按下式计算：

$$\mathrm{pH} = pK_a^\ominus + \lg\frac{V_{盐}}{V_a} \quad 或 \quad p\mathrm{OH} = pK_b^\ominus + \lg\frac{V_{盐}}{V_b}$$

配制缓冲溶液时，只要按计算值量取盐和酸（或碱）溶液的体积，混合后即可得到一定 pH 的缓冲溶液。

缓冲容量是衡量缓冲溶液的缓冲能力大小的尺度。为获得最大的缓冲容量，应控制$\frac{c_{盐}}{c_{酸}}$（或$\frac{c_{盐}}{c_{碱}}$）＝1，酸（或碱）及盐浓度大的，缓冲容量亦大。但实践中酸（或碱）及盐的浓度不宜过大。

三、仪器与试剂

仪器：pHS-3 型酸度计，电磁搅拌器，塑料烧杯，量筒，pH 试纸，精密 pH 试纸。

试剂：HCl（$0.1\ \mathrm{mol\cdot L^{-1}}$），HAc（$0.1\ \mathrm{mol\cdot L^{-1}}$、$1\ \mathrm{mol\cdot L^{-1}}$），NaOH（$0.1\ \mathrm{mol\cdot L^{-1}}$、$2\ \mathrm{mol\cdot L^{-1}}$），$NH_3\cdot H_2O$（$0.1\ \mathrm{mol\cdot L^{-1}}$），NaAc（$0.1\ \mathrm{mol\cdot L^{-1}}$、$1\ \mathrm{mol\cdot L^{-1}}$），$NaH_2PO_4$（$0.1\ \mathrm{mol\cdot L^{-1}}$），$Na_2HPO_4$（$0.1\ \mathrm{mol\cdot L^{-1}}$），$NH_4Cl$（$0.1\ \mathrm{mol\cdot L^{-1}}$），甲基红指示剂。

四、实验步骤

1. 缓冲溶液的选择和配制

（1）计算若配制 pH 为 5.00、7.20、9.26 三种缓冲溶液各 50 mL，应该选择下列哪两种溶液？各需多少毫升？

① $0.1\ \mathrm{mol\cdot L^{-1}}$ NaH_2PO_4 和 H_3PO_4

② 0.1 mol·L^{-1} NaH_2PO_4 和 Na_2HPO_4

③ 0.1 mol·L^{-1} HAc 和 NaAc

④ 0.1 mol·L^{-1} $NaHCO_3$ 和 Na_2CO_3

⑤ 0.1 mol·L^{-1} $NH_3·H_2O$ 和 NH_4Cl

（2）根据计算的结果，用量筒量取所需的液体，倒入 100 mL 干燥烧杯中，混合均匀，配制三种缓冲溶液各 50 mL，并用酸度计分别测量其 pH，将三种缓冲溶液 pH 及各组分的名称、体积记入下表中。

缓冲溶液的配制和 pH 的测定

缓冲溶液编号	pH	缓冲对	pH（实测值）
1	5.00		
2	7.20		
3	9.26		

2．缓冲溶液的性质

（1）缓冲溶液对强酸和强碱的缓冲能力

①取两支试管中各加入 10 mL 蒸馏水，用 pH 试纸测定其 pH，然后分别加入 5 滴 0.1 mol·L^{-1} 的 HCl 和 0.1 mol·L^{-1} NaOH 溶液，搅拌均匀，再用 pH 试纸测其 pH。

②将实验步骤 1 中配制的 1、2、3 号三种缓冲溶液依次各取 10 mL，每种取 2 份，共取 6 份，加入 6 支试管中，在其中分别滴加 5 滴 0.1 mol·L^{-1} 的 HCl 和 0.1 mol·L^{-1} NaOH 溶液，搅拌均匀，再用精密 pH 试纸（相应的 pH 范围分别是多少？）测其 pH 并填入下表。

缓冲溶液的性质

溶液	蒸馏水		1 号缓冲溶液		2 号缓冲溶液		3 号缓冲溶液	
pH	加酸	加碱	加酸	加碱	加酸	加碱	加酸	加碱

测定分别加入酸和碱后，同一缓冲溶液的 pH 的变化？与未加酸、碱的缓冲溶液的 pH 进行比较，并解释实验现象？

（2）缓冲溶液对稀释的缓冲能力

按照下表，在 4 支试管中，依次加入 10 mL pH＝5.00 的缓冲溶液，pH＝5.00 的 HCl 溶液，pH＝9.26 的缓冲溶液，pH＝9.26 的 NaOH 溶液，然后在各试管中加入 10 mL 蒸馏水，混合后用精密 pH 试纸测量其 pH 并填入表中，解释实验现象。

缓冲溶液的稀释

试管编号	溶液	稀释后溶液的 pH
1	pH＝5.00 的缓冲溶液	
2	pH＝5.00 的 HCl 溶液	
3	pH＝9.26 的缓冲溶液	
4	pH＝9.26 的 NaOH 溶液	

3. 缓冲容量

（1）缓冲能力与缓冲对浓度的关系

取 2 支试管，一支试管中加 0.1 $mol \cdot L^{-1}$ HAc 和 0.1 $mol \cdot L^{-1}$ NaAc 各 5 mL，另一支试管中加入 1 $mol \cdot L^{-1}$ HAc 和 1 $mol \cdot L^{-1}$ NaAc 各 5 mL，振荡均匀，用 pH 试纸测两试管内的溶液的 pH 是否相同。在两试管中分别滴入 2 滴甲基红指示剂，溶液呈何种颜色（甲基红指示剂：pH＜4.2 时呈红色，pH＞6.3 时呈黄色）？然后，在两试管中分别滴加 2 $mol \cdot L^{-1}$ NaOH 溶液（每加一滴均需摇匀），直至溶液的颜色变成黄色，记录各管加入的滴数于下表中，解释所得结果。

缓冲溶液缓冲能力的大小

试管编号	缓冲溶液	pH	加甲基红 2 滴	加入 NaOH 滴数
1	5 mL 0.1 $mol \cdot L^{-1}$ HAc 和 5 mL 0.1 $mol \cdot L^{-1}$ NaAc			
2	5 mL 1 $mol \cdot L^{-1}$ HAc 和 5 mL 1 $mol \cdot L^{-1}$ NaAc			

（2）缓冲容量与缓冲对浓度比值的关系

取 2 支试管，一支试管中加入 0.1 $mol \cdot L^{-1}$ NaH_2PO_4 和 0.1 $mol \cdot L^{-1}$ Na_2HPO_4 溶液各 5 mL，另一支试管中加入 9 mL 0.1 $mol \cdot L^{-1}$ NaH_2PO_4 和 1 mL 0.1 $mol \cdot L^{-1}$ Na_2HPO_4 溶液，用精密 pH 试纸测定它们的 pH，然后在 2 支试管中各加入 1.0 mL 0.1 $mol \cdot L^{-1}$ NaOH，再用精密 pH 试纸测定它们的 pH，记录于下表中，比较两支试管加 NaOH 前后的 pH，解释原因。

缓冲溶液缓冲能力的大小

试管编号	缓冲溶液	$c_{H_2PO_4^-}/c_{HPO_4^{2-}}$	pH	加入 NaOH 后 pH
1	5 mL 0.1 $mol \cdot L^{-1}$ NaH_2PO_4 和 5 mL 0.1 $mol \cdot L^{-1}$ Na_2HPO_4	1∶1		
2	9 mL 0.1 $mol \cdot L^{-1}$ NaH_2PO_4 和 1 mL 0.1 $mol \cdot L^{-1}$ Na_2HPO_4	9∶1		

五、思考题

1. 怎样根据缓冲溶液的 pH 选择缓冲物质和配制缓冲溶液？

2. 缓冲溶液的 pH 由哪些因素决定？

3. 20 mL 0.5 $mol \cdot L^{-1}$ HAc 溶液和 20 mL 0.5 $mol \cdot L^{-1}$ NaOH 溶液混合后，所得溶液是否具有缓冲能力？

4. 使用 pH 试纸检测溶液 pH 时，应注意哪些问题？

5. 用酸度计测定溶液 pH 的正确步骤是什么？

实验十一 食用醋中总酸含量的测定

一、实验目的

✧ 了解基准物质邻苯二甲酸氢钾（$KHC_8H_4O_4$）的性质及其应用。

✧ 掌握 NaOH 标准溶液的配制，标定及保存要点。

✧ 掌握强碱滴定弱酸的滴定过程，突跃范围及指示剂的选择原理。

✧ 进一步练习各种滴定仪器的使用。

二、实验原理

NaOH 易吸潮，也易吸收空气中的 CO_2，使得溶液中含有 Na_2CO_3：

$$2NaOH + CO_2 \longrightarrow Na_2CO_3 + H_2O$$

因此只能用间接法配制标准溶液，也就是先配制成大致浓度的溶液，然后用基准物质标定其准确浓度。

标定碱溶液的基准物质很多，如草酸（$H_2C_2O_4 \cdot 2H_2O$）、苯甲酸（C_6H_5COOH）、邻苯二甲酸氢钾（$HOOCC_6H_4COOK$）、氨基磺酸（NH_2SO_3H）等。最常用的是邻苯二甲酸氢钾，计量点时，由于弱酸盐的水解，溶液呈弱碱性，应选用酚酞为指示剂。滴定反应如下：

$$C_6H_4(COOH)(COOK) + NaOH \rightleftharpoons C_6H_4(COONa)(COOK) + H_2O$$

食用醋的主要成分为醋酸（HAc），此外还含有少量的其他弱酸如乳酸等。醋酸的离解常数 $K_a=1.8\times10^{-5}$，可用 NaOH 标准溶液直接滴定醋酸，其反应式是：

$$NaOH+HAc \longrightarrow NaAc+H_2O$$

用 NaOH 溶液（0.1 mol·L^{-1}）滴定至计量点时 pH 为 8.7，其 pH 突跃范围 7.7～9.7，通常选酚酞为指示剂，终点由无色变为淡红色。

食用醋中含 3%～5%的 HAc，浓度较大，可适当稀释后再滴定。食用醋中可能存在的其他各种形式的酸也与 NaOH 反应，故滴定所得为总酸度，计算结果是用含量最多的醋酸 $\rho_{HAc}(g \cdot L^{-1})$ 表示。

三、仪器与试剂

邻苯二甲酸氢钾（$KHC_8H_4O_4$）基准试剂：在 100～125℃干燥 1 h 后，置于干燥器中备用。NaOH（0.1 mol·L^{-1}）溶液：用烧杯在天平上称取 4 g NaOH 固体，加入新鲜的或煮沸过的蒸馏水，溶解完全后，转入带橡皮塞的试剂瓶中，加水稀释至 1 L，充分摇匀。酚酞指示剂（2 g·L^{-1} 乙醇溶液），食醋试液。

四、实验步骤

1．0.1 mol·L^{-1} NaOH 标准溶液浓度的标定

以递减法准确称取邻苯二甲酸氢钾 0.4～0.6 g 三份，分别置于 3 只 250 mL 锥形瓶中，加入 40～50 mL 蒸馏水溶解后（可稍微加热），加入 1～2 滴酚酞指示剂，用 NaOH 溶液滴定至溶液呈微红色且半分钟内不褪色即为终点。平行三次，计算 NaOH 溶液的体积、浓度及平均值，计算公式如下：

$$c_{NaOH} = \frac{1\,000 \times m_{KHC_8H_4O_4}}{V_{NaOH} \times M_{KHC_8H_4O_4}} \qquad (M_{KHC_8H_4O_4} = 204.2)$$

2．食用醋总酸度的测定

用移液管准确吸取食用醋试样 25.00 mL 置于 250 mL 容量瓶中，用新煮沸并冷却的蒸馏水稀释至刻度，摇匀。

用移液管吸取 25.00 mL 上述稀释后的试液于 250 mL 锥形瓶中，加入 25 mL 新煮沸并冷却的蒸馏水，加 2～3 滴酚酞指示剂。用上述标定的标准溶液滴至溶液呈微红色且半分钟内不褪色即为终点。平行三次。根据 NaOH 标准溶液的用量，计算食用醋的总酸度，计算公式如下：

$$\rho_{HAc} = \frac{c_{NaOH} \times V_{NaOH} \times M_{HAc}}{V_{HAc}} \times \text{稀释倍数} \quad (g \cdot L^{-1}) \qquad (M_{HAc}=60.05)$$

五、实验数据记录

1. NaOH 标准溶液浓度的标定

记录项目 \ 编号	1	2	3
称量瓶 + 样重/g			
倒出样后称量瓶 + 样重质量/g			
样品倒出量/g			
V_{NaOH}终读数/mL			
V_{NaOH}初读数/mL			
ΔV_{NaOH}/mL			
c_{NaOH}			
c_{NaOH}平均值			
相对偏差/%			
平均相对偏差/%			

2. 食用醋中总酸度的测定

记录项目 \ 编号	1	2	3
试液体积数/L			
V_{NaOH}终读数/mL			
V_{NaOH}初读数/mL			
ΔV_{NaOH}/mL			
总酸度			
平均总酸度			
相对偏差/%			
平均相对偏差/%			

六、思考题

1. 称取 NaOH 及邻苯二甲酸氢钾各用什么天平？为什么？

2. 为什么称取邻苯二甲酸氢钾基准物质要在 0.4～0.6 g？能否少于 0.4 g 或多于 0.6 g？为什么？

3. 以标定的 NaOH 标准溶液在保存时吸收了空气中的 CO_2，用它测定溶液 HCl 的浓度，若用酚酞为指示剂，对测定结果产生何种影响？改用甲基橙，结果又如何？

4. 用 $KHC_8H_4O_4$ 为基准物质标定 NaOH 溶液（$0.1\ mol\cdot L^{-1}$）的浓度，若使消耗 NaOH 溶液约 22 mL 时，应称取邻苯二甲酸氢钾多少克？

实验十二　电解质溶液与离子平衡

一、实验目的

✧ 加深对解离平衡、同离子效应、盐类水解等理论的理解。
✧ 理解沉淀—溶解平衡及溶度积规则的应用。
✧ 学习离心分离操作和电动离心机的使用。

二、实验原理

电解质溶液中的离子反应和离子平衡是化学变化和化学平衡的一个重要方面。无机化学反应大多数是在水溶液中进行的，参与这些反应的物质主要是酸、碱、盐，它们都是电解质，在水溶液中能够解离成带电的离子。因此酸、碱、盐之间的反应实际上是离子反应。

（1）电解质的分类和弱电解质的解离。电解质一般可分为强电解质和弱电解质，在水溶液中能完全解离的电解质称为强电解质；在水溶液中仅能部分解离的电解质称弱电解质。弱电解质在水溶液中存在下列解离平衡，例如一元弱酸：

$$HA \rightleftharpoons H^+ + A^- \qquad K^{\ominus} = \frac{c'(H^+) \times c'(A^-)}{c'(HA)}$$

当系统处于平衡状态时，在此弱电解质溶液中，加入与该弱电解质具有共同离子的易溶强电解质时，会使弱电解质的解离度降低，这种作用叫做同离子效应。例如，在 HAc 溶液中加入 NaAc：

$$HAc \rightleftharpoons H^+ + Ac^-$$

增加 $c(Ac^-)$，平衡向左移动，使 HAc 解离度降低；同理在氨水溶液中加入 NH_4Cl，增加 $c(NH_4^+)$，可使解离度降低，$c(OH^-)$降低。

（2）盐类（除了强酸和强碱所生成的盐以外）在水溶液中都会发生水解。盐类水解程度的大小主要与盐类的本性有关，此外还受温度、浓度和酸度的影响。盐类的水解过程是吸热过程，升高温度可促进水解；加水稀释溶液，也有利于增进水解；如果水解产物中有沉淀或气体产生，则水解程度更大。例如 $BiCl_3$ 水解：

$$BiCl_3 + H_2O \longrightarrow BiOCl\downarrow + 2HCl$$
$$Cr^{3+} + 3CO_3^{2-} + 3H_2O \longrightarrow Cr(OH)_3(s) + 3HCO_3^-$$

通常，水解后生成的酸或碱越弱，则盐的水解程度越大。水解是中和反应的逆反应，是吸热反应，加热能促进水解作用。水解产物的浓度也是影响水解平衡移动的因素。

（3）在一定温度下，难溶电解质的饱和溶液中，未溶解的固体和溶解后形成的离子间存在多相离子平衡：

$$A_mB_n(s) \rightleftharpoons mA^{n+} + nB^{m-} \qquad K_{sp}^{\ominus} = \{c'(A^{n+})\}^m \times \{c'(B^{m-})\}^n$$

$K_{sp}^{\ominus}$ 表示在难溶电解质饱和溶液中，难溶电解质相对离子浓度幂的乘积，称为溶度积，溶度积大小与难溶电解质的溶解倾向有关。

将任意状况下离子相对浓度幂的乘积（离子积）与溶度积比较，则可以判断沉淀的生成或溶解，称为溶度积规则。在已生成沉淀的系统中，加入某种能降低离子浓度的试剂，使溶液中离子积小于溶度积时，就可使沉淀溶解。

溶度积规则可以作为沉淀的生成与溶解的判断依据，对于难溶电解质 A_mB_n，若：

$\{c'(A^{n+})\}^m \times \{c'(B^{m-})\}^n > K_{sp}^{\ominus}$，过饱和溶液，沉淀析出；

$\{c'(A^{n+})\}^m \times \{c'(B^{m-})\}^n = K_{sp}^{\ominus}$，饱和溶液；

$\{c'(A^{n+})\}^m \times \{c'(B^{m-})\}^n < K_{sp}^{\ominus}$，溶液未饱和，无沉淀析出。

如果在溶液中有两种或两种以上的离子都可以与同一个沉淀剂反应生成难溶电解质，沉淀的先后次序则由被沉淀的离子浓度的大小决定，一般情况下所需沉淀剂离子浓度小的先沉淀出来，所需沉淀剂离子浓度大的后沉淀出来，这种先后沉淀的现象，称为分步沉淀。

使一种难溶的电解质转化为另一种难溶电解质，即把一种沉淀转化为另一种沉淀的过程称为沉淀的转化。一般来说，溶度积大的难溶电解质容易转化为溶度积小的难溶电解质。

三、试剂

酸：HAc（$0.1\ mol\cdot L^{-1}$、$2\ mol\cdot L^{-1}$），HCl（$0.1\ mol\cdot L^{-1}$、$2\ mol\cdot L^{-1}$、$6\ mol\cdot L^{-1}$），H_2S（$0.1\ mol\cdot L^{-1}$）。

碱：$NH_3\cdot H_2O$（$0.1\ mol\cdot L^{-1}$、$2\ mol\cdot L^{-1}$），NaOH（$0.1\ mol\cdot L^{-1}$、$2\ mol\cdot L^{-1}$）。

盐：$AgNO_3$（$0.1\ mol\cdot L^{-1}$），K_2CrO_4（$0.1\ mol\cdot L^{-1}$），Na_2SO_4（$0.1\ mol\cdot L^{-1}$、饱和），NaCl（$0.1\ mol\cdot L^{-1}$），NaAc（$0.1\ mol\cdot L^{-1}$），Na_2CO_3（$0.1\ mol\cdot L^{-1}$），$NaHCO_3$（$0.1\ mol\cdot L^{-1}$），$FeCl_3$（$0.1\ mol\cdot L^{-1}$），$Pb(NO_3)_2$（$0.1\ mol\cdot L^{-1}$），$BiCl_3$（$0.1\ mol\cdot L^{-1}$），NH_4Ac（$0.1\ mol\cdot L^{-1}$），$(NH_4)_2C_2O_4$（饱和），$CaCl_2$（$0.1\ mol\cdot L^{-1}$），$MgCl_2$（$0.1\ mol\cdot L^{-1}$），

NH_4Cl（0.1 mol·L^{-1}、饱和），$Al_2(SO_4)_3$（0.1 mol·L^{-1}），Na_2S（0.1 mol·L^{-1}）。

固体：NaAc（s），NH_4Cl（s），$Fe(NO_3)_3·9H_2O$（s），$BiCl_3$（s），pH 试纸，甲基橙，酚酞，锌粒，$Pb(Ac)_2$ 试纸。

四、实验步骤

1．强电解质和弱电解质

（1）盐酸和醋酸的酸性的比较

①在两支试管中，分别滴入 5 滴 0.1 mol·L^{-1} HCl 和 0.1 mol·L^{-1} HAc，再各滴 1 滴甲基橙指示剂，稀释至 5 mL，观察溶液的颜色。

②分别用玻璃棒蘸 1 滴 0.1 mol·L^{-1} HCl 和 0.1 mol·L^{-1} HAc 溶液于两片 pH 试纸上，观察 pH 试纸的颜色并判断 pH。

③在两支试管中分别加入 2 mL 0.1 mol·L^{-1} HCl 和 0.1 mol·L^{-1} HAc，再各加 1 颗锌粒并加热试管，比较两支试管中反应的快慢。

	甲基橙	pH		加锌粒并加热
		滴定值	计算值	
0.1 mol·L^{-1} HCl				
0.1 mol·L^{-1} HAc				

比较两者酸性有何不同，为什么？

（2）酸碱溶液的 pH

用 pH 试纸测定下列溶液的 pH，并与计算结果相比较。

0.1 mol·L^{-1} NaOH，0.1 mol·L^{-1} $NH_3·H_2O$，0.1 mol·L^{-1} H_2S，0.1 mol·L^{-1} HAc。

试样 / pH	0.1 mol·L^{-1} NaOH	0.1 mol·L^{-1} $NH_3·H_2O$	0.1 mol·L^{-1} H_2S	0.1 mol·L^{-1} HAc
实测值				
计算值				

2．同离子效应和解离平衡

（1）取 2 mL 0.1 mol·L^{-1} HAc 溶液，加入 1 滴甲基橙指示剂，摇匀，溶液是什么颜色？再加入少量 NaAc 固体，使它溶解后，溶液的颜色有何变化？解释之。

（2）取 2 mL 0.1 mol·L^{-1} $NH_3·H_2O$ 溶液，加 1 滴酚酞指示剂，摇匀，溶液是什么颜色？再加入少量 NH_4Cl（s），使它溶解后，溶液的颜色有何变化？为什么？

（3）取 2 mL 0.1 mol·L^{-1} H_2S 溶液放入试管中，检查试管口有没有 H_2S 气体逸出（用什么方法检查？）。向试管中加入数滴 2 mol·L^{-1} NaOH 溶液，使管内溶液显碱性，检查有没有 H_2S 气体逸出。再向试管中加入 6 mol·L^{-1} HCl 溶液，使管内溶液显酸性，还有没有 H_2S 气体产生。解释这些现象，写出反应方程式。

综合上述三个实验，讨论解离平衡的移动。

3. 盐类水解

（1）用精密 pH 试纸测定浓度为 0.1 mol·L^{-1} 下列各溶液的 pH，并解释它们的 pH 为什么不同。

溶液	NaH_2PO_4	Na_2HPO_4	NH_4Cl	NaCl	NH_4Ac	Na_2CO_3	Na_2S
pH							

（2）试管中加入少量 $Fe(NO_3)_3·9H_2O$（s），加水溶解后，观察溶液的颜色，把溶液分成 3 份，第 1 份留作对照，第 2 份加 1 滴 6 mol·L^{-1} HNO_3 溶液，摇匀。第 3 份试液小火加热，比较 3 份溶液的颜色有何不同？为什么？

（3）在试管中加少量 $BiCl_3$（s），再加少量水，摇匀后，有什么现象？用 pH 试纸测定溶液的 pH，然后往试管中滴加 6 mol·L^{-1} HCl 至溶液变澄清为止（恰好溶解），再用水稀释这一溶液，又有什么变化？怎样用平衡原理解释上面的现象。还有哪些常见离子的盐类会发生类似的现象？应如何配制这些盐类的溶液？

（4）分别取 1 mL 0.1 mol·L^{-1} $Al_2(SO_4)_3$ 和 0.1 mol·L^{-1} $NaHCO_3$ 溶液于小试管中，并用 pH 试纸测出它们的 pH，写出它们的水解反应方程式。然后将 $NaHCO_3$ 倒入 $Al_2(SO_4)_3$ 中，观察有何现象？试从水解平衡的移动来解释。

4. 沉淀的生成和溶解

（1）沉淀的生成和溶解

①在两支离心试管中分别加入 0.5 mL 饱和$(NH_4)_2C_2O_4$ 溶液和 0.5 mL 0.1 mol·L^{-1} $CaCl_2$ 溶液，观察白色沉淀的生成，离心分离，弃去上清液，在沉淀物上分别滴入 2 mol·L^{-1} HCl 和 2 mol·L^{-1} HAc 溶液，有什么现象？写出化学反应方程式，说明为什么？

②取 0.1 mol·L^{-1} $AgNO_3$ 溶液 10 滴，加入 0.1 mol·L^{-1} NaCl 溶液 10 滴，离心分离，弃去上清液，在沉淀上滴加 2 mol·L^{-1} 氨水溶液，有什么现象？写出化学反应方程式。

③取 5 滴 0.1 mol·L^{-1} $AgNO_3$ 溶液滴入 10 滴 0.1 mol·L^{-1} Na_2S 溶液，观察现象，离心分离，弃去上清液，在沉淀上滴入 6 mol·L^{-1} HNO_3 溶液少许，加热，有什么现象？写出化学反应方程式，说明为什么？

小结沉淀溶解的条件。

（2）比较氢氧化物的溶解度

①分别取约 0.5 mL 0.1 mol·L^{-1} $CaCl_2$、$MgCl_2$ 和 $FeCl_3$ 溶液倒入试管中，各加入 0.1 mol·L^{-1} NaOH 溶液数滴，观察并记录 3 支试管中有无沉淀生成。

②分别取约 0.5 mL 0.1 mol·L^{-1} $CaCl_2$、$MgCl_2$ 和 $FeCl_3$ 溶液倒入试管中，各加入

2 mol·L^{-1} $NH_3·H_2O$ 溶液数滴，观察并记录 3 支试管中有无沉淀生成。

③分别取约 0.5 mL 0.1 mol·L^{-1} $CaCl_2$、$MgCl_2$ 和 $FeCl_3$ 溶液倒入试管中，各加入饱和 NH_4Cl 和 2 mol·L^{-1} $NH_3·H_2O$ 混合溶液（体积比为 1∶1），观察并记录 3 支试管中有无沉淀生成。

通过上述三个实验比较 $Ca(OH)_2$、$Mg(OH)_2$ 和 $Fe(OH)_3$ 溶解度的相对大小，并加以解释。

（3）分步沉淀

在离心试管中加入 0.5 mL 0.1 mol·L^{-1} NaCl 溶液和 2 滴 0.1 mol·L^{-1} K_2CrO_4 溶液，混匀后边振荡试管边滴加 0.1 mol·L^{-1} $AgNO_3$ 溶液，滴加数滴后，离心分离，观察现象。继续滴加 0.1 mol·L^{-1} $AgNO_3$ 溶液。观察现象，并加以解释。

（4）沉淀的转化

在试管中加入 0.5 mL 0.1 mol·L^{-1} NaCl 溶液和数滴 0.1 mol·L^{-1} $AgNO_3$ 溶液，振荡试管，观察反应产物的颜色和状态，然后再滴加数滴 0.1 mol·L^{-1} Na_2S，观察反应产物的颜色有何变化。解释实验现象，并写出反应式。

五、思考题

1．已知 H_3PO_4、NaH_2PO_4、Na_2HPO_4 和 Na_3PO_4 四种溶液的物质的量浓度相同，它们依次分别显酸性、弱酸性、弱碱性和碱性。试解释之。

2．加热对水解有何影响？为什么？

3．沉淀氢氧化物是否一定要在碱性条件下进行？是不是溶液的碱性越强，氢氧化物就沉淀得越完全？

4．如何配制锡、锑、铋盐的溶液？

5．沉淀的溶解和转化的条件各有哪些？

实验十三　混合碱中 NaOH、Na_2CO_3 含量的测定

一、实验目的

✧　了解双指示剂法测定混合碱中各组分的原理和方法。

✧　了解酸碱滴定的实际应用。

二、实验原理

混合碱是 NaOH 与 Na_2CO_3 或 $NaHCO_3$ 与 Na_2CO_3 的混合物。欲测定同一份试样中各组分的含量，可用 HCl 标准溶液滴定，根据滴定过程中 pH 变化的情况，选

用两种不同的指示剂分别指示第一、二化学计量点的到达，即常称为“双指示剂法”。此法简便、快速，在生产实际应用广泛。

在混合碱试液中加入酚酞指示剂，此时呈现红色。用盐酸标准溶液滴定时，滴定溶液由红色恰变为无色，则试液中所含 NaOH 完全被中和，所含的 Na_2CO_3 则被中和一半，反应式如下：

$$NaOH + HCl \xlongequal{\text{酚酞}} NaCl + H_2O$$ （酚酞变色的 pH 8.0～10.0）

$$Na_2CO_3 + HCl \xlongequal{\text{酚酞}} NaCl + NaHCO_3$$

设滴定体积为 V_1（mL）。再加入甲基橙指示剂（变色 pH 为 3.1～4.4），继续用盐酸标准溶液滴定，使溶液由黄色转变为橙色即为终点。设此时所消耗盐酸的体积为 V_2（mL），反应式为：

$$NaHCO_3 + HCl \xlongequal{\text{甲基橙}} NaCl + CO_2 + H_2O$$

根据 V_1、V_2 可分别计算混合碱中的 NaOH 与 Na_2CO_3 或 $NaHCO_3$ 与 Na_2CO_3 的含量。

当 $V_1 > V_2$ 时，试样为 NaOH 与 Na_2CO_3 的混合物。中和 Na_2CO_3 所需 HCl 是由两次滴定加入的，两次用量应该相等，由反应式可知，其换算因子 $\frac{a}{b}$ 为 1∶1。而中和 NaOH 时所消耗的 HCl 量应为（$V_1 - V_2$），故计算 NaOH 与 Na_2CO_3 组分含量应为：

$$\omega(\text{NaOH}) = \frac{(V_1 - V_2) \times c(\text{HCl}) \times M(\text{NaOH})}{m_s} \times 100\%$$

$$\omega(\text{Na}_2\text{CO}_3) = \frac{V_2 \times c(\text{HCl}) \times M(\text{Na}_2\text{CO}_3)}{m_s} \times 100\%$$

当 $V_1 < V_2$ 时，试样为 $NaHCO_3$ 与 Na_2CO_3 的混合物，此时 V_1 为中和 Na_2CO_3 至 $NaHCO_3$ 时所消耗的 HCl 溶液体积，故 Na_2CO_3 消耗的 HCl 溶液体积为 $2V_1$，中和 $NaHCO_3$ 所用 HCl 的量应为（$V_2 - V_1$），计算式为：

$$\omega(\text{NaHCO}_3) = \frac{(V_2 - V_1) \times c(\text{HCl}) \times M(\text{NaHCO}_3)}{m_s} \times 100\%$$

$$\omega(\text{Na}_2\text{CO}_3) = \frac{\frac{1}{2} \times 2V_2 \times c(\text{HCl}) \times M(\text{Na}_2\text{CO}_3)}{m_s} \times 100\%$$

双指示剂法中，传统的方法是先用酚酞，后用甲基橙指示剂，用 HCl 标准溶液滴定。由于酚酞变色不很敏锐，人眼观察这种颜色变化的灵敏性稍差些，因此也常选用甲酚红—百里酚蓝混合指示剂。酸色为黄色，碱色为紫色，变色点 pH 为 8.3。

pH 8.2 玫瑰色，pH 8.4 清晰的紫色，此混合指示剂变色敏锐。用盐酸滴定剂滴定溶液由紫色变为粉红色，即为终点。

三、试剂

（1）0.2 mol·L^{-1} HCl 溶液：用量筒量取浓盐酸 9 mL 倒入试剂瓶中，加水稀释至 500 mL。操作应在通风橱中进行，浓盐酸挥发性很强，以免造成空气污染。

（2）无水 Na_2CO_3 基准物质。

（3）酚酞指示剂：0.2%乙醇溶液。

（4）0.1%甲基橙指示剂。

（5）混合指示剂：将 0.1 g 甲酚红溶于 100 mL 50%乙醇中，0.1 g 百里酚蓝指示剂溶于 100 mL 20%乙醇中。把两溶液（0.1%甲酚红、0.1%百里酚蓝）按体积比 1∶6 混合。

（6）混合碱试样。

四、实验步骤

（1）0.2 mol·L^{-1} HCl 溶液的标定（同实验八，只是 Na_2CO_3 基准物质的称量加大一倍）。

（2）混合碱的分析。准确称取试样 2.0～2.5 g，于 100 mL 烧杯中，加水使之溶解后，定量转入 100 mL 容量瓶中，用水稀释至刻度，充分摇匀。移取试液 25.00 mL 于 250 mL 锥形瓶中，加酚酞或混合指示剂 2～3 滴，用盐酸溶液滴定使溶液由红色恰好褪至无色，记下所消耗的 HCl 标准溶液体积 V_1，再加入甲基橙指示剂 1～2 滴，继续用盐酸溶液滴定使溶液由黄色恰变为橙色，消耗 HCl 的体积记为 V_2。然后按原理部分所述公式计算混合碱中各组分的含量。

五、思考题

1．欲测定混合碱中总碱度，应选用何种指示剂？

2．采用双指示剂法测定一混合碱液，可能为 NaOH、$NaHCO_3$、Na_2CO_3 或共存物质的混合液。用标准溶液滴定至酚酞终点时，耗去酸 V_1 mL，继续以甲基橙为指示剂滴定至终点时又耗去酸 V_2 mL。根据 V_1 与 V_2 的关系判断该碱液的组成并填入下表：

V_1 与 V_2 的关系	组成
$V_1>V_2$	
$V_1<V_2$	
$V_1=V_2$	
$V_1=0$、$V_2>0$	
$V_1>0$、$V_2=0$	

3．测定混合碱时，到达第一化学计量点前，由于滴定速度太快，摇动锥形瓶不均匀，致使滴入 HCl 局部过浓，使 Na_2CO_3 迅速转变为 H_2CO_3，并分解为 CO_2 而损失，此时采用酚酞为指示剂，记录 V_1，问对测定有何影响？

实验十四　生理盐水中氯化钠含量的测定（银量法）

一、实验目的

✧ 学习银量法测定氯的原理和方法。

✧ 掌握莫尔法的实际应用。

二、实验原理

银量法需借助指示剂来确定终点。根据所用指示剂的不同，银量法又分为莫尔法、佛尔哈德法和法扬司法。

本实验是在中性溶液中以 K_2CrO_4 为指示剂。用 $AgNO_3$ 标准溶液来测定 Cl^- 的含量：

$$Ag^+ + Cl^- \rightleftharpoons AgCl\downarrow（白色） \qquad K_{sp}^{\ominus} = 1.8\times10^{-10}$$

$$2Ag^+ + CrO_4^{2-} \rightleftharpoons Ag_2CrO_4\downarrow（砖红色） \qquad K_{sp}^{\ominus} = 2.0\times10^{-12}$$

由于 AgCl 的溶解度小于 Ag_2CrO_4 的溶解度，所以在滴定过程中 AgCl 先沉淀出来，当 AgCl 定量沉淀后，微过量的 $AgNO_3$ 溶液便与 CrO_4^{2-} 生成砖红色 Ag_2CrO_4 沉淀，指示出滴定的终点。

滴定必须在中性或弱碱性溶液中进行，最适合 pH 为 6.5～10.5。如果有铵盐存在，溶液的 pH 需控制在 6.5～7.2。

本法也可用于测定有机物中氯的含量。

三、试剂

$AgNO_3$（s，A.R），NaCl（s，A.R），K_2CrO_4（质量分数为 5%）溶液，生理盐水。

四、实验步骤

1．0.1 mol·L^{-1} $AgNO_3$ 标准溶液的配制

$AgNO_3$ 标准溶液可直接用分析纯的 $AgNO_3$ 结晶配制，但由于 $AgNO_3$ 不稳定，见光易分解，故若要精确测定，则需用基准物（NaCl）来标定。

（1）直接配制

在一小烧杯中精确称入用于配制 100 mL 0.1 mol·L^{-1} 标准溶液的 $AgNO_3$，加适

量水溶解后转移到 100 mL 容量瓶中，用水稀释至标线，计算其准确浓度。

（2）间接配制

将 NaCl 置于坩埚中，用煤气灯加热至 500～600℃干燥后，冷却，放置于干燥器中冷却、备用。

称取 1.7 g $AgNO_3$，溶解后稀释至 100 mL。

标定：准确称取 0.15～0.2 g NaCl 三份，分别置于 3 只锥形瓶中，各加 25 mL 水使其溶解。加 1 mL K_2CrO_4 溶液。在充分摇动下，用 $AgNO_3$ 溶液滴定至溶液刚出现稳定的砖红色。记录 $AgNO_3$ 溶液的用量。重复滴定两次。计算 $AgNO_3$ 溶液的浓度。

2．测定生理盐水中 NaCl 的含量

将生理盐水稀释 1 倍后，用移液管精确移取已稀释的生理食盐水 25 mL 置于锥形瓶中，加入 1 mL K_2CrO_4 指示剂，用标准 $AgNO_3$ 溶液滴定至溶液刚出现稳定的砖红色（边摇边滴）。重复滴定两次，计算 NaCl 的含量。

五、思考题

1．K_2CrO_4 指示剂浓度的大小对 Cl^-的测定有何影响？

2．滴定液的酸度应控制在什么范围内为宜？为什么？若有 NH_4^+存在时，对溶液酸度范围的要求有什么不同？

3．如果要用莫尔法测定酸性氯化物溶液中的氯，事先应采取什么措施？

4．佛尔哈德法是以铁铵矾 $NH_4Fe(SO_4)_2$ 溶液为指示剂的银量法，现用此法测定氯化钡溶液中的含氯量，其结果如下：

在 25.00 mL 样品中，加入 40.00 mL 0.102 0 $mol{\cdot}L^{-1}$的 $AgNO_3$ 溶液后，以 $NH_4Fe(SO_4)_2$ 溶液为指示剂，用 NH_4SCN 溶液滴定过量的 $AgNO_3$。结果用去 0.098 00 $mol{\cdot}L^{-1}$ NH_4SCN 溶液 15.00 mL，试计算在 25.00 mL 样品中含 $BaCl_2$ 多少克？

实验十五　氧化还原反应与电化学

一、实验目的

✧ 试验并掌握电极电势与氧化还原反应方向的关系，以及介质和反应物浓度对氧化还原反应的影响。

✧ 定性观察并了解化学电池的电动势，氧化态或还原态浓度变化对电极电势的影响。

✧ 试验并了解电解反应。

二、实验原理

氧化还原过程也就是电子转移（偏移）的过程，氧化剂在反应中得到了电子，还原剂失去了电子，这种得失电子能力的大小或者说氧化还原能力的强弱可以用它们的氧化态—还原态（例如 Fe^{3+}/Fe^{2+}、I_2/I^-、Cu^{2+}/Cu）所形成的电对的电极电势的相对高低来衡量，一个电对的电极电势（以还原电势为准）代数值愈大，其氧化态的氧化能力愈强，而其还原态的还原能力愈弱，反之亦然。所以根据其电极电势（$E^{\ominus}_{I_2/I^-}=+0.535\ V$，$E^{\ominus}_{Fe^{3+}/Fe^{2+}}=+0.771\ V$，$E^{\ominus}_{Br_2/Br^-}=+1.08\ V$），在下列两个反应中：

$$2Fe^{3+}+2I^-=I_2+2Fe^{2+} \tag{1}$$

$$2Fe^{3+}+2Br^-=Br_2+2Fe^{2+} \tag{2}$$

式（1）反应向右进行，式（2）反应向左进行，也就是说 Fe^{3+}可以氧化 I^-而不能氧化 Br^-。反过来说，Br_2 可以氧化 Fe^{2+}，而 I_2 则不能，因此氧化态的氧化能力 $Br_2>Fe^{3+}>I_2$，还原态的还原能力 $I^->Fe^{2+}>Br^-$。

氧化型物质或还原型物质的浓度，是影响电对电极电势的重要因素之一，任一电对在任一离子浓度下的电极电势，可用能斯特（Nernst）方程算出。Nernst 方程（25℃）表达式如下：

$$E=E^{\ominus}+\frac{0.059\,2}{n}\lg\frac{c'(\text{氧化型})}{c'(\text{还原型})}$$

以 Fe^{3+}/Fe^{2+} 为例：

$$Fe^{3+}+e^-\rightleftharpoons Fe^{2+}$$

$$E_{Fe^{3+}/Fe^{2+}}=E^{\ominus}_{Fe^{3+}/Fe^{2+}}+\frac{0.059\,2}{1}\lg\frac{c'(Fe^{3+})}{c'(Fe^{2+})}$$

这样，Fe^{3+}或 Fe^{2+}浓度的改变都会改变其电极电势（$E_{Fe^{3+}/Fe^{2+}}$）的数值，特别是有沉淀剂（包括 OH^-）或配合剂的存在，能够大大减少溶液中某一离子的浓度时，甚至可以改变反应方向。

有些反应特别是含氧酸根离子参加的氧化还原反应中，经常有 H^+参加，这样介质的酸度也对 E 值产生影响，例如，对于半电池反应：

$$MnO_4^-+8H^++5e^-\rightleftharpoons Mn^{2+}+4H_2O$$

$$E_{MnO_4^-/Mn^{2+}}=E^{\ominus}_{MnO_4^-/Mn^{2+}}+\frac{0.059\,2}{5}\lg\frac{c'(MnO_4^-)\times\{c'(H^+)\}^8}{c'(Mn^{2+})}$$

$c(H^+)$增大可使MnO_4^-氧化性增加。

单独的电极电势是无法测量的，只能从实验中测量两个电对组成的原电池的电动势，因为在一定条件下一个原电池的电动势E为正负电极的电极电势之差：

$$E = E_{正} - E_{负}$$

所以先规定在一个标准压力下，25℃和$\alpha_{H^+}=1$的条件下，E_{H^+/H_2}为零，然后测一系列的原电池（包括氢电极或其他参比电极）的电动势，从而直接或间接测出一系列电对的相对电极电势E。准确的电动势是用对消法在电位差计上测量。因为在本实验中只是为了进行比较，只需知道其相对值，所以用伏特计测量。

在Cu—Zn原电池中，若在铜半电池中加入氨水，由于Cu^{2+}和NH_3能生成深蓝色的难解离的四氨合铜（Ⅱ）配离子$[Cu(NH_3)_4]^{2+}$，溶液中的离子浓度就会降低，从而使得原电池的电动势降低：

$$Cu^{2+} + 4NH_3 \rightleftharpoons [Cu(NH_3)_4]^{2+} \quad （深蓝色）$$

$$E_{Cu^{2+}/Cu} = E^{\ominus}_{Cu^{2+}/Cu} + \frac{0.059\,2}{2}\lg c'(Cu^{2+})$$

电流通过电解质溶液，在电极上引起化学变化的过程称为电解，电解时电极电势的高低，离子浓度的大小，电极材料等因素都可以影响两极上的电解产物，本实验中电解Na_2SO_4溶液是以铜作电极，其电极反应如下：

$$阴极：2H_2O+2e^- \longrightarrow H_2+2OH^-$$

$$阳极：Cu-2e^- \longrightarrow Cu^{2+}$$

三、仪器与试剂

仪器：伏特计，烧杯（50 mL），盐桥，小试管。

试剂：H_2SO_4（3 mol·L^{-1}、2 mol·L^{-1}），HAc（6 mol·L^{-1}），$Pb(NO_3)_2$（0.5 mol·L^{-1}），KI（0.1 mol·L^{-1}），$CuSO_4$（1 mol·L^{-1}、0.5 mol·L^{-1}、0.1 mol·L^{-1}），$FeCl_3$（0.1 mol·L^{-1}），KBr（0.1 mol·L^{-1}），$FeSO_4$（0.1 mol·L^{-1}），CCl_4，$KMnO_4$（0.01 mol·L^{-1}），$ZnSO_4$（1 mol·L^{-1}、0.1 mol·L^{-1}），Na_2SO_4（0.5 mol·L^{-1}），浓H_2SO_4，$NH_3·H_2O$（浓），碘水，溴水，酚酞，锌片，铜片，铅粒，砂纸，品红试纸。

四、实验步骤

1．电极电势与氧化还原反应关系

(1) 比较锌、铅、铜在电位序中的位置。在两支小试管中分别注入1 mL 0.5 mol·L^{-1}的$Pb(NO_3)_2$和0.5 mol·L^{-1}的$CuSO_4$，然后再各放入一块表面擦净的锌片，放置片刻，观察锌片表面有何变化。

用表面擦净的铅粒代替锌片，分别与0.5 mol·L^{-1}的$ZnSO_4$和0.5 mol·L^{-1}的$CuSO_4$溶液起反应，观察铅粒表面有何变化。

写出反应方程式，说明电子迁移方向，并确定Zn、Cu、Pb在电位序中的相对位置。

（2）在小试管中将3～4滴0.1 mol·L^{-1} KI溶液用蒸馏水稀释至1 mL，加入2滴0.1 mol·L^{-1} $FeCl_3$，摇匀后再加入0.5 mL CCl_4充分振荡，观察CCl_4层的颜色有何变化（I_2溶于CCl_4层呈紫红色）。

（3）用0.1 mol·L^{-1}的KBr溶液代替0.1 mol·L^{-1}的KI溶液进行同样实验，观察CCl_4层颜色（溴溶于CCl_4中呈棕黄色）。

根据（2）、（3）实验结果，定性的比较Br_2/Br^-，I_2/I^-，Fe^{3+}/Fe^{2+}三个电对电极电势的相对高低（即代数值相对大小），并指出哪个电对的氧化态是最强的氧化剂，哪个电对的还原态是最强的还原剂。

（4）仿照上面试验，分别用碘水和溴水同0.1 mol·L^{-1} $FeSO_4$溶液作用，观察CCl_4层颜色，判断反应是否进行，写出有关的化学反应式。

根据（2）、（3）、（4）的实验结果和上面比较出的三个电对的电极电势的相对大小，说明电极电势与氧化还原反应方向的关系。

2．酸度对氧化还原反应速度的影响

在两支各盛两滴0.01 mol·L^{-1} $KMnO_4$溶液的试管中，分别加入0.5 mL 3 mol·L^{-1} H_2SO_4溶液和6 mol·L^{-1} HAc溶液，分别同时加入0.5 mL 0.1 mol·L^{-1} KBr溶液，观察并比较两支试管中的紫色溶液褪色的快慢。写出反应式，并加以解释。

3．浓度对氧化还原反应的影响

往两支分别盛有2 mol·L^{-1} H_2SO_4和浓H_2SO_4的试管中，各加入一片表面擦去氧化膜的铜片，稍加热，观察所发生的现象，在盛有浓H_2SO_4的试管口附近有气体生成，以湿润的品红试纸检验气体（若品红试纸褪色表明有SO_2产生），写出有关反应式，并加以解释。

4．原电池与电解

（1）往一只50 mL小烧杯中加入25 mL 0.1 mol·L^{-1} $ZnSO_4$溶液，在其中插入锌片；往另一只50 mL小烧杯中加入25 mL 0.1 mol·L^{-1} $CuSO_4$溶液，在其中插入铜片，用盐桥把它们连接起来组成原电池，通过导线将铜电极接伏特计的正极，锌电极接伏特计的负极测其电势差。

（2）在一个垫有滤纸的表面皿中加入3～5 mL Na_2SO_4（0.5 mol·L^{-1}）溶液和一滴酚酞，插入铜丝作为电极组成“电解池”，利用本实验“4.（1）”中原电池产生的直流电为电源，按图2-5所示把电路连接好，观察“电解池”阴极周围的Na_2SO_4溶液有何变化，加以解释。

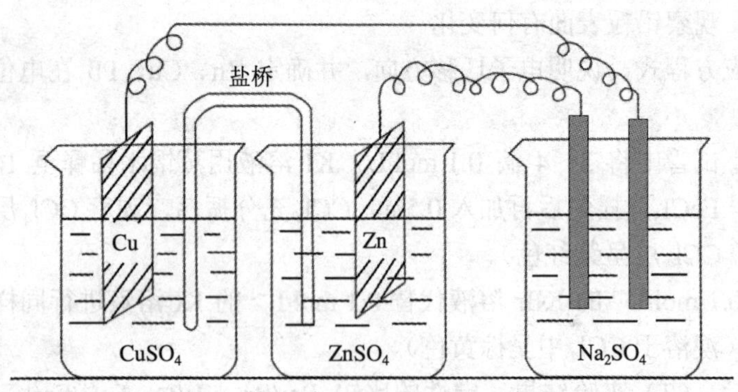

图 2-5 电解装置

（3）在盛 $CuSO_4$ 溶液的烧杯中，加浓 $NH_3 \cdot H_2O$，搅拌至生成的沉淀完全溶解，与此同时，观察伏特计指针变化情况，并说明电势差变化的原因，写出反应式。

（4）再往盛 $ZnSO_4$ 溶液的烧杯中加入浓 $NH_3 \cdot H_2O$，搅拌至生成的沉淀完全溶解，与此同时，观察伏特计指针变化情况，并说明电势差变化的原因，写出反应式。

五、思考题

1．原电池的正极同电解池的阳极，以及原电池的负极与电解池的阴极，其电极上的反应本质是否相同？

2．电解硫酸钠的水溶液，为什么在阴极上得不到金属钠？以石墨作电极和以铜作电极，在阳极上的反应是否相同？为什么？

实验十六 高锰酸钾溶液的配制和标定

一、实验目的

✧ 掌握标定高锰酸钾标准溶液浓度的原理和方法。

✧ 了解高锰酸钾标准溶液的配制方法和保存条件。

二、实验原理

$KMnO_4$ 是氧化还原滴定中最常用的氧化剂之一。高锰酸钾滴定法通常在酸性溶液中进行，反应时锰的氧化数由+7 变到+2。市售的 $KMnO_4$ 常含有少量 MnO_2 和其他杂质，蒸馏水中也含有少量有机物质，它们能使 $KMnO_4$ 还原为 $MnO(OH)_2$，而 $MnO(OH)_2$ 又能促进 $KMnO_4$ 的自身分解。因此用它配制的溶液要在暗处放置数天，待 $KMnO_4$ 把还原性杂质充分氧化后，再除去生成的 $MnO(OH)_2$ 沉淀，标定其准确浓度。

光线和 $MnO(OH)_2$、Mn^{2+}等都能促进 $KMnO_4$ 的分解，故配好的 $KMnO_4$ 溶液应除尽杂质，并保存于暗处，如果长期使用，必须定期进行标定。

$$4MnO_4^- + 2H_2O \longrightarrow 4MnO_2\downarrow + 3O_2\uparrow + 4OH^-$$

标定 $KMnO_4$ 溶液的基准物质有 As_2O_3、铁丝、$H_2C_2O_4 \cdot 2H_2O$ 和 $Na_2C_2O_4$ 等，其中以 $Na_2C_2O_4$ 最常用。$Na_2C_2O_4$ 易纯制，不易吸湿，性质稳定。在酸性条件下，用 $Na_2C_2O_4$ 标定 $KMnO_4$ 的反应为：

$$2MnO_4^- + 5C_2O_4^{2-} + 16H^+ \longrightarrow 2Mn^{2+} + 10CO_2\uparrow + 8H_2O$$

反应要在酸性、较高温度和有 Mn^{2+}作催化剂的条件下进行。滴定初期，反应很慢，$KMnO_4$ 溶液必须逐滴加入，如滴加过快，部分 $KMnO_4$ 在热溶液中将按下式分解而造成误差：

$$4KMnO_4 + 2H_2SO_4 \longrightarrow 4MnO_2\downarrow + 2K_2SO_4 + 3O_2\uparrow + 2H_2O$$

在滴定过程中逐渐生成的 Mn^{2+}有催化作用，结果使反应速率逐渐加快。

滴定时利用 MnO_4^-本身的紫红色指示终点，称为自身指示剂。

三、试剂

$KMnO_4$（s）分析纯，$Na_2C_2O_4$（s）基准试剂或分析纯，H_2SO_4 溶液 $3mol \cdot L^{-1}$。

四、实验步骤

配制 $0.02\ mol \cdot L^{-1}$ $KMnO_4$ 溶液 500 mL，称取 1.6 g $KMnO_4$ 溶于 500 mL 水中，盖上表面皿，加热至沸并保持微沸状态 1 h，冷却后于室温下放置 2～3 天后，用微孔玻璃漏斗或玻璃棉过滤，把试剂瓶洗净，将滤液倒回清洁带塞的棕色瓶中。

$KMnO_4$ 溶液的标定。准确称取 0.13～0.16 g 预先干燥过的基准物质 $Na_2C_2O_4$ 置于 250 mL 锥形瓶中，加 40 mL 水，10 mL $3\ mol \cdot L^{-1}$ H_2SO_4 使其溶解，慢慢加热至 70～80℃（即开始冒蒸汽时的温度）。趁热用 $KMnO_4$ 溶液进行滴定。由于开始时滴定反应速度较慢，滴定的速度也要慢，一定要等前一滴 $KMnO_4$ 的红色完全褪去后再滴入下一滴。随着滴定的进行，溶液中产物即催化剂 Mn^{2+}的浓度不断增大，反应速度加快，滴定的速度也可适当加快，此为自身催化作用。直至滴定的溶液呈微红色，半分钟内不褪色即为终点。注意终点时溶液的温度应保持在 60℃以上。

平行标定 3 份，计算 $KMnO_4$ 溶液的浓度和相对平均偏差。

五、思考题

1．配制 $KMnO_4$ 标准溶液时，为什么要将 $KMnO_4$ 溶液煮沸一定时间并放置数天？配好的 $KMnO_4$ 溶液为什么要过滤后才能保存？过滤时是否可以用滤纸？

2．配制好的 $KMnO_4$ 溶液为什么要盛放在棕色瓶中保存？如果没有棕色瓶怎么办？

3．在滴定时，$KMnO_4$ 溶液为什么要放在酸式滴定管中？

4．用 $Na_2C_2O_4$ 标定 $KMnO_4$ 时，为什么必须在 H_2SO_4 介质中进行？酸度过高或过低有何影响？可以用 HNO_3 或 HCl 调节酸度吗？为什么要加热到 70～80℃？溶液温度过高或过低有何影响？

5．标定 $KMnO_4$ 溶液时，为什么第一滴 $KMnO_4$ 加入后溶液的红色褪去很慢，而以后红色褪去越来越快？

6．盛放 $KMnO_4$ 溶液的烧杯或锥形瓶等容器放置较久后，其壁上常有棕色沉淀物，是什么？此棕色沉淀物用通常方法不容易洗净，应怎样洗涤才能除去此沉淀？

注释

（1）在室温下，$KMnO_4$ 与 $Na_2C_2O_4$ 之间的反应速度缓慢，故须将溶液加热。但温度不能太高，若超过 90℃，易引起 $H_2C_2O_4$ 分解：

$$H_2C_2O_4 = CO_2\uparrow + CO\uparrow + H_2O$$

（2）$KMnO_4$ 颜色较深，液面的弯月面下沿不易看出，读数时应以液面的上沿最高线为准。

（3）若滴定速度过快，部分 $KMnO_4$ 将来不及与 $Na_2C_2O_4$ 反应而在热的酸性溶液中按下式分解：

$$4MnO_4^- + 4H^+ \longrightarrow 4MnO_2\downarrow + 3O_2\uparrow + 2H_2O$$

（4）$KMnO_4$ 滴定终点不太稳定，这是由于空气中含有还原性气体及尘埃等杂质，能使 $KMnO_4$ 缓慢分解，而使微红色消失，故经过半分钟不褪色即可认为已到达终点。

实验十七 双氧水中 H_2O_2 含量的测定——高锰酸钾法

一、实验目的

✧ 掌握高锰酸钾法测定过氧化氢含量的原理和方法。

✧ 了解高锰酸钾法滴定的特点。

二、实验原理

H_2O_2 在工业、生物、医药等方面应用广泛。利用 H_2O_2 的氧化性漂白毛、丝织物；医药上常用于消毒和杀菌；工业上还利用 H_2O_2 还原性除去氯气。用 H_2O_2 作氧化剂的优点是不会带进任何杂质，过量的 H_2O_2 通过加热可以除去。

$$2H_2O_2 \xrightarrow{\triangle} 2H_2O + O_2\uparrow$$

H_2O_2 中的氧的氧化数是–1，既具有氧化性，又具有还原性，在酸性溶液中它是一个强氧化剂，但遇 $KMnO_4$ 时表现为还原剂。它在酸性溶液中很容易被 $KMnO_4$ 氧化而生成氧气和水，测定过氧化氢的含量时，就是在稀硫酸溶液中用高锰酸钾标准溶液滴定，其反应式为：

$$2MnO_4^- + 5H_2O_2 + 6H^+ \rightarrow 2Mn^{2+} + 5O_2\uparrow + 8H_2O$$

室温时，滴定开始反应缓慢，随着 Mn^{2+}的生成而加速。H_2O_2 加热时易分解，因此，滴定时通常加入 Mn^{2+}作催化剂。

在生物化学中，常利用此法间接测定过氧化氢酶的活性。例如，血液中存在的过氧化氢酶能使过氧化氢分解，所以用一定量的 H_2O_2 与其作用，然后在酸性条件下用标准 $KMnO_4$ 溶液滴定残余的 H_2O_2 就可以了解酶的活性。

三、试剂

0.020 $mol\cdot L^{-1}$ $KMnO_4$ 标准溶液（见实验十六），H_2SO_4 溶液 3 $mol\cdot L^{-1}$；$MnSO_4$ 溶液 1 $mol\cdot L^{-1}$，H_2O_2 试样（市售质量分数约为 30%的 H_2O_2 水溶液）。

四、实验步骤

用移液管移取 H_2O_2 试样溶液 2.00 mL，置于 250 mL 容量瓶中，加水稀释至刻度，充分摇匀后备用。用移液管移取稀释过的 H_2O_2 20.00 mL 于 250 mL 锥形瓶中，加入 3 $mol\cdot L^{-1}$ H_2SO_4 5 mL，用 $KMnO_4$ 标准溶液滴定到溶液呈微红色，半分钟内不褪色即为终点。平行测定 3 次，计算试样中 H_2O_2 的质量浓度（$g·L^{-1}$）和相对平均偏差。

五、思考题

1．用高锰酸钾法测定 H_2O_2 时，能否用 HNO_3 或 HCl 来控制酸度？
2．用高锰酸钾法测定 H_2O_2 时，为何不能通过加热来加速反应？
3．高锰酸钾滴定时，为何要求接近终点时放慢滴定速度？
4．滴定到终点的粉红色溶液为何在空气中放置过久会褪色？

注释

（1）H_2O_2 试样若系工业产品，用高锰酸钾法测定不合适，因为产品中常加有少量乙酰苯胺等有机化合物作稳定剂，滴定时也将被 $KMnO_4$ 氧化，引起误差。此时应采用碘量法或硫酸铈法进行测定。

（2）滴定开始时，滴定速度不能太快。如果加入的滴定剂过多，来不及反应，MnO_4^- 在酸性介质中将按下式分解：

$$4MnO_4^- + 12H^+ \rightleftharpoons 4Mn^{2+} + 5O_2\uparrow + 6H_2O$$

（3）过氧化氢溶液有很强的腐蚀性，防止溅洒到皮肤或衣物上。

实验十八　化学需氧量（COD）的测定（高锰酸钾法）

一、实验目的

✧ 掌握酸性高锰酸钾法测定水中 COD 的方法。
✧ 了解测定 COD 的意义。

二、实验原理

化学需氧量是指用适量的氧化剂处理水样时，水样中需氧污染物所消耗的氧化剂的量，通常以相应的氧量（单位为 $mg·L^{-1}$）来表示。COD 是表示水体或污水的污染程度的重要综合指标之一，是环境保护和水质控制中经常需要测定的项目，COD 值越高，说明水体污染越严重。COD 的测定分酸性高锰酸钾法、碱性高锰酸钾法和重铬酸钾法及碘酸盐法。本实验采用酸性高锰酸钾法，其原理为在酸性条件下，高锰酸钾具有很高的氧化性：

$$MnO_4^- + 8H^+ + 5e^- \rightleftharpoons Mn^{2+} + 4H_2O \qquad E^\ominus = 1.51\,V$$

向被测水样中定量加入 $KMnO_4$ 溶液，加热水样，使 $KMnO_4$ 与水样中有机污染物充分反应，过量的 $KMnO_4$ 则由加入一定量的 $Na_2C_2O_4$ 还原，最后用 $KMnO_4$ 溶液返滴定过量的 $Na_2C_2O_4$，由此计算出水样的耗氧量，主要发生以下反应：

$$4KMnO_4 + 6H_2SO_4 + 5C \rightleftharpoons 4MnSO_4 + 2K_2SO_4 + 6H_2O + 5CO_2\uparrow$$
$$2MnO_4^- + 5C_2O_4^{2-} + 16H^+ \longrightarrow 2Mn^{2+} + 10CO_2\uparrow + 8H_2O$$

三、试剂

（1）0.005 mol·L^{-1} 高锰酸钾标准溶液：将 0.02 mol·L^{-1} 高锰酸钾标准溶液（见实验十六）稀释 4 倍。

（2）0.013 mol·L^{-1} 标准 $Na_2C_2O_4$ 溶液：准确称取基准物质 $Na_2C_2O_4$ 0.42 g 左右，溶于少量的蒸馏水中，定量转移至 250 mL 容量瓶中，稀释至刻度，摇匀，计算其浓度。

（3）1∶2 的 H_2SO_4 溶液，$AgNO_3$ 溶液（质量分数为 10%）。

四、实验步骤

（1）取适量水样于 250 mL 锥形瓶中，用蒸馏水稀释至 100 mL，加硫酸溶液（1∶2）10 mL，再加入质量分数为 10%的硝酸银溶液 5 mL 以除去水样中的 Cl^-（当水样 Cl^-的浓度很小时，可以不加硝酸银），摇匀后准确加入 0.005 mol·L^{-1} 高锰酸钾溶液 10.00 mL（V_1），将锥形瓶置于沸水浴中加热 30 min，氧化需氧污染物。稍冷后（<80℃），加 0.013 mol·L^{-1} 草酸钠标准溶液 10.00 mL，摇匀（此时溶液应为无色），在 70～80℃的水浴中用 0.005 mol·L^{-1} 高锰酸钾溶液滴定至微红色，半分钟内不褪色即为终点，记下高锰酸钾溶液的用量为 V_2。

（2）在 250 mL 锥形瓶中加入蒸馏水 100 mL 和硫酸溶液（1∶2）10 mL，移入 0.001 3 mol·L^{-1} 草酸钠标准溶液 10.00 mL，摇匀，在 70～80℃的水浴中，用 0.005 mol·L^{-1} 高锰酸钾溶液滴定至溶液呈微红色，半分钟内不褪色即为终点，记下高锰酸钾溶液的用量为 V_3。

（3）在 250 mL 锥形瓶中加入蒸馏水 100 mL 和硫酸溶液（1∶2）10 mL，在 70～80℃下，用 0.005 mol·L^{-1} 高锰酸钾溶液滴定至溶液呈微红色，半分钟内不褪色即为终点，记下高锰酸钾溶液的用量为 V_4。

按下式计算化学需氧量 COD_{Mn}：

$$COD_{Mn} = \frac{[(V_1 + V_2 - V_4) \times f - 10.00] \times c(Na_2C_2O_4) \times 16.00 \times 1\,000}{V_s}$$

式中，$f = \frac{10.00}{V_3 - V_4}$，即每毫升高锰酸钾溶液相当于 f mL 草酸钠标准溶液；V_s 为水样体积；16.00 为氧的相对原子质量。

五、思考题

1．加热煮沸 30 min 应如何控制？时间要求严格吗？为什么？

2．酸性溶液测定 COD 时，若加热煮沸出现棕色是什么原因？需重做吗？而碱性溶液测定 COD 时，出现绿色或棕色可以吗？为什么？

3．可以采用哪些方法避免水中 Cl^- 对测定结果的影响？

注释

（1）高锰酸钾法适用于测定地表水、引用水和生活污水。

（2）重铬酸钾法可以将难氧化的物质在较高温度下彻底氧化。

（3）超过 85℃时，草酸钠会分解，使测量的结果偏高。

$$H_2C_2O_4 \xrightleftharpoons{\triangle} CO_2\uparrow + CO\uparrow + H_2O$$

（4）水样量根据在沸水浴中加热反应 30 min 后，应剩下加入量一半以上的 0.005 $mol \cdot L^{-1}$ 高锰酸钾溶液量来确定。

（5）废水中有机物种类繁多，但对于主要含烃类、脂肪、蛋白质，以及挥发性物质（如乙醇、丙酮等）的生活污水和工业废水，其中的有机物大多数可以氧化 90% 以上，像吡啶、甘氨酸等有些有机物则难以氧化，因此，在实际测定中，氧化剂种类、浓度和氧化条件等对测定结果均有影响，所以必须严格按规定操作步骤进行分析，并在报告结果时注明所用的方法。

（6）本实验在加热氧化有机污染物时，完全敞开，如果废水中易挥发性化合物含量较高时使用回流冷凝装置加热，否则结果将偏低。

（7）水样中 Cl^- 在酸性高锰酸钾中能被氧化，使结果偏高。

（8）实验所用的蒸馏水最好用含酸性高锰酸钾的蒸馏水重新蒸馏所得的二次蒸馏水。

实验十九　铜合金中铜含量的测定（碘量法）

一、实验目的

✧ 熟悉间接碘量法测定铜合金中铜的原理及其方法和操作。

✧ 了解铜合金试样的溶解方法。

二、实验原理

铜合金试样在弱酸性溶液中，Cu^{2+}与碘化物作用发生如下反应：

$$2Cu^{2+} + 4I^{-} \rightleftharpoons 2CuI\downarrow + I_2$$

以淀粉为指示剂，用 $Na_2S_2O_3$ 标准溶液滴定析出的 I_2，由 $Na_2S_2O_3$ 溶液的浓度和消耗的体积计算试样中铜的含量。

Cu^{2+}与 I^-的反应是可逆的。为使滴定反应顺利进行，必须加入过量的 KI，以增加I^-浓度，抑制 CuI 的溶解，增加 I_2 的稳定性（形成 I_3^-）。

溶液酸度对测定结果影响较大。酸度过低，会降低反应速度，Cu^{2+}可能部分水解；酸度过高，I^-易被空气中的氧氧化成 I_2（Cu^{2+}催化此反应），使结果偏高，适宜酸度为 pH=3.4。

溶液酸度宜以 H_2SO_4 或 HAc 调节，因 HCl 易形成 $CuCl_4^{2-}$配离子，不利于滴定反应。

CuI 能吸附 I_2，故通常在接近终点前加入 NH_4SCN 使沉淀表面形成一层 CuSCN，并将吸附的 I_2 释放出来，以免测定结果偏低。但 NH_4SCN 不宜过早加入，以防其还原 I_2 而使测定结果偏低。铜合金中杂质产生的高价离子 Fe^{3+}，As（Ⅴ）和 Sb（Ⅴ）等对测定有干扰。加入 NH_4HF_2 掩蔽 Fe^{3+}成$[FeF_6]^{3-}$。当 pH=3～4 时，五价 Sb 和 As 难以氧化 I^-，其干扰可消除。

试样以 HCl 和 H_2O_2 溶解，过量的 H_2O_2 干扰测定，可通过煮沸溶液而除去。

三、试剂

0.1 $mol\cdot L^{-1}$ $Na_2S_2O_3$ 标准溶液，0.5%的淀粉溶液，20% KI 溶液，10% NH_4SCN 溶液，20% NH_4HF_2 溶液，30% H_2O_2，HCl（1∶1），HAc（1∶1），氨水（1∶1）。

四、实验步骤

准确称取约 0.1 g 黄铜试样（平行 3 份），置于 250 mL 锥形瓶中，加入 10 mL HCl（1∶1），滴加约 2 mL 30%H_2O_2。加热使试样溶解完全后，再加热赶尽过量 H_2O_2，煮沸 1～2 min，但不能使溶液蒸干。冷却后，加入约 60 mL 水，滴加氨水（1∶1）至溶液刚刚有稳定的沉淀生成，再加 8 mL（1∶1）的 HAc。以下开始单独处理每一份样品。先后加入 10 mL 20%NH_4HF_2 溶液和 10 mL 20%KI 溶液，立即用约 0.1 mol·L^{-1} $Na_2S_2O_3$ 标准溶液滴定至浅黄色，加 2 mL 0.5%淀粉指示剂，继续滴定至浅灰色或浅蓝色，加入 10 mL NH_4SCN 溶液，剧烈摇动后，继续滴定至溶液的蓝色消失，5 min 内不返蓝即为终点。此时因有白色沉淀，终点呈灰白色或肉色。记录消耗的 $Na_2S_2O_3$ 的体积。接着测定下一份试样。计算每份试样的测定值，并求出平均值和相对平均偏差。

五、思考题

1．溶液 pH 为什么应控制在 3.0～4.0？酸度太高或太低对测定结果有何影响？

2．试液中加入 KI 后不立即滴定对分析结果有何影响？

3．NH_4SCN 加入过早会出现什么问题？

注释

（1）溶液 pH 应严格控制在 3.0～4.3。

（2）加入 KI 后，析出 I_2 的速度很快，故应立即滴定。

（3）淀粉指示剂加入时机应是滴定至浅黄色，而 NH_4SCN 加入的时机应是临近终点。

（4）本实验所用试剂的种类较多，并且加入的先后顺序不能错，对每种试剂应配备专用量器。

（5）NH_4HF_2 对玻璃有腐蚀作用，测定结束后，应立即把锥形瓶中的溶液倒去并洗净。

实验二十　硫代硫酸钠溶液的配制和标定

一、实验目的

✧　掌握 $Na_2S_2O_3$ 及 I_2 溶液的配制方法。

✧　掌握标定 $Na_2S_2O_3$ 及 I_2 溶液浓度的原理和方法。

二、实验原理

碘量法主要使用 I_2 和 $Na_2S_2O_3$ 两种标准溶液，现分别讨论如下。

1. I_2 标准溶液的配制和标定

用升华法可以制得纯度很高的碘，可作为基准物质直接配制标准溶液。但通常使用的市售 I_2 试剂纯度不高，需先配成近似浓度，然后再进行标定。

I_2 微溶于水而易溶于 KI 溶液中，但在稀的 KI 溶液中溶解得很慢，故配制 I_2 溶液时应先在较浓的 KI 溶液中进行，待溶解完全后再稀释到所需浓度。

I_2 溶液可以用 As_2O_3 为基准物质进行标定，但 As_2O_3（俗称砒霜）有剧毒，故更常用 $Na_2S_2O_3$ 标准溶液进行标定。

2. $Na_2S_2O_3$ 标准溶液的配制和标定

固体试剂 $Na_2S_2O_3 \cdot 5H_2O$ 通常含有一些杂质，且易风化和潮解，因此，$Na_2S_2O_3$ 标准溶液采用标定法配制。

$Na_2S_2O_3$ 溶液不够稳定，容易分解。水中的 CO_2、细菌和光照都能使其分解，水中的 O_2 也能将其氧化。故配制 $Na_2S_2O_3$ 溶液时，最好采用新煮沸并冷却的蒸馏水，以除去水中的 CO_2 和 O_2 并杀死细菌；加入少量 Na_2CO_3 使溶液呈弱碱性以抑制 $Na_2S_2O_3$ 的分解和细菌的生长；贮于棕色瓶中，放置几天后再进行标定。长期使用的溶液应定期标定。

通常采用 $K_2Cr_2O_7$ 作为基准物，以淀粉为指示剂，用间接碘量法标定 $Na_2S_2O_3$ 溶液。因为 $K_2Cr_2O_7$ 与 $Na_2S_2O_3$ 的反应产物有多种，不能按确定的反应式进行，故不能用 $K_2Cr_2O_7$ 直接滴定 $Na_2S_2O_3$。而应先使 $K_2Cr_2O_7$ 与过量的 KI 反应，析出与 $K_2Cr_2O_7$ 计量相当的 I_2，再用 $Na_2S_2O_3$ 溶液滴定 I_2，反应方程式如下：

$$Cr_2O_7^{2-} + 6I^- + 14H^+ = 2Cr^{3+} + I_2 + 7H_2O$$
$$2S_2O_3^{2-} + I_2 = 2I^- + S_4O_6^{2-}$$

$Cr_2O_7^{2-}$ 与 I^- 的反应速度较慢，为了加快反应速度，可控制溶液酸度为 0.2～0.4 $mol \cdot L^{-1}$，同时加入过量的 KI，并在暗处放置一定时间。但在滴定前须将溶液稀释以降低酸度，以防止 $Na_2S_2O_3$ 在滴定过程中遇强酸而分解。

三、试剂

0.017 $mol \cdot L^{-1}$ $K_2Cr_2O_7$ 标准溶液；$Na_2S_2O_3 \cdot 5H_2O$ 分析纯；I_2 分析纯；KI（s）；KI 溶液 100 $g \cdot L^{-1}$，使用前配制；淀粉指示剂 5 $g \cdot L^{-1}$；Na_2CO_3（s）；6 $mol \cdot L^{-1}$ HCl 溶液。

四、实验步骤

（1）配制 0.050 $mol\cdot L^{-1}$ I_2 溶液 300 mL。称取 4.0 g I_2 放入小烧杯中，加入 8 g KI，加水少许，用玻璃棒搅拌至 I_2 全部溶解后，转入 500 mL 烧杯，加水稀释至 300 mL。摇匀，贮存于棕色瓶中。

（2）配制 0.10 $mol\cdot L^{-1}$ $Na_2S_2O_3$ 溶液 500 mL。称取 13 g $Na_2S_2O_3\cdot 5H_2O$，溶于 500 mL 新煮沸的冷蒸馏水中，加 0.1 g Na_2CO_3，保存于棕色瓶中，放置一周后进行标定。

（3）$Na_2S_2O_3$ 溶液的标定。用移液管吸取 20 mL $K_2Cr_2O_7$ 标准溶液于 250 mL 锥形瓶中，加 5 mL 6 $mol\cdot L^{-1}$ HCl，加入 10 mL 100 $g\cdot L^{-1}$ KI。摇匀后盖上表面皿，于暗处放置 5 min。然后用 100 mL 水稀释，用 $Na_2S_2O_3$ 溶液滴定至浅黄绿色后加入 2 mL 淀粉指示剂，继续滴定至溶液蓝色消失并变为绿色即为终点。平行测定 3 次，计算 $Na_2S_2O_3$ 标准溶液的浓度和相对平均偏差。

（4）I_2 溶液的标定。用酸式滴定管放出 20.00 mL 待标定的 I_2 溶液置于 250 mL 锥形瓶中，加 50 mL 水，用 $Na_2S_2O_3$ 标准溶液滴定至溶液呈浅黄色时，加入 2 mL 淀粉指示剂，继续用 $Na_2S_2O_3$ 标准溶液滴定至蓝色恰好消失，即为终点。平行测定 3 次，计算 I_2 标准溶液的浓度和相对平均偏差。

五、思考题

1．如何配制和保存 I_2 溶液？配制 I_2 溶液时为什么要加入 KI？

2．如何配制和保存 $Na_2S_2O_3$ 溶液？

3．用 $K_2Cr_2O_7$ 作基准物质标定 $Na_2S_2O_3$ 溶液时，为什么要加入过量的 KI 和 HCl 溶液？为什么要放置一定时间后才能加水稀释？为什么在滴定前还要加水稀释？

4．标定 I_2 溶液时，既可以用 $Na_2S_2O_3$ 滴定 I_2 溶液，也可以用 I_2 滴定 $Na_2S_2O_3$ 溶液，且都采用淀粉指示剂。但在两种情况下加入淀粉指示剂的时间是否相同？为什么？

注释

（1）$K_2Cr_2O_7$ 与 KI 的反应需一定的时间才能进行得比较完全，故需放置约 5 min。

（2）淀粉指示剂应在临近终点时加入，而不能加入得过早。否则将有较多的 I_2 与淀粉指示剂结合，而这部分 I_2 在终点时解离较慢，造成终点拖后。

（3）滴定至终点后。经过 5 min 以上，溶液又出现蓝色，这是由于空气氧化 I^- 所引起的，不影响分析结果。如果滴定至终点，很快又变蓝色。表示 KI 与 $K_2Cr_2O_7$ 未完全反应，溶液稀释得太早，遇此情况，必须重做。

实验二十一　维生素 C 含量的测定（直接碘量法）

一、实验目的

✧ 掌握直接碘量法测定维生素 C 的原理和方法。

✧ 了解间接碘量法的原理。

二、实验原理

维生素 C 又称抗坏血酸 Vc，分子式 $C_6H_8O_6$。Vc 具有还原性，可被 I_2 定量氧化，因而可用 I_2 标准溶液直接测定。其滴定反应式：

$$C_6H_8O_6 + I_2 = C_6H_6O_6 + 2HI$$

此反应不必加碱即可进行得很完全。相反，由于维生素 C 的还原能力强而易被空气氧化，特别是在碱性溶液中更易被氧化，所以，在测定中须加入稀 HAc，使溶液保持足够的酸度，以减少副反应的发生。

用直接碘量法可测定药片、注射液、饮料、蔬菜、水果等的 Vc 含量。

I_2 微溶于水而易溶于 KI 溶液，但在稀的 KI 溶液中溶解得很慢，所以配制 I_2 溶液时不能过早加水稀释，应先将 I_2 和 KI 混合，用少量水充分研磨，溶解完全后再加水稀释。

I_2 与 KI 间存在如下平衡：$I_2 + I^- \rightleftharpoons I_3^-$，游离 I_2 容易挥发损失，这是影响碘溶液稳定性的原因之一。因此溶液中应维持适当过量的 I^-，以减少 I_2 的挥发。空气能氧化 I^-，引起 I_2 浓度增加：

$$4I^- + O_2 + 4H^+ \rightleftharpoons 2I_2 + 2H_2O$$

此氧化作用缓慢，但能为光、热及酸的作用而加速，因此 I_2 溶液应处于棕色瓶中置冷暗处保存。I_2 能缓慢腐蚀橡胶和其他有机物，所以 I_2 应避免与这类物质接触。

由于 Vc 的还原性很强，较容易被溶液和空气中的氧氧化，在碱性介质中这种氧化作用更强，因此滴定宜在酸性介质中进行，以减少副反应的发生。考虑到 I_2 在强酸性中也易被氧化，故一般选在 pH 为 3～4 的弱酸性溶液中进行滴定。

三、试剂

0.05 $mol\cdot L^{-1}$ I_2 溶液：3.3 g I_2 和 5 g KI，置于研钵中加少量水，在通风橱中研

磨。待 I_2 全部溶解后，将溶液转入棕色试剂瓶，加水稀释至 250 mL，摇匀，放置暗处保存。

0.01 mol·L^{-1} $Na_2S_2O_3$ 标准溶液，淀粉溶液（5%），HAc（1+1），固体 Vc 样品（维生素片剂），重铬酸钾（A.R）。

四、实验步骤

（1）I_2 的标定。用移液管移取 25.00 mL $Na_2S_2O_3$ 标准溶液于 250 mL 锥形瓶中，加 50 mL 蒸馏水，5 mL 0.5%淀粉溶液，然后用 I_2 溶液滴定至溶液呈浅蓝色，半分钟内不褪色即为终点。平行 3 次，计算 I_2 溶液的浓度。

（2）维生素 C 的测定。准确称取约 0.2 g 研成粉末的维生素 C 药片，置于 250 mL 锥形瓶中，加入 100 mL 新煮沸过并冷却的蒸馏水，立即用 I_2 标准溶液滴定至出现稳定的浅蓝色，半分钟内不褪色即为终点，记下 I_2 溶液体积。平行 3 次，计算试样中维生素 C 的质量分数。

五、思考题

1．溶样时为什么要用新煮沸并冷却的蒸馏水？

2．加醋酸的目的是什么？

实验二十二　配位化合物

一、实验目的

✧ 比较配位化合物与简单化合物和复盐的区别。

✧ 了解配离子的生成和解离。

✧ 了解配位平衡与沉淀反应、氧化还原反应的关系。

✧ 利用配位反应分离混合离子。

二、实验原理

含有配离子的化合物属于配位化合物，简称配合物。配合物也有电解质和非电解质之分。电解质如 $[Cu(NH_3)_4]SO_4$、$K_3[Fe(CN)_6]$，其中配离子 $[Cu(NH_3)_4]^{2+}$ 带有正电荷称为配阳离子，$[Fe(CN)_6]^{3-}$ 带有负电荷称为配阴离子，两者统称配离子，它们组成配合物的内界，是配合物的特征部分，而 SO_4^{2-} 和 K^+ 分别为外界。非电解质如 $[Co(NH_3)_3Cl_3]$、$[Ni(CO)_4]$ 等，无论在晶体或溶液中都是以不带电荷的中性分子存在。与复盐在溶液中能全部解离成简单离子不同，配离子在溶液中只有部分解离成简单离子，例如：

$$复盐\quad NH_4Fe(SO_4)_2 \longrightarrow NH_4^+ + Fe^{3+} + 2SO_4^{2-}$$

$$KAl(SO_4)_2 \longrightarrow K^+ + Al^{3+} + 2SO_4^{2-}$$

$$配合物\quad [Cu(NH_3)_4]SO_4 \longrightarrow [Cu(NH_3)_4]^{2+} + SO_4^{2-}$$

$$[Cu(NH_3)_4]^{2+} \rightleftharpoons Cu^{2+} + 4NH_3$$

通过配位反应形成的配合物，许多性质如溶解度、颜色、氧化还原性等往往与原物质有很大不同。如 AgCl 难溶于水，但与氨水作用后生成的氯化二氨合银（Ⅰ）$[Ag(NH_3)_2]Cl$ 易溶于水；又如 Co^{2+}的水合离子为粉红色，而与 KSCN 形成的四硫氰合钴（Ⅱ）$[Co(SCN)_4]^{2-}$配离子呈蓝色[①]；再如，Hg^{2+}能氧化 Sn^{2+}，但形成了$[HgI_4]^{2-}$配离子后，由于 Hg^{2+}浓度减小，氧化能力降低，就不能再与 Sn^{2+}反应。

$$2HgCl_2 + SnCl_2 \longrightarrow \underset{(白色)}{Hg_2Cl_2}\downarrow + SnCl_4$$

$$Hg_2Cl_2 + SnCl_4 \longrightarrow \underset{(黑色)}{2Hg}\downarrow + SnCl_4$$

$$Hg^{2+} + 2I^- \longrightarrow \underset{(红色)}{HgI_2}\downarrow$$

$$HgI_2 + 2I^- \longrightarrow \underset{(无色)}{[HgI_4]^{2-}}$$

难溶性沉淀可以借形成配合物而溶解。由于配离子有一定程度的解离，当加入一定的沉淀剂时，又能因生成更难溶的物质而使配离子遭到破坏，即在一定条件下，配合物与沉淀之间可相互转化。如：

$$AgCl + 2NH_3 \longrightarrow [Ag(NH_3)_2]^+ + Cl^-$$

$$[Ag(NH_3)_2]^+ + Br^- \longrightarrow AgBr\downarrow + 2NH_3$$

具有环状结构的配合物称为螯合物。螯合物具有一些特殊的性质，如更大的稳定性、特征的颜色等。如深蓝色的$[Cu(NH_3)_4]^{2+}$配离子遇 EDTA 二钠盐（常写作 Na_2H_2Y）可转化为更稳定的浅蓝色螯合物$[CuY]^{2-}$；Fe^{2+}与邻菲罗啉（1,10-二氮杂菲）反应生成橘红的螯合物。

$$\underset{(深蓝色)}{[Cu(NH_3)_4]^{2+}} + H_2Y^{2-} \longrightarrow \underset{(浅蓝色)}{[CuY]^{2-}} + 2NH_3 + 2NH_4^+$$

① Co^{2+}与饱和 KSCN 溶液形成蓝色的$[Co(SCN)_4]^{2-}$配离子，该离子在水溶液中不稳定，在有机溶剂如丙酮中稳定。

$[Fe(H_2O)_6]^{2+} + 3$ (邻菲罗啉) $\xrightarrow{H^+}$ $[Fe(\text{phen})_3]^{2+}$ (橘红色) $+ 6H_2O$

邻菲罗啉　　　　（橘红色）

某些金属离子形成螯合物时所产生特征的颜色变化，可以作为鉴定该离子的依据。如 Ni^{2+}与丁二酮肟反应，生成鲜红色沉淀，是鉴定 Ni^{2+}常用的方法。

$$Ni^{2+} + 2\ \begin{matrix} CH_3—C═NOH \\ | \\ CH_3—C═NOH \end{matrix} + 2NH_3 \cdot H_2O \longrightarrow$$

$$[Ni(C_4H_7N_2O_2)_2]\downarrow + 2NH_4^+ + 2H_2O$$

（鲜红色）

在定性鉴定中如果遇到干扰离子，常常利用形成配合物的方法把干扰离子掩蔽起来。例如 Co^{2+}的鉴定，可利用它与 SCN^-反应生成$[Co(SCN)_4]^{2+}$，该配离子易溶于有机溶剂呈现蓝绿色。若 Co^{2+}溶液中含有 Fe^{3+}，因 Fe^{3+}遇 SCN^-生成红色的配离子而产生干扰。这时，我们可利用 Fe^{3+}与 F^-形成更稳定的无色$[FeF_6]^{3-}$，把 Fe^{3+}“掩蔽”起来，从而避免它的干扰。

配位反应常用于分离某些离子。如 Cu^{2+}、Ba^{2+}、Al^{3+}的混合溶液，可通过下列步骤进行分离：先加入稀 H_2SO_4 使 Ba^{2+}生成 $BaSO_4$ 沉淀而分离；在溶液中加入过量氨水，Cu 与 NH_3 反应生成$[Cu(NH_3)_4]^{2+}$ 留在溶液中，Al^{3+}不能与 NH_3 生成配合物，而以 $Al(OH)_3$ 沉淀的形式析出，分离过程图示如下：

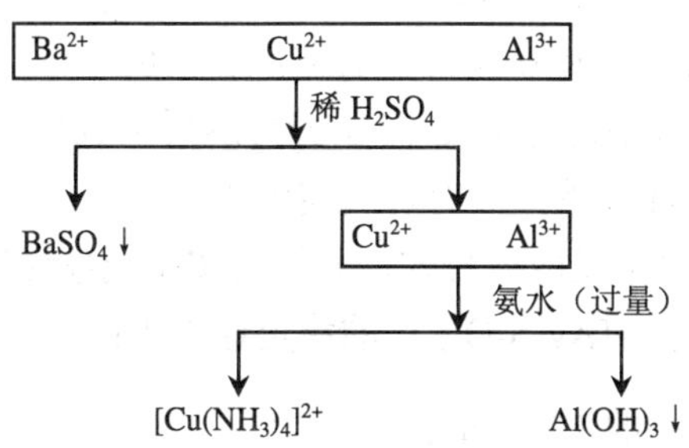

三、仪器与试剂

1．仪器

白瓷点滴板，离心机。

2．试剂

固体：$CuCl_2$，NaF。

酸：HCl（浓），H_2SO_4（1 mol·L^{-1}）。

碱：$NH_3·H_2O$（2 mol·L^{-1}，6 mol·L^{-1}），NaOH（2 mol·L^{-1}）。

盐：$FeCl_3$（0.1 mol·L^{-1}），KSCN（0.1 mol·L^{-1}，饱和），NaF（饱和），$CoCl_2$（0.1 mol·L^{-1}），$HgCl_2$（0.1 mol·L^{-1}），KI（0.1 mol·L^{-1}），$SnCl_2$（0.1 mol·L^{-1}），$NiSO_4$（0.1 mol·L^{-1}），EDTA（0.5 mol·L^{-1}），NaCl（0.1 mol·L^{-1}），$AgNO_3$（0.1 mol·L^{-1}），KBr（0.1 mol·L^{-1}），$Na_2S_2O_3$（0.1 mol·L^{-1}），$NH_4Fe(SO_4)_2$（0.1 mol·L^{-1}），$K_3[Fe(CN)_6]$（0.1 mol·L^{-1}），$K_4[Fe(CN)_6]$（0.1 mol·L^{-1}），Na_2S（0.5 mol·L^{-1}），$CuSO_4$（0.1 mol·L^{-1}），$FeSO_4$（0.1 mol·L^{-1}），$(NH_4)_2C_2O_4$（饱和）。

其他：碘水，丙酮，邻菲罗啉（0.25%），丁二酮肟（1%），95%乙醇。

四、实验步骤

1．简单离子与配离子的区别

在分别盛有 10 滴 0.1 mol·L^{-1} $FeCl_3$ 溶液和 $K_3[Fe(CN)_6]$溶液的两支试管中，分别滴入 2 滴 0.1 mol·L^{-1} KSCN 溶液，有何现象？两种溶液中都有 Fe（Ⅲ），如何解释上述现象？

2．配离子稳定性的比较

（1）往盛有 2 滴 0.1 mol·L^{-1} $FeCl_3$ 溶液的试管中，加 0.1 mol·L^{-1} KSCN 溶液数滴，有何现象，然后再逐滴加入饱和$(NH_4)_2C_2O_4$ 溶液，观察溶液颜色有何变化？写出有关反应方程式，并比较含有 Fe^{3+}的两种配离子的稳定性大小。

（2）在盛有 10 滴 0.1 mol·L^{-1} $AgNO_3$ 溶液的离心试管中，加入 10 滴 0.1 mol·L^{-1} NaCl 溶液，微热，分离除去上层清液，然后在该试管中按下列的次序进行试验：

①滴加 6 mol·L^{-1} 氨水（不断摇动试管）至沉淀刚好溶解；

②滴加 10 滴 0.1 mol·L^{-1} KBr 溶液，有何沉淀生成？

③除去上层清液，滴加 0.1 mol·L^{-1} $Na_2S_2O_3$ 溶液至沉淀溶解；

④滴加 0.1 mol·L^{-1} KI 溶液，又有何沉淀生成？

写出以上各反应的化学反应方程式，并根据实验现象比较：

①配离子$[Ag(NH_3)_2]^+$，$[Ag(S_2O_3)_2]^{3-}$的稳定性大小；

②AgCl，AgBr，AgI 的 $K_{sp}^{\ominus}$ 大小。

3．配合物生成时颜色的改变

（1）取 0.1 mol·L^{-1} 的 $FeCl_3$ 溶液 1 mL，加入 0.1 mol·L^{-1} 的 KSCN 溶液 1 滴，观察溶液颜色变化，再逐滴加入饱和 NaF 溶液，又有何变化？解释并写出反应方程式。

（2）取一支试管，加入 1.5 mL 水，再加入少量 $CuCl_2$ 固体，振荡溶解后，观察颜色，逐滴加入浓盐酸，观察颜色有何变化？然后再逐滴加水稀释，观察颜色又有何变化？解释并写出反应方程式。

（3）取 0.1 mol·L^{-1} 的 $CoCl_2$ 溶液 5 滴，加入饱和 KSCN 溶液 5～8 滴，再加入几滴丙酮，观察现象。

4．配合物形成时氧化还原性的改变

（1）取两支试管，各加入 0.1 mol·L^{-1} 的 $FeCl_3$ 溶液 10 滴，在其中一支试管中加入少许 NaF 固体，使溶液黄色褪去，然后分别向两支试管中加入 0.1 mol·L^{-1} 的 KI 溶液 10 滴，观察现象，解释并写出反应方程式。

（2）取两支试管，各加入 0.1 mol·L^{-1} 的 $HgCl_2$ 溶液 5 滴，在其中一支试管中逐滴加入 0.1 mol·L^{-1} 的 KI 溶液至生成的沉淀又溶解，然后在两试管中分别逐滴加入 0.1 mol·L^{-1} 的 $SnCl_2$ 溶液，观察现象，解释并写出反应方程式。

5．配位离解平衡的移动

在盛有 5 mL 0.1 mol·L^{-1} $CuSO_4$ 溶液的小烧杯中加入 6 mol·L^{-1} 的氨水，直至最初生成的碱式盐$[Cu_2(OH)_2SO_4]$沉淀又溶解为止。然后加入 6 mL 95%的乙醇。观察晶体的析出。将晶体过滤，用少量乙醇洗涤晶体，观察晶体的颜色。写出反应式。

取上面制备的$[Cu_2(OH)_2SO_4]$晶体少许溶于 4 mL 2 mol·L^{-1} $NH_3·H_2O$ 中，得到含$[Cu(NH_3)_4]^{2+}$的溶液。今欲破坏该配离子，请按下述要求，自己设计实验步骤进行实验，并写出有关反应式。

（1）利用酸碱反应破坏$[Cu(NH_3)_4]^{2+}$。

（2）利用沉淀反应破坏$[Cu(NH_3)_4]^{2+}$。

（3）利用氧化还原反应破坏$[Cu(NH_3)_4]^{2+}$。

提示：

$$[Cu(NH_3)_4]^{2+} + 2e^- \rightleftharpoons Cu + 4NH_3 \qquad E^{\ominus} = -0.02\ V$$

$$[Zn(NH_3)_4]^{2+} + 2e^- \rightleftharpoons Zn + 4NH_3 \qquad E^{\ominus} = -1.02\ V$$

（4）利用生成更稳定配合物（如螯合物）的方法破坏$[Cu(NH_3)_4]^{2+}$。

6．配合物的某些应用

（1）利用生成有色配合物定性鉴定某些离子

在白色点滴板上加入 Ni^{2+}试液 1 滴，6 mol·L^{-1} 的氨水 1 滴和 1%的丁二酮肟溶液 1 滴，有鲜红色沉淀生成表示有 Ni^{2+}存在。

（2）利用生成配合物掩蔽干扰离子

取 Fe^{3+}和 Co^{2+}混合试液 2 滴于一试管中，加 8～10 滴饱和 NH_4SCN 溶液，有何现象产生？逐滴加入 2 mol·L^{-1} NH_4F 溶液，并摇动试管，有何现象？最后加戊醇 6 滴，振荡试管，静置，观察戊醇层的颜色（这是 Co^{2+}的鉴定方法）。

五、思考题

1．衣服上粘有铁锈时，常用草酸去洗，试说明原理。

2．配合物和复盐在本质上有什么区别？

3．画出分离 Ag^+、Cu^{2+}、Fe^{3+}混合离子的示意图。

4．$[HgI_4]^{2-}$为什么不和 Sn^{2+}发生氧化还原反应？

5．试解释为什么能实现下列转化：

$$AgCl \xrightarrow{NH_3} [Ag(NH_3)_2]^+ \xrightarrow{Br^-} AgBr\downarrow \xrightarrow{S_2O_3^{2-}} [Ag(S_2O_3)_2]^{3-} \xrightarrow{I^-} AgI\downarrow$$

实验二十三　EDTA 标准溶液的配制与标定

一、实验目的

✧ 学习 EDTA 标准溶液的配制和标定方法。

✧ 掌握络合滴定的原理，了解络合滴定的特点。

✧ 熟悉钙指示剂的使用。

二、实验原理

乙二胺四乙酸简称 EDTA，常用 H_4Y 表示，是一种氨羧络合剂，能与大多数金属离子形成稳定的 1∶1 型螯合物，但溶解度较小，22℃在 100 mL 水中仅溶解 0.02 g，通常使用其二钠盐配制配合滴定法的标准溶液。乙二胺四乙酸二钠（$Na_2H_2Y{\cdot}2H_2O$）也简称为 EDTA，22℃在 100 mL 水中可溶解 11.1 g，约 0.3 $mol{\cdot}L^{-1}$，其溶液 pH 约为 4.8。

市售的 EDTA 含水 0.3%～0.5%，且含有少量杂质，虽能制成纯品，但手续繁复。由于水和其他试剂中常含有金属离子，故其标准溶液通常采用间接法配制。

标定 EDTA 溶液的基准物质很多，如金属 Zn、Cu、Pb、Bi 等，金属氧化物 ZnO、Bi_2O_3 等及盐类 $CaCO_3$、$MgSO_4{\cdot}7H_2O$、$Zn(Ac)_2{\cdot}3H_2O$ 等。通常选用其中与被测物组分相同的物质作基准物，这样，标定条件与测定条件尽量一致，可减小误差。如测定水的硬度及石灰石中 CaO、MgO 含量时，宜用 $CaCO_3$ 或 $MgSO_4{\cdot}7H_2O$ 作基准物。金属 Zn 的纯度很高（纯度可达 99.99%），在空气中又稳定，Zn 与 ZnY^{2-} 均无色，既能在 pH 5～6 以二甲酚橙为指示剂标定，又可在 pH 9～10 的氨性溶液中以络黑 T 为指示剂标定，终点均很敏锐，因此一般多采用 Zn（ZnO 或 Zn 盐）为基准物质。

配合滴定中所用纯水应不含 Fe^{3+}、Al^{3+}、Cu^{2+}、Ca^{2+}、Mg^{2+}等杂质离子，通常采用去离子水或二次蒸馏水，其规格应高于三级水。

EDTA 溶液应当贮存在聚乙烯瓶或硬质玻璃瓶中，若贮存于软质玻璃瓶中，会不断溶解玻璃瓶中的 Ca^{2+}形成 CaY^{2-}，使 EDTA 浓度不断降低。

用 $CaCO_3$ 标定 EDTA 时，通常选用钙指示剂指示终点，用 NaOH 控制溶液 pH 为 12～13，其变色原理为：

滴定前：Ca + In（蓝色）═ CaIn（红色）

滴定中：Ca + Y ═ CaY

终点时：CaIn（红色）+ Y ═ CaY + In（蓝色）

用 Zn 标定 EDTA 时，选用二甲酚橙（XO）作指示剂，以盐酸—六亚甲基四胺控制溶液 pH 为 5～6。其终点反应式为：

Zn-XO（紫红色）+ Y ═ ZnY + XO（黄色）

三、试剂

乙二胺四乙酸二钠；$CaCO_3$ 优级纯；HCl 溶液 1∶1，1∶5；钙指示剂，1 g 钙指示剂与 100 g NaCl 混合磨匀；NaOH 溶液 40 $g{\cdot}L^{-1}$；$ZnSO_4{\cdot}7H_2O$ 优级纯或金属锌，ω>99.9%，片状；六亚甲基四胺溶液 200 $g{\cdot}L^{-1}$；二甲酚橙 2 $g{\cdot}L^{-1}$ 水溶液。

四、实验步骤

1. 0.020 $mol{\cdot}L^{-1}$ EDTA 溶液的配制

称取 4.0 g 乙二胺四乙酸二钠（$Na_2H_2Y{\cdot}2H_2O$）于 500 mL 烧杯中，加 200 mL

水，使其溶解完全，转入至聚乙烯瓶中，用水稀释至 500 mL，摇匀。

2. 以 $CaCO_3$ 为基准物标定 EDTA

（1）配制 0.020 mol·L^{-1} 钙标准溶液。准确称取 110℃干燥过的 $CaCO_3$ 0.50～0.55 g，置于 250 mL 烧杯中，用少量水润湿，盖上表面皿，慢慢滴加 1∶1 HCl 5 mL 使其溶解，加少量水稀释，定量转移至 250 mL 容量瓶中，用水稀释至刻度，摇匀，计算其准确浓度。

（2）EDTA 溶液浓度的标定。移取 20.00 mL 钙标准溶液置于 250 mL 锥形瓶中，加 5 mL 40 g·L^{-1} NaOH 溶液及少量钙指示剂，摇匀后，用 EDTA 溶液滴定至溶液由酒红色恰好变为纯蓝色，即为终点。平行做 3 份，计算 EDTA 标准溶液的浓度，其相对平均偏差不大于 0.2%。

3. 以 $ZnSO_4·7H_2O$ 为基准物标定 EDTA

（1）配制 0.020 mol·L^{-1} Zn^{2+}标准溶液。准确称取 $ZnSO_4·7H_2O$ 1.2～1.5 g 于 250 mL 烧杯中，加适量水使其溶解后，定量转移至 250 mL 容量瓶中，用水稀释至刻度，摇匀，计算其准确浓度。

（2）EDTA 溶液浓度的标定。移取 20.00 mL Zn^{2+}标准溶液置于 250 mL 锥形瓶中，加 2 mL 1∶5 HCl 及 10 mL 200 g·L^{-1} 六亚甲基四胺，加 2 滴二甲酚橙，用 EDTA 溶液滴定至溶液由紫红色恰好变为亮黄色为终点。平行做 3 份，计算 EDTA 溶液的浓度，其相对平均偏差不大于 0.2%。

五、思考题

1. 络合滴定中为什么加入缓冲溶液？

2. 用 $CaCO_3$ 为基准物，以钙指示剂为指示剂标定 EDTA 浓度时，应控制溶液的酸度为多大？为什么？如何控制？

3. 计算以二甲酚橙为指示剂，用 Zn^{2+}标定 EDTA 浓度的实验中，溶液的 pH 为多少？

4. 配合滴定法与酸碱滴定法相比，有哪些不同点？操作中应注意哪些问题？

实验二十四 水的总硬度及钙镁含量测定

一、实验目的

✧ 了解水的硬度的表示方法。

✧ 通过钙、镁含量的测定，学习配位滴定法，掌握 EDTA 法测定钙、镁含量的原理和操作技术。

✧ 掌握铬黑 T 和钙指示剂的应用条件和终点颜色变化。

二、实验原理

通常称 Ca^{2+}、Mg^{2+}含量较高的水为硬水，水的总硬度是指水中 Ca^{2+}、Mg^{2+}的总量，它包括暂时硬度和永久硬度。水中 Ca^{2+}、Mg^{2+}以酸式碳酸盐形式存在的称为暂时硬度，若以硫酸盐、硝酸盐和氯化物形式存在的称为永久硬度。

硬度又分钙硬和镁硬，钙硬是由 Ca^{2+}引起的，镁硬是由 Mg^{2+}引起的。

水的硬度是表示水质的一个重要指标，对工业用水关系很大。水的硬度是形成锅垢和影响产品质量的主要因素。因此，水的总硬度即水中钙、镁总量的测定，为确定用水质量和进行水的处理提供依据。

水的硬度的表示方法很多，但常用的有两种：一是用“德国度”（$°H_G$）表示，这种方法是将水中的 Ca^{2+}、Mg^{2+}折合为 CaO 来计算，每升水含 10 mg 就称为 1 德国度。另一种方法是用“$mgCaCO_3·L^{-1}$”表示，它是将每升水中所含的 Ca^{2+}、Mg^{2+}都折合成 $CaCO_3$ 的毫克数，这种表示方法美国使用较多。

天然水按硬度的大小可以分为以下几类：$0°H_G$～$4°H_G$ 叫极软水，$4°H_G$～$8°H_G$ 叫软水，$8°H_G$～$16°H_G$ 叫中等软水，$16°H_G$～$30°H_G$ 叫硬水，$30°H_G$ 以上叫极硬水。

用 EDTA 法测定 Ca^{2+}、Mg^{2+}含量的方法是：先测定 Ca^{2+}、Mg^{2+}的总量，再测定 Ca^{2+}的含量，然后由测定 Ca^{2+}、Mg^{2+}总量时消耗 EDTA 的体积减去测定 Ca^{2+}含量时消耗 EDTA 的体积而求得 Mg^{2+}的含量。

Ca^{2+}、Mg^{2+}总量的测定：在 pH＝10 的氨缓冲溶液中，加入少量铬黑 T（EBT）指示剂[①]，然后用 EDTA 标准溶液滴定。由于铬黑 T 和 EDTA 都能与 Ca^{2+}、Mg^{2+}生成配合物，其稳定次序为：$CaY^{2-}>MgY^{2-}>MgIn^{-}>CaIn^{-}$，因此加入铬黑 T 后，它首先与 Mg^{2+}结合，生成酒红色配合物，当滴入 EDTA 时，EDTA 则先与游离的 Ca^{2+}配位，其次与游离的 Mg^{2+}配位，最后夺取铬黑 T 配合物中的 Mg^{2+}，使铬黑 T 游离出来，终点溶液由酒红色变为纯蓝色。

Ca^{2+}含量的测定：另取等体积的水样，加 NaOH 调节溶液 pH 为 12～13，此时 Mg^{2+}以 $Mg(OH)_2$ 沉淀析出，不干扰 Ca^{2+}的测定，加少量钙指示剂，然后用 EDTA 滴定，终点时溶液由酒红色变为纯蓝色。

已知 Ca^{2+}、Mg^{2+}的总量及 Ca^{2+}的含量，即可算出水中 Mg^{2+}的含量即镁硬。

三、仪器与试剂

1．仪器

100 mL 烧杯，250 mL 容量瓶（2 只），酸式滴定管，锥形瓶（3 只），移液管（25 mL，50 mL），玻璃棒，10 mL 量筒（2 只），称量瓶（2 只），分析天平。

2．试剂

$Na_2H_2Y \cdot 2H_2O$ 固体（AR），$MgSO_4 \cdot 7H_2O$ 固体（AR），1∶1 的 HCl，10%NaOH 溶液。

氨缓冲溶液（含 EDTA-Mg^{2+}）：称取 EDTA 二钠（$Na_2H_2Y \cdot 2H_2O$）2.0 g 及 $MgSO_4 \cdot 7H_2O$ 1.5 g 溶于 100 mL 纯水中，加 NH_4Cl 33.8 g 及浓氨水 286 mL，溶解后用纯水定容至 1 000 mL。然后用移液管取上述溶液 10.00 mL 于锥形瓶中，加纯水 90 mL，铬黑 T 指示剂少许，用 EDTA 标准溶液滴定至纯蓝色，记录用量。按此比例取 EDTA 标准溶液，加入到所配制的缓冲溶液中，混合均匀。

铬黑 T 指示剂：铬黑 T 与固体 NaCl 按 1∶100 的比例混合，研磨均匀，贮于棕色广口瓶中。

钙指示剂：钙指示剂与固体 NaCl 按 2∶100 的比例混合，研磨均匀，贮于棕色广口瓶中。

四、实验步骤

1．0.005 mol·L^{-1} EDTA 标准溶液的配制

准确称取基准级 EDTA 二钠晶体（$Na_2H_2Y \cdot 2H_2O$）0.4～0.5 g 于小烧杯中，加纯水溶解后，定量转入 250 mL 容量瓶中，稀释至刻度，其准确浓度按下式计算：

$$c_{EDTA} = \frac{m_{EDTA}}{M_{Na_2H_2Y \cdot 2H_2O}} \times \frac{1000}{250.00}$$

2．0.005 mol·L^{-1} EDTA 标准溶液的标定

精确配制的 EDTA 二钠溶液可以不标定，当 EDTA 二钠的纯度不够或放置过久时，可按以下方法标定：

准确称取 $MgSO_4 \cdot 7H_2O$ 0.25～0.35 g 于小烧杯中，加纯水溶解后，定容为 250 mL。

用移液管吸取上述 Mg^{2+}标准溶液 25.00 mL 于锥形瓶中，加氨缓冲溶液 2 mL，铬黑 T 指示剂少许（约绿豆大小），用 EDTA 滴定至溶液由酒红色经紫色变为纯蓝色即为终点。平行标定 2～3 次，EDTA 的准确浓度按下式计算：

$$c_{EDTA} = \frac{m_{MgSO_4 \cdot 7H_2O} \times \frac{25.00}{250.00}}{M_{MgSO_4 \cdot 7H_2O} \times \frac{V_{EDTA}}{1000}} = \frac{m_{MgSO_4 \cdot 7H_2O}}{M_{MgSO_4 \cdot 7H_2O} \cdot V_{EDTA}} \times 100$$

3．Ca^{2+}、Mg^{2+}总量的测定

用 50 mL 移液管吸取澄清水样（若浑浊则以中速滤纸过滤）50.00 mL 于锥形瓶中②，加氨缓冲溶液 4 mL ③，铬黑 T 指示剂少许（绿豆大小）④，在充分摇动下，用 EDTA 标准溶液滴定到溶液由酒红色经紫色变为纯蓝色即为终点⑤。记下 EDTA

的用量 V_1 mL，平行测定2～3次，总硬度按下式计算：

$$总硬度=\frac{c_{EDTA}\cdot V_1\cdot M_{CaO}}{V_{水样}}\times 100（德国度）$$

4．Ca^{2+}的测定

用50 mL移液管吸取水样50.00 mL，加10%NaOH溶液2 mL ③⑥，摇匀，再加钙指示剂少许（绿豆大小）④，用 EDTA 标准溶液滴定至溶液由酒红色经紫色变为纯蓝色即为终点记录EDTA的用量 V_2，平行测定2～3次。

$$钙硬度=\frac{c_{EDTA}\cdot V_2\cdot M_{CaO}}{V_{水样}}\times 100（德国度）$$

镁硬度=总硬度 – 钙硬度（德国度）

五、思考题

1．什么叫水的总硬度？怎样计算水的总硬度？

2．本实验中加入氨缓冲溶液和NaOH溶液各起什么作用？

3．在配制氨缓冲溶液时，为什么要加入EDTA-Mg^{2+}？

4．为什么滴定Ca^{2+}、Mg^{2+}总量时要控制pH≈10，而滴定Ca^{2+}分量时要控制pH为12～13？若pH＞13时测Ca^{2+}对结果有何影响？

5．如果只有铬黑T指示剂，能否测定Ca^{2+}的含量？如何测定？

注释

①铬黑 T 与 Mg^{2+}显色的灵敏度高，与 Ca^{2+}显色的灵敏度低，当水样中钙含量很高而镁含量很低时，往往得不到敏锐的终点。可在水样中加入少许 Mg-EDTA，利用置换滴定法的原理来提高终点变色的敏锐性，或者改用K-B指示剂。

②若水的硬度较高（如＞16° H_G），应少取水样，以免消耗 EDTA 标准溶液的体积过多。若取样量少于50 mL，应用纯水释至50 mL后再滴定。

③若水中 HCO_3^-含量较高，加缓冲溶液（或 NaOH）后，可能有 $CaCO_3$ 沉淀析出，使测定结果偏低，并且终点拖长，变色不敏锐，这时可以在滴定前加几滴1∶1 HCl酸化（刚果红试纸变蓝），并煮沸1～2 min以除去CO_2，然后再做测定。

④指示剂的用量以使水样呈明显红色为好，颜色过深或过浅都会使终点难以判断。滴定时，若发现颜色太浅，可随时补加适量的指示剂。

⑤EDTA 的配位反应速度较慢，因此滴定速度也应慢一些。临近终点时更要注意，每加1滴，要摇动几秒钟，否则容易过量。温度太低时，要加热使水温在303～313K。终点前出现的紫色是Mg-铬黑T与铬黑T的混合色。

⑥当 Mg^{2+}的含量较高时，生成的 $Mg(OH)_2$ 沉淀将吸附 Ca^{2+}，使 Ca^{2+}的测定结

果偏低，可在水样中加入少量蔗糖（或糊精）后，再加碱，可减少沉淀对 Ca^{2+}的吸附。若水中 Ca^{2+}、Mg^{2+}含量较高，也可少取水样稀释后再测定，从而减轻沉淀的干扰。

实验二十五　铅、铋混合溶液的连续滴定

一、实验目的

- ✧ 了解由调节酸度提高 EDTA 选择性原理。
- ✧ 学会铅、铋连续配位滴定的分析方法。

二、实验原理

Pb^{2+}、Bi^{3+}均能与 EDTA 形成稳定的 1∶1 配合物，$\lg K$ 值分别为 18.04 和 27.94。由于两者的 $\lg K$ 值相差很大，故可利用酸效应，控制不同的酸度，分别进行滴定。通常在 pH=1 时滴定 Bi^{3+}，在 pH=5～6 时滴定 Pb^{2+}。在 Pb^{2+}、Bi^{3+}混合液中，调节溶液的 pH=1，以二甲酚橙为指示剂，HCl 溶液 1∶1 时，Bi^{3+}与指示剂形成紫红色络合物，用 EDTA 标准溶液滴定 Bi^{3+}溶液突变为亮黄色，即为测定 Bi^{3+}的终点。在滴定 Bi^{3+}后的溶液中，加入六次甲基四胺，调节溶液的 pH 为 5～6，此时 Pb^{2+}与二甲酚橙形成紫红色络合物，溶液再次呈现紫红色，然后用 EDTA 标准溶液继续滴定至溶液由紫红色突变为亮黄色。

三、试剂

（1）EDTA 标准溶液

（2）二甲酚橙 2 $g \cdot L^{-1}$

（3）六次甲基四胺溶液 200 $g \cdot L^{-1}$

（4）HCl 溶液 1∶1

（5）Pb^{2+}、Bi^{3+}混合液①各 0.01$mol \cdot L^{-1}$

四、实验步骤

Pb^{2+}、Bi^{3+}混合液测定，准确移取 25.00 mL Pb^{2+}、Bi^{3+}溶液 3 份，分别注入 250 mL 锥形瓶中，调整 pH=1.0，加 2 滴二甲酚橙指示剂，用 EDTA 标准溶液滴定至溶液由紫红色变为亮黄色即为终点。根据滴定时消耗 EDTA 溶液的 mL 数计算混合溶液

① Bi^{3+}易水解，开始配制混合溶液时，所含 HNO_3浓度较高，临使用前加水样稀释至 0.15 $mol \cdot L^{-1}$左右。

中 Bi^{3+}的含量。在滴定 Bi^{3+}以后的溶液中，加入 20%六次甲基四胺溶液至溶液呈现稳定的紫红色后，再过量 5 mL，此时溶液的 pH 为 5～6，再以 EDTA 滴定至溶液由紫红色变为亮黄色，即为滴定 Pb^{2+}终点。

根据滴定结果计算混合溶液中 Pb^{2+}的含量。

五、思考题

1. 连续滴定 Pb^{2+}、Bi^{3+}采用什么原理和方法？

2. 按本实验操作，滴定 Bi^{3+}的起始酸度是否超过滴定 Bi^{3+}的最高酸度？滴定至 Bi^{3+}的终点时，溶液中酸度为多少？此时再加入 10 mL 200 $g \cdot L^{-1}$ 六次甲基四胺后，溶液 pH 约为多少？

3. 能否取等量混合试液两份，一份控制 pH≈1.0 滴定 Bi^{3+}，另一份控制 pH 为 5～6 滴定 Bi^{3+}、Pb^{3+}总量？为什么？

4. 滴定 Pb^{2+}时要调节溶液 pH 为 5～6，为什么加入六次甲基四胺而不加入醋酸钠？

实验二十六　由碳酸氢铵和食盐制备碳酸钠

一、实验目的

- ✧ 通过实验了解联合制碱法的反应原理，学会利用各种盐类溶解度的差异，并通过复分解反应制取盐的方法。
- ✧ 初步掌握测定碳酸钠中碳酸氢钠含量的定量分析方法。

二、实验原理

碳酸钠在工业上叫纯碱，是重要的化工原料。目前，工业上制纯碱主要采用氨碱法和我国化学家侯德榜（1890—1974）提出的联合制碱法。联合制碱法是将 CO_2 和 NH_3 通入 NaCl 溶液中先制成 $NaHCO_3$，再在高温下灼烧生成 Na_2CO_3，副产物是 NH_4Cl。主要化学反应可表示如下：

$$NH_3 + CO_2 + H_2O + NaCl \rightarrow NaHCO_3 \downarrow + NH_4Cl$$

$$2NaHCO_3 \xrightarrow{\triangle} Na_2CO_3 + CO_2 + H_2O$$

以上第一个反应，可以看成是碳酸氢铵和氯化钠在水溶液中的复分解反应。

$$NH_4HCO_3 + NaCl \rightarrow NaHCO_3 \downarrow + NH_4Cl$$

NH_4HCO_3、$NaCl$、$NaHCO_3$、NH_4Cl 同时存在于水溶液中，是一个复杂的四元交互体系，它们在水溶液中的溶解度互相发生影响。但是，可以根据各种纯净盐在不同温度下在水中溶解度的不同，选择分离几种盐的最佳条件和适宜的操作步骤。

三、仪器与试剂

仪器：布氏漏斗，吸滤瓶，马弗炉，蒸发皿，分析天平，称量瓶，酸式滴定管（50 mL），量筒（100 mL），烧杯（150 mL），锥形瓶（250 mL）。

试剂：粗食盐，NaOH（3 mol·L^{-1}），Na_2CO_3（3 mol·L^{-1}），HCl（6 mol·L^{-1}），标准 HCl 溶液（0.1 mol·L^{-1}），NH_4HCO_3（s），酚酞溶液，甲基橙溶液，温度计（0～100℃）。

四、实验步骤

（一）碳酸钠的制取

1. 化盐和精制

在 150 mL 烧杯中注入 50 mL 24%～25%的粗盐水溶液。用 3 mol·L^{-1} NaOH 和 3 mol·L^{-1} Na_2CO_3 溶液的混合溶液（体积为 1∶1）调整 pH 至 11 左右，得到胶状 [$Mg_2(OH)_2CO_3·CaCO_3$]沉淀，以除去食盐中所含的钙、镁杂质。

$$2Mg^{2+} + 2OH^- + CO_3^{2-} = Mg_2(OH)_2CO_3 \downarrow$$
$$Ca^{2+} + CO_3^{2-} \longrightarrow CaCO_3 \downarrow$$

注入混合碱液后，加热至沸，抽滤，分离沉淀。将滤液用 6 mol·L^{-1} HCl 调整 pH 至 7。解释为什么要用 HCl 调整 pH？

2. 转化

将盛有滤液的烧杯放在水浴上加热，控制溶液温度在 30～35℃。在不断搅拌的情况下，分多次把 21 g 研细的 NH_4HCO_3 加入滤液中，加完后继续保温搅拌半小时，然后静置，抽滤，得到 $NaHCO_3$ 晶体，用少量水洗涤 2 次，以除去附着在表面的铵盐。再将晶体进行抽滤干燥，称此产物质量。所得母液回收，留作制取氯化铵之用。

3. 制纯碱

将抽干的 $NaHCO_3$ 放入蒸发皿中，在马弗炉中，于 300℃下灼烧 2 h，即发生分解反应得到纯碱。等冷却到室温时，称量制得的纯碱的质量。

（二）产品检验

用分析天平准确称取（准确 0.001 g）制得的碳酸钠晶体 2 份，每份为 m 克（约 0.25 g）。将其中一份放入锥形瓶中用 100 mL 蒸馏水溶解，滴入 2 滴酚酞指示剂，使溶液变成红色。用已知准确浓度的盐酸溶液滴定至溶液的红色刚刚褪去，记下所用盐酸体积 V_1，再滴入 2 滴甲基橙指示剂，此时溶液应显黄色。继续用上述盐酸溶液滴定，使溶液由黄色至橙色，加热煮沸 1～2 min，冷却后溶液又呈黄色，再用盐酸滴定至橙色，半分钟内不褪色为止。记下所用盐酸总体积 V_2。样品中 Na_2CO_3 和 $NaHCO_3$ 的质量分数可分别按下式计算：

$$\omega(Na_2CO_3)=\frac{c(HCl)\times V_1\times M(Na_2CO_3)}{m\times 1000}\times 100\%$$

$$\omega(NaHCO_3)=\frac{c(HCl)\times (V_2-V_1)\times M(NaHCO_3)}{m\times 1000}\times 100\%$$

式中：$c(HCl)$——标准 HCl 溶液的浓度；

V_1——第一个滴定终点用去标准 HCl 溶液的体积；

V_2——第二个滴定终点用去标准 HCl 溶液的体积；

$M(Na_2CO_3)$——Na_2CO_3 的摩尔质量；

$M(NaHCO_3)$——$NaHCO_3$ 的摩尔质量；

m——样品质量。

纯碱的产率计算

理论产量：由粗盐（按 90%）计算。

实际产量：产品质量×Na_2CO_3 的质量分数。

$$产率=\frac{理论产量}{实际产量}\times 100\%$$

另一份样品按上述实验步骤和计算方法重复一遍，将数据和结果汇总于下表中。

纯碱的分析数据和 Na_2CO_3 产率记录

实验次数	样品质量	HCl 体积/L		HCl 浓度/(mol·L^{-1})	Na_2CO_3 质量分数	$NaHCO_3$ 质量分数	Na_2CO_3 产率/%
		V_1	V_2				

五、思考题

1．为什么要预先除去食盐中含的钙、镁离子？而不预先除去硫酸根离子？

2．为什么计算 Na_2CO_3 产率时要根据 NaCl 的用量？影响 Na_2CO_3 产率的因素有哪些？

3．NaCl、NH_4Cl、$NaHCO_3$ 和 NH_4HCO_3 四种盐不同温度下在水中的溶解度（g/100 gH_2O）如表 2-4 所示：

表 2-4 四种盐在不同温度下的溶解度

温度/℃ 溶解度 盐	0	10	20	30	40	50	60	70	80	90	100
NaCl	35.7	35.8	36.0	36.3	36.6	37.0	37.3	37.8	38.4	39.0	39.8
NH_4HCO_3	11.9	15.8	21.0	27.0	—	—	—	—	—	—	—
$NaHCO_3$	6.9	8.15	9.6	11.1	12.7	14.45	16.4	—	—	—	—
NH_4Cl	29.4	33.3	37.2	41.1	45.8	50.4	55.2	60.2	65.6	71.3	77.3

根据上表所列四种盐的溶解度，解释为什么转化操作时溶液的温度最好控制在30～35℃。

实验二十七 “胃舒平”药片中铝和镁的测定

一、实验目的

✧ 学习药剂测定的前处理方法。
✧ 熟练沉淀分离的操作方法。

二、实验原理

胃病患者常服用的胃舒平药片主要成分为氢氧化铝，三硅酸镁和少量中药颠茄流浸膏，在制成片剂时还加入了大量糊精等以便药片成形。药片中铝和镁的含量可用 EDTA 络合滴定法测定。为此先溶解样品，分离除去水不溶物质，然后取试液加入过量 EDTA 溶液，调节 pH 至 4 左右，煮沸使 EDTA 与铝络合，再以二甲酚橙为指示剂，用标准锌溶液回滴过量的 EDTA，测出铝含量。另取试液调 pH，将铝沉淀分离后，于 pH＝10 条件下以 K-B 指示剂，用 EDTA 溶液滴定滤液中的镁。

三、仪器与试剂

0.02 $mol \cdot L^{-1}$ EDTA，锌标准溶液 0.02 $mol \cdot L^{-1}$，20%六次甲基四胺水溶液，氨水 1∶1，盐酸 1∶1，三乙醇胺水溶液 1∶2，氨—氯化铵缓冲溶液，0.2%二甲酚橙指示剂；甲基红指示剂：0.2%乙醇溶液；K-B 指示剂，氯化铵固体。

四、实验步骤

1．样品处理

称取胃舒平药片 10 片，研细后，称取药粉 2 g 左右。加入 1∶1 HCl 20 mL，加蒸馏水至 100 mL，煮沸。冷却后过滤，并以水洗涤沉淀。收集滤液及洗涤液于 250 mL 容量瓶中，稀释至刻度，摇匀。

2．铝的测定

准确吸取上述试液 5.00 mL，加水至 25 mL 左右。滴加 1∶1 氨水至刚出现浑浊，再加 1∶1 HCl 至沉淀恰好溶解。准确加入 0.02 $mol\cdot L^{-1}$ EDTA 溶液 25 mL 左右，再加入 20%六次甲基四胺溶液 10 mL，煮沸 1 min 并冷却后，加入二甲酚橙指示剂 2～3 滴，以标准锌溶液滴定至溶液由黄色转变为红色。根据 EDTA 加入量与锌标准溶液滴定体积，计算每片药片中 $Al(OH)_3$ 的含量。

3．镁的测定

吸取试液 25.00 mL，滴加 1∶1 氨水至刚出现沉淀，再加入 1∶1 HCl 至沉淀恰好溶解。加入固体 NH_4C1 2 g，滴加 20%六次甲基四胺溶液至沉淀出现并过量 15 mL，加热至 80℃，维持 10～15 min。冷却后过滤，以少量蒸馏水洗涤沉淀数次。收集滤液与洗涤液于 250 mL 锥形瓶中，加入三乙醇胺 10 mL，氨缓冲溶液 10 mL 及甲基红指示剂 1 滴，K-B 指示剂少许。用 EDTA 溶液滴定至试液由暗红色转变为蓝绿色，计算每片药片中镁的含量（以 MgO 表示）。

五、思考题

1．实验中为什么要称取大样混匀后再分取部分试样进行实验？

2．能否用 EDTA 标准溶液直接滴定铝？

3．在分离铝后的滤液中测定镁，为什么要加入三乙醇胺溶液？

4．测定镁时能否不分离铝，而采取掩蔽的方法直接测定？选择什么物质作掩蔽剂比较好？设计实验方案。

注释

（1）胃舒平药片试样中铝镁含量可能不均匀，为使测定结果具有代表性，本实验取较多样品，研细后再取部分进行分析。

（2）试验结果表明，用六次甲基四胺溶液调节 pH 分离 $Al(OH)_3$，结果比用氨水好，可以减少 $Al(OH)_3$ 的吸附。

（3）测定镁时，加入甲基红 1 滴，能使终点更敏锐。

实验二十八 ds 区元素的化合物

一、实验目的

✧ 试验并了解 ds 区元素的氢氧化物（或氧化物）的酸碱性及对热稳定性。
✧ 了解铜、银、锌、镉、汞的金属离子形成配合物的特征。
✧ 了解 Cu（Ⅱ）与 Cu（Ⅰ），Hg（Ⅱ）与 Hg（Ⅰ）的相互转化条件。
✧ 了解铜、银、锌、镉、汞的离子鉴定。

二、实验原理

ds 区元素包括铜、银、锌、镉和汞。它们的价电子层结构分别为（n–1）$d^{10}ns^1$ 和（n–1）$d^{10}ns^2$。在化合物中常见的氧化值，铜为+2 和+1，银为+1，锌和镉为+2，汞为+2 和+1。这些元素的简单阳离子具有或接近 18e 的构型。在化合物中与某些阳离子有较强的相互极化作用，成键的共价成分较大。多数化合物较难溶于水，对热稳定性较差，易形成配位化合物，化合物常显不同的颜色。

例如，这些元素的氢氧化物均较难溶于水，且易脱水变成氧化物。银和汞的氢氧化物极不稳定。常温下即失水变成 Ag_2O（棕黑色）和 HgO（黄色）。黄色 HgO 加热则生成橘红色 HgO 变体。

$Cu(OH)_2$、$Zn(OH)_2$ 和 $Cd(OH)_2$ 在常温下较稳定，但受热亦会失水成氧化物。浅蓝色 $Cu(OH)_2$ 在 80℃失水成棕黑色 CuO，白色 $Zn(OH)_2$ 在 125℃开始失水成黄色（冷后为白色）的 ZnO，白色 $Cd(OH)_2$ 在 250℃变成棕红色的 CdO。

$Zn(OH)_2$ 呈典型的两性氢氧化物，$Cu(OH)_2$ 呈较弱的两性（偏碱），$Cd(OH)_2$ 和 $Hg(OH)_2$(HgO)呈碱性，而 AgOH 为强碱性。

Cu^{2+}、Ag^+、Zn^{2+}、Cd^{2+}、Hg^{2+}与 Na_2S 溶液反应都生成难溶的硫化物，即 CuS（黑色），Ag_2S（黑色），ZnS（白色），CdS（黄色）和 HgS（黑色）。其中 HgS 可溶于过量的 Na_2S，与 S^{2-}生成无色的 HgS_2^{2-}配离子。若在此溶液中加入盐酸又生成黑色 HgS 沉淀，此反应可作为分离 HgS 的方法。根据 ZnS、CdS、Ag_2S、CuS 和 HgS 溶度积大小，ZnS 可溶于稀酸，CdS 溶于 6 $mol\cdot L^{-1}$ HCl 溶液，Ag_2S 和 CuS 溶于氧化性的 HNO_3，而 HgS 溶于王水。

ds 区元素阳离子都有较强的接受配体的能力，易与 H_2O、NH_3、X^-、CN^-、SCN^-和 en 等形成配离子。例如 $Cu(en)_2^{2+}$、$Ag(SCN)_2^-$、$Zn(H_2O)_4^{2+}$、$Cd(NH_3)_4^{2+}$ 和 $HgCl_4^{2-}$等。

Hg^{2+}与 I^-反应先生成橘红色 HgI_2 沉淀，加入过量的 I^-则生成无色的 HgI_4^{2-}配离子，它和 KOH 的混合溶液称为奈斯勒试剂，该试剂能有效地检验铵盐的存在。

Cu^{2+}、Ag^{+}、Zn^{2+}、Cd^{2+}与氨水反应生成 $Cu(NH_3)_4^{2+}$（深蓝）、$Ag(NH_3)_2^{+}$（无色），$Zn(NH_3)_4^{2+}$（无色），$Cd(NH_3)_4^{2+}$（无色）等配离子。Hg^{2+}只有在过量的铵盐存在下才与 NH_3 生成配离子。当铵盐不存在时，则生成氨基化合物沉淀。如：

$$HgCl_2 + 2NH_3 = HgNH_2Cl\downarrow + NH_4Cl$$

Hg_2^{2+}在 $NH_3 \cdot H_2O$ 中不生成配离子，而发生歧化反应。

$$Hg_2(NO_3)_2+4NH_3+H_2O = HgO\cdot HgNH_2NO_3\downarrow +3NH_4NO_3$$

难溶物和配合物的形成，可以改变元素的电极电位，影响元素的性质。以铜为例加以说明。铜的部分电位图为：

$$Cu^{2+}\xrightarrow{+0.153}Cu^{+}\xrightarrow{+0.521}Cu$$

$$Cu^{2+}\xrightarrow{+0.533}CuCl\xrightarrow{+0.137}Cu$$

$$[Cu(NH_3)_4]^{2+}\xrightarrow{-0.010}[Cu(NH_3)_2]^{+}\xrightarrow{-0.12}Cu$$

$$Cu^{2+}\xrightarrow{+0.86}CuI\xrightarrow{-0.185}Cu$$

$$CuS\xrightarrow{-0.54}Cu_2S\xrightarrow{-0.93}Cu$$

在水溶液中，Cu^{+}难以存在，它易发生歧化反应：

$$2Cu^{+} = Cu+Cu^{2+}$$

要使上述平衡向左移动，可使 Cu^{+}生成难溶盐或配合物：

$$2Cu^{2+}+4I^{-} = 2CuI\downarrow +I_2$$

$$Cu^{2+} + Cu + 2X^{-} = 2[CuX_2]^{-}$$

$$[CuX_2]\rightleftharpoons CuX\downarrow +X^{-}$$

$$[Cu(NH_3)_4]^{2+} + Cu \rightleftharpoons 2[Cu(NH_3)_2]^{+}$$

在 $CuSO_4$ 溶液中加入过量的 Na_2SO_3 溶液能将 Cu^{2+}还原为 Cu^{+}，同时形成 $Cu(SO_3)_3^{5-}$配离子：

$$2Cu^{2+} + 7SO_3^{2-} + H_2O = 2Cu(SO_3)_3^{5-} + SO_4^{2-} + 2H^{+}$$

如果移去 Cu^{+}难溶盐的阴离子或配合物的配体，Cu^{+}又发生歧化分解。

Hg^{2+}与Hg_2^{2+}在一定条件下能相互转化。它们有如下平衡：

$$Hg^{2+} + Hg \longrightarrow Hg_2^{2+} \qquad K=166$$

反应的方向将取决于对反应条件的控制。例如，在配位剂存在下或当 pH≥3 时，Hg_2^{2+}发生歧化反应：

$$Hg_2^{2+} + 4I^- \longrightarrow HgI_4^{2-} + Hg\downarrow$$

$$Hg_2^{2+} + H_2O \longrightarrow HgO\downarrow + 2H^+ + Hg\downarrow$$

$$Hg_2^{2+} + 2OH^- \longrightarrow Hg\downarrow + HgO\downarrow + H_2O$$

若Hg^{2+}形成难溶沉淀物或稳定的配合物，上述平衡右移，Hg_2^{2+}发生歧化。

离子的鉴定

Cu^{2+}：Cu^{2+}与黄血盐 $K_4[Fe(CN)_6]$反应，生成红棕色 $Cu_2[Fe(CN)_6]$沉淀，方法灵敏。Fe^{3+}的存在对反应有干扰。

Zn^{2+}：Zn^{2+}与硫氰合汞酸铵$(NH_4)_2[Hg(SCN)_4]$生成白色的 $Zn[Hg(SCN)_4]$沉淀。

Cd^{2+}：Cd^{2+}与 S^{2-}生成黄色沉淀。若要消除其他金属离子的干扰，可在 KCN 存在时鉴定。

Hg^{2+}和 Hg_2^{2+}：Hg^{2+}可被 $SnCl_2$ 分步还原，还原产物由白色（Hg_2Cl_2）变为灰色或黑色（Hg）沉淀。

三、仪器与试剂

（除特别注明外，试剂浓度单位为 $mol \cdot L^{-1}$）

仪器：离心机，点滴板。

试剂：$CuSO_4$（0.1），$AgNO_3$（0.1），$ZnSO_4$（0.1），$CdSO_4$（0.1），$Hg(NO_3)_2$（0.1），Na_2S（0.1），Na_2SO_3（0.5），NaCl（0.1），KBr（0.1），KI（0.1），$Na_2S_2O_3$（0.1），$CuCl_2$（饱和），NaOH（2、6），HCl（浓），$NH_3 \cdot H_2O$（2，6，浓），H_2SO_4（1，2），HNO_3（1，浓），乙二胺（0.1），EDTA（0.1），$K_4[Fe(CN)_6]$（0.1），KSCN（质量分数 25%），葡萄糖（质量分数 10%），汞，铜片，TAA①。

四、实验步骤

请用表格报告实验结果。解释实验现象时，若涉及化学反应，均要求写出反应方程式。实验废液回收在指定容器中。

---

① 硫代乙酰胺（$CH_3-\overset{S}{\overset{\|}{C}}-NH_2$），简称为 TAA。

1．氢氧化物（或氧化物）的生成和性质

在数滴 $CuSO_4$ 溶液中，滴加适量的 2 mol·L^{-1} NaOH 溶液，生成沉淀后离心分离。将沉淀分成 3 份，其中 1 份加热，试验其对热的稳定性；其他 2 份分别试验沉淀在 6 mol·L^{-1} NaOH 和 2 mol·L^{-1} H_2SO_4 溶液中溶解的情况。

分别用 $ZnSO_4$、$CdSO_4$、$AgNO_3$ 和 $Hg(NO_3)_2$ 溶液代替 $CuSO_4$ 溶液，将制得的沉淀分别试验其对热、对稀酸和强碱作用的情况。

2．配合物

（1）氨合物：在 $AgNO_3$ 溶液中滴加 2 mol·L^{-1} $NH_3·H_2O$，观察沉淀的生成与溶解。再用沉淀溶解后的溶液试验其对热稳定性和与酸、碱作用的情况。

分别用 $CuSO_4$、$ZnSO_4$ 和 $CdSO_4$ 溶液代替 $AgNO_3$ 溶液重复上述实验。

（2）铜的其他配合物

①取几滴 $CuSO_4$ 溶液于试管中，先滴加 2 mol·L^{-1} $NH_3·H_2O$ 至使生成的沉淀溶解，再加乙二胺溶液，观察溶液颜色的变化，再滴加 EDTA 溶液，溶液颜色又有何变化？比较以上 3 种铜的配合物的稳定性并解释之。

②试验 $CuSO_4$ 溶液与 $K_4[Fe(CN)_6]$溶液的作用，观察沉淀的颜色。此反应常用于鉴定 Cu^{2+}离子。

（3）配合反应与沉淀反应：利用实验提供的试剂 $AgNO_3$、NaCl、KBr、KI、Na_2SO_3 和 2 mol·L^{-1} $NH_3·H_2O$ 等溶液设计试管实验，比较 AgCl、AgBr、AgI 的溶解度和 $Ag(NH_3)_2^+$、$Ag(S_2O_3)_2^{3-}$稳定性的大小。

3．Cu（Ⅱ）与 Cu（Ⅰ）的相互转化

（1）氧化亚铜的生成和性质：在数滴 $CuSO_4$溶液中加入过量的 6 mol·L^{-1} NaOH 溶液，使生成的沉淀溶解后再加入数滴葡萄糖溶液。摇匀，水浴微热，观察现象。将沉淀离心分离，弃去清液，沉淀用蒸馏水洗涤后加入 2 mol·L^{-1} H_2SO_4溶液，水浴加热，观察沉淀溶解的情况，溶液的颜色，剩余沉淀是何物？

（2）碘化亚铜的形成：取数滴 $CuSO_4$ 溶液于离心试管中，滴加 KI 溶液，观察现象。CuI 是什么颜色？如何消除 I_2 颜色的干扰？

（3）CuCl 的形成：在小烧杯中，加入约 1 mL 饱和的 $CuCl_2$ 溶液和约 2 mL 浓 HCl，再加入少许铜屑，小火加热片刻，此时溶液颜色加深，继续加热微沸片刻，待溶液颜色由深变浅时，将溶液倾入约 100 mL 水中，观察产物的颜色和状态。

4．汞的化合物

（1）HgS 的生成与性质：于两支离心试管中，各加入 2 滴 $Hg(NO_3)_2$ 溶液，分别滴加 TAA 溶液，观察沉淀的颜色。离心分离，弃去清液，将沉淀洗涤后，于一支试管加入 Na_2S 溶液，观察现象。于另一支试管加入几滴 6 mol·L^{-1} HNO_3 溶液，搅匀、观察沉淀是否溶解，若不溶解再滴加几滴王水（HNO_3∶浓 HCl＝1∶3）搅匀，此时有何变化？

（2）Hg^{2+}配合物的生成及其应用

①在 2 滴 $Hg(NO_3)_2$ 溶液中，逐滴加入 KI 溶液，观察沉淀的颜色。继续加入 KI，观察沉淀的溶解，再加入几滴 2 $mol \cdot L^{-1}$ NaOH 溶液并摇匀。然后试验上述溶液与 NH_4Cl 溶液作用的情况。

②取 2 滴 $Hg(NO_3)_2$ 溶液于试管中，加入数滴 KSCN 溶液，观察现象。将溶液分成两份，分别试验该溶液与硫酸锌溶液和氯化钴溶液作用的情况。此反应常用来鉴定 Zn^{2+}和 Co^{2+}。

5. Hg（Ⅱ）和 Hg（Ⅰ）的相互转化

（1）取 2 滴 $Hg(NO_3)_2$ 溶液于试管中，加入数滴 NaCl 溶液，观察现象。再加入 2 $mol \cdot L^{-1}$ $NH_3 \cdot H_2O$，有何变化？

（2）取 4 滴 $Hg(NO_3)_2$ 溶液于试管中，加入 1 滴汞（小心取用，切勿洒出瓶外），振荡试管。将清液转移至另外两支试管（余下的汞要回收），于其中一支加入数滴 NaCl 溶液，观察现象。于另一支加入几滴 2 $mol \cdot L^{-1}$ $NH_3 \cdot H_2O$，观察现象。并与（1）实验做比较。

五、思考题

1. 久置的$[Ag(NH_3)_2]^+$碱性溶液，有产生氮化银 Ag_3N 的危险，应采用什么办法来破坏$[Ag(NH_3)_2]^+$？

2. Hg 和 Hg^{2+}有剧毒，实验时应注意些什么？

3. 总结 Cu^{2+}—Cu^+，Hg^{2+}—Hg_2^{2+}相互转化的条件。

*4. 有两位学生（A，B）做 HgS 的溶解实验，他们都以 $HgCl_2$ 溶液与 TAA 反应制得 HgS 沉淀。当试验沉淀与 HNO_3 作用时，学生 A 制得的 HgS 不溶解于 HNO_3，而学生 B 制得的 HgS 却可溶于 HNO_3。试分析两位学生的实验产生不同结果的原因。从中可得到什么启发？

*5. 试分析为什么在 $CuSO_4$ 溶液中加入 KI 即产生 CuI 沉淀，而加入 KCl 溶液时却不出现 CuCl 沉淀？

实验二十九　卤素

一、实验目的

✧ 了解卤素单质的溶解性。

✧ 了解卤素单质氧化性和卤素离子还原性强弱的变化规律。

✧ 掌握氯的含氧酸及其盐的氧化性。

✧ 学习卤素离子的鉴定方法。

二、实验原理

氟、氯、溴、碘是ⅦA 族元素，总称卤素。卤素原子的价电子构型为 ns^2np^5，化合物中最常见的氧化值为-1。除氟以外、氯、溴、碘也有氧化值为+1、+3、+5、+7 的化合物。

卤素单质在水中的溶解度都很小（氟与水要发生剧烈的化学反应），而在有机溶剂里溶解度较大，所以当溶液中有 Br^-、I^-时可用氧化剂将它们氧化成 Br_2、I_2，再用 CCl_4 等来萃取。在 CCl_4 中，Br_2 显橙色，I_2 显紫红色，借此可以鉴定 Br^-、I^-的存在。

从电对 X_2/X^-的电极电势来看，卤素单质都是氧化剂；而卤素离子都具有还原性。

$$I_2 + 2e^- \rightleftharpoons 2I^- \qquad E^\ominus = 0.534\,5\ V$$

$$Br_2 + 2e^- \rightleftharpoons 2Br^- \qquad E^\ominus = 1.065\ V$$

$$Cl_2 + 2e^- \rightleftharpoons 2Cl^- \qquad E^\ominus = 1.36\ V$$

卤素单质按 Cl_2—Br_2—I_2 的顺序，前者可从后者的卤化物中将其置换出来。

卤化氢易溶于水，其水溶液称为氢卤酸。氢氟酸是一个弱酸，其余均为强酸，并且具有一定的还原性，其中 HI 的还原性最强，能被空气中的氧所氧化：

$$4H^+ + 4I^- + O_2 \rightleftharpoons 2I_2 + 2H_2O$$

氧化生成的 I_2 能与 I^-结合成红棕色的 I_3^-，因此，碘化物溶液长期存放时会有颜色：

$$I_2 + I^- \rightleftharpoons I_3^-$$

氢氟酸不同于其他氢卤酸，它能与二氧化硅、硅酸盐作用生成气态 SiF_4：

$$SiO_2 + 4HF \rightarrow SiF_4\uparrow + 2H_2O$$

$$CaSiO_3 + 6HF \rightarrow SiF_4\uparrow + CaF_2 + 3H_2O$$

玻璃的主要成分是硅酸盐，所以，HF 不能存放在玻璃瓶中。但是，HF 的这一特性，则可用于破璃的刻蚀加工和溶解二氧化硅及各种硅酸盐。

卤素溶解于水时，部分能与水发生作用，并且存在着下列平衡：

$$X_2 + H_2O \rightleftharpoons H^+ + X^- + HXO$$

因此，在氯的水溶液（称为氯水）中加入碱时，平衡向右移动，并生成氯化物和次氯酸盐。次氯酸和次氯酸盐都是强氧化剂，具有漂白性。例如：

$$NaClO + 2HCl \longrightarrow Cl_2\uparrow + NaCl + H_2O$$
$$NaClO + 2KI + H_2O \longrightarrow I_2\downarrow + NaCl + KOH$$
$$2NaClO + MnSO_4 \longrightarrow MnO_2\downarrow + Cl_2\uparrow + Na_2SO_4$$

卤酸盐在酸性溶液中都是较强的氧化剂，在碱性溶液中氧化性较弱，从有关电对的电极电势（$E^{\ominus}_{XO_3^-/X^-}$）可以看出，氯酸盐是卤酸盐中较强的氧化剂，例如：

$$KClO_3 + 6HCl \xrightarrow{\triangle} 3Cl_2\uparrow + KCl + 3H_2O$$
$$KClO_3 + 6FeSO_4 + 3H_2SO_4 \longrightarrow 3Fe_2(SO_4)_3 + KCl + 3H_2O$$
$$KClO_3 + 6KBr + 3H_2SO_4 \xrightarrow{\triangle} 3Br_2 + KCl + 3K_2SO_4 + 3H_2O$$
$$KClO_3 + 6KI + 3H_2SO_4 \longrightarrow 3I_2\downarrow + KCl + 3K_2SO_4 + 3H_2O$$

在酸性溶液中，$HClO_3$还能将I_2进一步氧化成HIO_3：

$$2HClO_3 + I_2 \longrightarrow 2HIO_3 + Cl_2$$

从可形成银盐沉淀的阴离子来看，除了一些弱酸根离子如 PO_4^{3-}、CO_3^{2-}、SO_3^{2-}、S^{2-}等以外，就是卤素离子，而这些弱酸根离子和 Ag^+形成的沉淀可以溶于 HNO_3，而 AgCl、AgBr 和 AgI 不溶于 HNO_3，所以 Cl^-、Br^-和 I^-的初步检验条件是在稀 HNO_3 酸性溶液中，加热，加 $AgNO_3$溶液。加热既可排除 S^{2-}干扰，又可促使卤化银凝聚。

另外，AgCl 在稀 $NH_3 \cdot H_2O$ 中可溶，而 AgBr 在浓度较大的 $NH_3 \cdot H_2O$ 中可部分溶解，为了使 AgCl 和 AgBr 分离完全，故可利用银氨溶液（$AgNO_3$ 的氨溶液）代替纯氨水。在银氨溶液中，存在着平衡 $Ag^+ + 2NH_3 \rightleftharpoons [Ag(NH_3)_2]^+$，由于未化合的氨浓度较小，而溶液中又有一定量的$[Ag(NH_3)_2]^+$和 Ag^+，这样就可使 AgCl、AgBr、AgI 混合沉淀中的 AgBr、AgI 仍以沉淀存在，而 Cl^-进入溶液中。

三、仪器与试剂

1．仪器

离心机。

2．试剂

固体：碘，锌粉，$FeSO_4 \cdot 7H_2O$，NaF。

酸：H_2SO_4（2 mol·L^{-1}），HCl（2 mol·L^{-1}），HNO_3（2 mol·L^{-1}），HF（市售，含量不少于 40%）。

碱：NaOH（2 mol·L^{-1}），NH_3（2 mol·L^{-1}，浓）。

盐：NaCl（0.1 mol·L^{-1}），KBr（0.1 mol·L^{-1}，s），KI（0.1 mol·L^{-1}），$KClO_3$（饱和溶液）。

其他：银氨溶液，新配氯水，溴水，碘水，淀粉溶液，品红溶液，Cl^-、Br^-、I^-的混合溶液，四氯化碳，淀粉碘化钾试纸，醋酸铅试纸，石蜡，H_2O_2（3%），玻璃片（3 cm×5 cm），塑料滴管，塑料手套。

四、实验步骤

1. 氯、溴、碘单质的溶解性

（1）在三支试管中，第一支中加新配氯水 1 mL，另两支中各加溴水和碘水 0.5 mL（或各加 1 mL 水，然后在一支水中加 2 滴溴水。另一支水中加 1 小粒碘，振荡试管）观察、记录颜色。

（2）在以上三支试管中，各加入 10 滴 CCl_4，振荡试管，观察、记录 CCl_4 层和水层的颜色。

由上述实验现象作出卤素单质溶解性的解释。

2. 自行设计实验，确证卤素单质间的置换顺序

要求：

（1）通过实验证明氯能置换出溴，溴能置换出碘。

（2）所做实验应有现象变化或能够检出某一产物的现象变化来说明。

（3）在 KBr、KI 的混合液中，加数滴 CCl_4，用氯水证明置换顺序。

（4）从（1）、（2）、（3）实验结果，说明氯、溴、碘氧化性相对强弱的变化规律，写出有关反应方程式，并用有关电对的电极电势值予以说明。

3. 卤素离子的还原性的比较

（1）往盛有少量氯化钠固体的试管中加入 1 mL 浓 H_2SO_4，有何现象？用玻璃棒蘸一些浓 $NH_3·H_2O$，移近试管口以检验气体产物。写出反应式并加以解释。

（2）往盛有少量溴化钾固体的试管中加入 1 mL 浓 H_2SO_4，有何现象？用湿的淀粉碘化钾试纸移近管口以检验气体产物。写出反应式并加以解释。

（3）往盛有少量碘化钾固体的试管中加入 1 mL 浓 H_2SO_4，有何现象？把湿的醋酸铅试纸移近管口以检验气体产物。写出反应式并加以解释。

综合上述三个实验，说明氯、溴和碘离子的还原性强弱的变化规律。

4. 氢氟酸对玻璃的腐蚀性

在一块洗净、擦干的玻璃片上，均匀地涂上一薄层石蜡，然后用针头或刀尖在玻璃片中间刻字或花纹（注意，笔迹一定要穿透石蜡，露出玻璃），在通风柜中小心用塑料滴管吸取（或用毛笔蘸取）少量氢氟酸①，滴或涂在笔迹上（也可在笔迹

① 氟化氢气体有毒，吸入会使人中毒。氢氟酸能灼伤皮肤，所以操作要在通风柜中进行，小心防止溅在皮肤上（最好戴上塑料手套）。

上撒一薄层 NaF，然后在 NaF 上小心滴加浓硫酸），放在通风柜中。至实验结束时，用镊子将玻璃片放在盛水的烧杯中，再取出用水冲洗一下，刮去玻璃片上的石蜡。观察、记录现象，写出反应方程式。

5．氯的含氧酸及其盐的氧化性

（1）次氯酸钠及次氯酸的氧化性。

取氯水约 4 mL，加入 2 $mol\cdot L^{-1}$ NaOH 溶液 1～2 滴（用 pH 试纸检查溶液刚到碱性即止），将溶液分成 3 份。

①在第一支试管中加入 0.1 $mol\cdot L^{-1}$ KI 溶液 3～5 滴，再加 2～3 滴淀粉溶液，观察、记录现象。

②在第二支试管中加入 2 $mol\cdot L^{-1}$ HCl 溶液 4～6 滴，试证明有氯气生成，写出有关反应方程式。

③在第三支试管中逐滴加入品红溶液，观察品红颜色是否褪去。

由上述实验结果，试对次氯酸及其盐的性质作出结论。

（2）自行设计实验，试验氯酸盐的氧化性与介质酸碱性的关系。

要求：①氯酸盐在中性介质中氧化性如何？氯酸盐在酸性介质中氧化性如何？

②每一实验做两个试验内容。

6．卤素离子的鉴定

（1）卤化银的溶解度

在分别盛有 0.5 mL 浓度均为 0.1 $mol\cdot L^{-1}$ 的 NaCl、KBr 和 KI 溶液的 3 支试管中，滴加 0.1 $mol\cdot L^{-1}$ $AgNO_3$ 溶液 0.5 mL，观察并比较反应产物的颜色和状态。微热后离心分离，弃去上清液。在沉淀中分别滴加 2 $mol\cdot L^{-1}$ $NH_3\cdot H_2O$，有何现象？对沉淀不能溶解的试管再进行离心分离，弃去上清液，在沉淀中滴加 0.1 $mol\cdot L^{-1}$ $Na_2S_2O_3$ 溶液，充分振荡，有何现象？写出反应方程式。

根据以上实验，说明能否根据卤化银的颜色和溶解性鉴定卤素离子？

（2）Cl^-，Br^-和 I^-混合离子溶液的分离和鉴定

取 Cl^-，Br^-和 I^-混合试液 2～3 滴，加 1 滴 6 $mol\cdot L^{-1}$ HNO_3 溶液酸化，加 0.1 $mol\cdot L^{-1}$ $AgNO_3$ 溶液至沉淀完全，水浴加热 2 min，离心分离（沉淀沉降后，在上清液中再加入 1 滴 $AgNO_3$ 以检查卤素离子是否已沉淀完全，如还有沉淀产生，则需再加 $AgNO_3$ 溶液，直至无沉淀产生为止）。弃去上清液，沉淀中加入银氨溶液 5～10 滴，剧烈搅拌，并温热 1 min，离心沉降。溶液以下述方法①处理，沉淀以下述方法②处理。

① Cl^-的鉴定

溶液以 6 $mol\cdot L^{-1}$ HNO_3 溶液酸化，若白色沉淀又出现，表示有 Cl^-存在（形成 AgCl 沉淀，加 $NH_3\cdot H_2O$ 沉淀溶解，再加 HNO_3 酸化，沉淀重新出现，这种方法同样可用来鉴定 Ag^+的存在）。

② Br^-和I^-的鉴定

沉淀加入5～8滴2 $mol \cdot L^{-1}$ H_2SO_4溶液及少量锌粉，充分搅拌，加热至沉淀颗粒都变为黑色，离心沉降，弃去沉淀。

在清液中加入2 $mol \cdot L^{-1}$ H_2SO_4溶液酸化，加入CCl_4 0.5 mL，逐滴加入氯水，不断振荡。若CCl_4层呈紫色，表示有I^-存在。继续滴加氯水，边加边振荡，若CCl_4层紫色褪去而变为橙黄色或黄色，则表示有Br^-存在。

7．未知物的鉴定

领取未知溶液一份，其中可能含有 K^+，Mg^{2+}，Ba^{2+}，Cl^-，Br^-，I^-中的某些离子，但不超过这些离子中的3种，请用简便方法鉴定未知液中所含的离子。

五、思考题

1．在鉴定Cl^-，Br^-和I^-的混合溶液时，滴加氯水，先出现什么颜色？为什么？写出Cl^-，Br^-，I^-分离鉴定中的有关反应方程式。

2．下列两组物质：

（1）Cl_2、Br_2、I_2的水溶液

（2）Cl^-、Br^-、I^-的水溶液

你能用什么方法将它们分别鉴定出来？依据的原理是什么？

3．在 Cl^-，Br^-，I^-混合离子的分离和鉴定中，用锌粉与 AgBr，AgI 沉淀反应时，为什么要加2 $mol \cdot L^{-1}$ H_2SO_4？

4．要使0.1 mol AgBr溶于氨水生成$[Ag(NH_3)_2]^+$时，氨水浓度至少是多少？

实验三十　过氧化氢和硫的化合物

一、实验目的

✧ 试验并了解H_2O_2的某些重要性质。

✧ 试验并了解S的某些化合物的性质。

✧ 掌握S^{2-}、$SO_3{}^{2-}$、$S_2O_3{}^{2-}$和$SO_4{}^{2-}$的分离和鉴定方法。

二、实验原理

1．H_2O_2

纯的H_2O_2是近于无色的黏稠液体。但通常所用的是质量分数3%或30%的H_2O_2水溶液。

H_2O_2分子中含有过氧基（—O—O—），由于过氧基的键能较小，所以H_2O_2分

子不稳定，特别是光照、加热和增大溶液的碱度，可加快其分解，某些重金属离子对 H_2O_2 的分解也有加速作用。在 H_2O_2 中，氧的氧化值为-1，处于中间氧化态，因此它既有氧化性又有还原性。但在酸性介质中，其氧化性表现尤为突出。

在铬酸盐的酸性溶液中，加入 H_2O_2，则生成深蓝色的过氧化铬 $CrO(O_2)_2$：

$$HCrO_4^- + 2H_2O_2 + H^+ \longrightarrow \underset{\text{（深蓝色）}}{CrO(O_2)_2} + 3H_2O$$

$CrO(O_2)_2$ 不稳定，立即分解放出氧气并生成 Cr^{3+}，蓝色消失。

$$4CrO(O_2)_2 + 12H^+ \longrightarrow 4Cr^{3+} + 7O_2\uparrow + 6H_2O$$

由于 $CrO(O_2)_2$ 能与某些有机溶剂如乙醚、戊醇等形成比较稳定的配合物。故此反应常用来鉴定 H_2O_2 和 Cr（Ⅵ）。

2．硫的某些重要化合物及其性质

硫的标准电极电势图 $E_A^\ominus$/V（方括号内为碱性溶液中的形态和 $E_B^\ominus$/V）如下：

$$S_2O_8^{2-} \xrightarrow{+2.01} SO_4^{2-} \underset{[-0.93]}{\xrightarrow{+0.17}} \underset{[SO_3^{2-}]}{H_2SO_3} \underset{[-0.57]}{\xrightarrow{+0.4}} S_2O_3^{2-} \underset{-0.74}{\xrightarrow{+0.50}} S \underset{[-0.508]}{\xrightarrow{+0.14}} \underset{[S^{2-}]}{H_2S}$$

硫的氢化物有 H_2S 和 H_2S_x（当 $x=2$ 时为过硫化氢），其相应的盐是硫化物和多硫化物。由于 S^{2-}的半径比较大，其变形性大，与重金属离子结合为硫化物时，其化学键显共价性，难溶于水，且各硫化物有明显的颜色和难溶程度不同，故常用硫化物的生成和溶解来分离和鉴定离子。在可溶性的硫化物浓溶液中加入硫粉时，硫溶解而生成相应的多硫化物：

$$Na_2S + (x-1)S \longrightarrow Na_2S_x$$
$$(NH_4)_2S + (x-1)S \longrightarrow (NH_4)_2S_x$$

多硫化物在酸性溶液中很不稳定，易歧化分解为 H_2S 和 S：

$$S_2^{2-} + 2H^+ \longrightarrow H_2S\uparrow + S$$

硫在许多化合物中，可取代氧而生成硫代化合物。常见和重要的硫代化合物有硫代硫酸钠（$Na_2S_2O_3$）和硫代乙酰胺（$CH_3-\overset{\overset{\displaystyle S}{\|}}{C}-NH_2$，简称为 TAA）等。

由于 $S_2O_3^{2-}$中，两个 S 原子的平均氧化值为+2，故 $S_2O_3^{2-}$具有还原性，是一个中等强度的还原剂。例如：

$$2S_2O_3^{2-} + I_2 \longrightarrow S_4O_6^{2-} + 2I^-$$

$$S_2O_3^{2-} + 4Cl_2 + 5H_2O \longrightarrow 2SO_4^{2-} + 8Cl^- + 10H^+$$

$S_2O_3^{2-}$还具有很强的配位能力，例如：

$$AgBr + 2S_2O_3^{2-} \longrightarrow [Ag(S_2O_3^{2-})_2]^{3-} + Br^-$$

另外，$S_2O_3^{2-}$在强酸性溶液中（pH＜4.6），立即分解：

$$S_2O_3^{2-} + 2H^+ \longrightarrow SO_2\uparrow + S\downarrow + H_2O$$

TAA 在加热时与酸或碱反应，能缓慢地释放出 H_2S 或 S^{2-}。故在分析化学中，常用来代替 H_2S 溶液或 Na_2S 溶液作为金属离子的沉淀剂（具有安全、沉淀均匀等优点）。

硫还能形成过硫酸，常见的是过二硫酸（$H_2S_2O_8$）及其盐（$K_2S_2O_8$或$(NH_4)S_2O_8$）。过二硫酸盐的氧化性很强。例如：

$$5S_2O_8^{2-} + 2Mn^{2+} + 8H_2O \longrightarrow 2MnO_4^- + 10SO_4^{2-} + 16H^+$$

3．S^{2-}、SO_3^{2-}、$S_2O_3^{2-}$和 SO_4^{2-}的分离与检出

（1）SO_4^{2-}的检出：试液用 HCl 酸化，在所得清液中加入 $BaCl_2$ 溶液，生成白色 $BaSO_4$沉淀，表示有 SO_4^{2-}存在。

（2）S^{2-}的检出：试液中 S^{2-}含量多时，可酸化试液，用 $Pb(Ac)_2$试纸检查 H_2S。S^{2-}含量少时，可在碱性溶液中加入 $Na_2[Fe(CN)_5NO]$溶液检验。

$$S^{2-} + [Fe(CN)_5NO]^{2-} = [Fe(CN)_5(NOS)]^{4-}$$

（紫红色）

由于 S^{2-}干扰 SO_3^{2-}和 $S_2O_3^{2-}$的检出，因此在检出 SO_3^{2-}和 $S_2O_3^{2-}$前必须除去 S^{2-}。其方法是加入固体 $CdCO_3$，借助沉淀的转化，将 S^{2-}变成 CdS 沉淀而除去，SO_3^{2-}和 $S_2O_3^{2-}$则留在溶液中。

（3）$S_2O_3^{2-}$的检出：在除去 S^{2-}的溶液中加入稀 HCl 并加热，溶液变浑浊，表示有 $S_2O_3^{2-}$。

$$S_2O_3^{2-} + 2H^+ \longrightarrow SO_2\uparrow + S\downarrow + H_2O$$

也可在试液中加入过量的 $AgNO_3$ 溶液，则生成白色 $Ag_2S_2O_3$ 沉淀。此沉淀不稳定，立即水解，水解过程中迅速出现一系列层次可辨的颜色变化，由白→黄→棕，最终成为黑色的 Ag_2S 沉淀：

$$Ag_2S_2O_3 + H_2O \longrightarrow Ag_2S\downarrow + SO_4^{2-} + 2H^+$$

（4）SO_3^{2-}的检出：$S_2O_3^{2-}$干扰 SO_3^{2-}的检出，故在检出 SO_3^{2-}之前应把它除去。方法是在除去 S^{2-}的溶液中加入 $SrCl_2$ 溶液，因 $SrSO_3$ 和 $SrSO_4$ 溶解度很小而生成沉淀，而 $S_2O_3^{2-}$留在溶液中，过滤后，在沉淀中加 HCl，并滴入 I_2—淀粉溶液，若溶液褪色，则表示有 SO_3^{2-}存在。

S^{2-}、SO_3^{2-}、$S_2O_3^{2-}$和 SO_4^{2-}混合离子的分离与检出步骤图示如下：

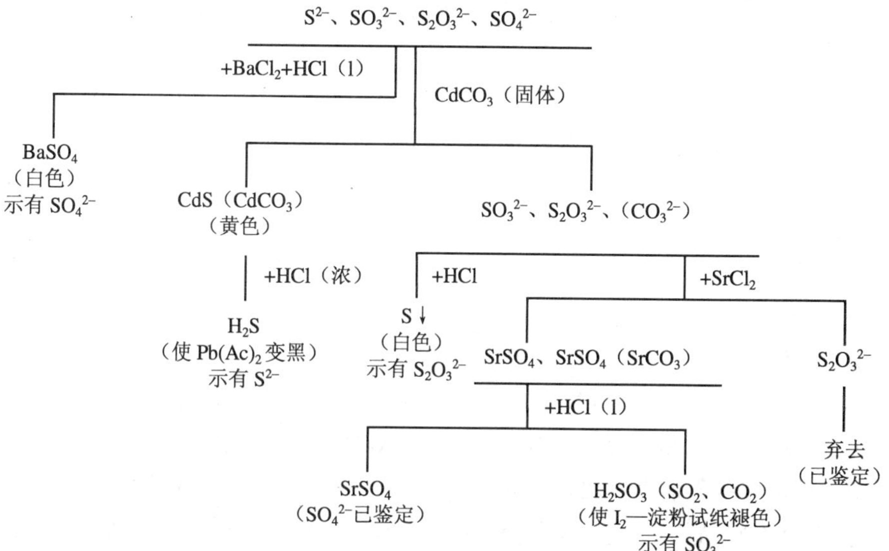

三、仪器与试剂

仪器：离心机，刻度离心试管，酒精灯。

试剂：$MnSO_4$（0.1 mol·L^{-1}），$K_2Cr_2O_7$（0.1 mol·L^{-1}），Na_2SO_4（0.1 mol·L^{-1}），Na_2S（0.1 mol·L^{-1}），$(NH_4)_2S$（饱和，新配制），$AgNO_3$（0.1 mol·L^{-1}），H_2O_2（质量分数 3%），$Na_2S_2O_3$（0.1 mol·L^{-1}），Na_2SO_3（0.1 mol·L^{-1}），$ZnSO_4$（0.1 mol·L^{-1}），$CdSO_4$（0.1 mol·L^{-1}），$FeCl_3$（0.1 mol·L^{-1}），TAA（质量分数 5%），$Na_2[Fe(CN)_5NO]$（质量分数 1%），HCl（6 mol·L^{-1}、2 mol·L^{-1}、1 mol·L^{-1}），H_2SO_4（2 mol·L^{-1}），NaOH（2 mol·L^{-1}），$NH_3·H_2O$（2 mol·L^{-1}），汞，乙醚，硫粉，碘水，$K_2S_2O_8$（s），MnO_2（s），pH 试纸，$Pb(Ac)_2$ 试纸。

四、实验步骤

在解释下列实验现象时，若涉及化学反应，均要求写出方程式。

1. H_2O_2 的性质

（1）H_2O_2 的分解：4 支试管各加入质量分数为 3%的 H_2O_2 溶液 2 mL，然后在第一支试管中加入数滴 2 mol·L^{-1} NaOH 溶液；在第二支试管中加入数滴 $FeCl_3$ 溶液；在第三支试管中加入几粒 MnO_2；第四支试管留作对照。将 4 支试管同时放在水浴上加热，观察并比较各试管中 H_2O_2 分解的情况。

（2）H_2O_2 的氧化还原性。

①在 1 mL 质量分数为 3%的 H_2O_2 溶液中，加入数滴 $MnSO_4$ 溶液，然后滴加 2 mol·L^{-1} NaOH 溶液，观察现象。最后再滴加 1 mol·L^{-1} H_2SO_4 溶液酸化，又发生什么变化？解释现象。

②在一只 50 mL 小烧杯中，加入约 20 mL 质量分数为 3%的 H_2O_2 溶液，再放入一小颗汞（黄豆般大小），观察 H_2O_2 在汞表面分解和汞表面的变化（由教师做演示实验）。解释现象。

（3）H_2O_2 的鉴定：在一试管中加入 1 mL 质量分数为 3%的 H_2O_2 溶液，加数滴乙醚和数滴 2 mol·L^{-1} H_2SO_4，再滴加 $K_2Cr_2O_7$ 溶液，振荡试管，观察溶液和乙醚层颜色的变化。

2. H_2S 的还原性和 S^{2-}的鉴定

（1）在试管中加入数滴 Na_2SO_3 溶液和 Na_2S 溶液，然后用稀硫酸酸化。

（2）取少量 Na_2S 溶液，试验 S^{2-}与 $Na_2[Fe(CN)_5NO]$的作用。

3. 多硫化物的制备和性质

将少量的硫粉加入饱和$(NH_4)_2S$ 溶液，加热至沸，观察硫粉的溶解及溶液颜色的变化。将上述溶液离心分离，取少量清液，逐滴加入 6 mol·L^{-1} HCl 溶液，观察现象，并检验 H_2S 气体的生成。

4. 硫代硫酸盐的性质

（1）取 1 mL $Na_2S_2O_3$ 溶液，滴加 1～2 滴 $AgNO_3$，振荡试管，观察现象。

（2）取 2～3 滴 $AgNO_3$ 溶液，逐滴加入 $Na_2S_2O_3$ 溶液，观察变化。

（3）往 $Na_2S_2O_3$ 溶液中滴加碘水，观察溶液颜色的变化。

（4）往 $Na_2S_2O_3$ 溶液中滴加 2 mol·L^{-1} HCl 溶液，观察现象。

5. 过二硫酸盐的氧化性

在试管中加入 1 滴 $MnSO_4$ 溶液和 5 mL 3 mol·L^{-1} H_2SO_4 溶液，混匀后分成两份。

（1）往一份溶液中加入 1 滴 $AgNO_3$ 溶液和少量 $K_2S_2O_8$ 固体，微热之，观察溶液颜色的变化。

（2）往另一份溶液中只加少量 $K_2S_2O_8$ 固体，微热之，观察溶液颜色有无变化。

比较上面两个实验的结果并解释之。

五、思考题

1. 为什么 H_2O_2 既可作氧化剂又可作还原剂？在什么条件下，H_2O_2 可将 Mn^{2+} 氧化为 MnO_2？在什么条件下，MnO_2 又能将 H_2O_2 氧化而产生 O_2？

2. 长久放置的 H_2S、Na_2S 和 Na_2SO_3 溶液会发生什么变化？为什么？

3. 实验室用酸分解 FeS 以制备 H_2S 时，应选用什么酸（HCl，HNO_3 或浓 H_2SO_4）？为什么？

4. $Na_2S_2O_3$ 溶液与 $AgNO_3$ 溶液反应时，为什么有时生成 Ag_2S 沉淀，而有时却生成 $[Ag(S_2O_3)_2]^{3-}$ 配离子？

5. 在鉴定 $S_2O_3^{2-}$ 和 SO_3^{2-} 之前，如何除去 S^{2-} 的干扰？

6. 通过计算说明，用 H_2S 饱和水溶液分离 Cd^{2+} 和 Zn^{2+} 时，溶液的酸度应控制在什么范围内才能使两种离子顺利地沉淀分离？（有关数据查附表）

注释

硫化氢具有强烈的臭鸡蛋气味，是毒性较大的气体。主要引起中枢神经系统中毒，与呼吸酶中的铁质结合，使酶活性减弱，造成黏膜损害及呼吸系统损害。轻度产生头晕、头痛、呕吐，严重时可引起昏迷，意识丧失，窒息而致死亡。因此，凡涉及硫化氢参与的反应都应在通风橱内进行。

实验三十一　铁、钴、镍

一、实验目的

- ✧ 试验并掌握铁（Ⅱ）、钴（Ⅱ）、镍（Ⅱ）化合物的还原性和铁（Ⅲ）、钴（Ⅲ）、镍（Ⅲ）化合物的氧化性及规律。
- ✧ 试验并了解铁、钴、镍的络合物性质及其络合物在定性分析中的应用。

二、仪器与试剂

仪器：烧杯（200 mL），试管，试管夹，滴管。

试剂：$(NH_4)_2Fe(SO_4)_2{\cdot}6H_2O$（s），KCl（s），$NH_4Cl$（s），铜片，HCl（2 $mol{\cdot}L^{-1}$、6 $mol{\cdot}L^{-1}$，浓），铁屑，H_2SO_4（1 $mol{\cdot}L^{-1}$），HAc（2 $mol{\cdot}L^{-1}$），NaOH（2 $mol{\cdot}L^{-1}$，6 $mol{\cdot}L^{-1}$），氨水（2 $mol{\cdot}L^{-1}$、6 $mol{\cdot}L^{-1}$，浓），$K_4[Fe(CN)_6]$（0.1 $mol{\cdot}L^{-1}$），$K_3[Fe(CN)_6]$（0.1 $mol{\cdot}L^{-1}$），$CoCl_2$（0.1 $mol{\cdot}L^{-1}$），$NiSO_4$（0.1 $mol{\cdot}L^{-1}$），$(NH_4)_2Fe(SO_4)_2$（0.1 $mol{\cdot}L^{-1}$），KI（0.1 $mol{\cdot}L^{-1}$），$FeCl_3$（0.1 $mol{\cdot}L^{-1}$），$CuSO_4$（0.1 $mol{\cdot}L^{-1}$），KSCN（0.1 $mol{\cdot}L^{-1}$、

1 mol·L^{-1}），NH_4F（1 mol·L^{-1}），KNO_2（饱和），溴水，H_2O_2（质量分数为 3%），CCl_4，戊醇，二乙酰二肟（1%酒精溶液），碘化钾淀粉试纸。

三、实验步骤

（一）铁（Ⅱ）、钴（Ⅱ）、镍（Ⅱ）化合物的还原性

1．在溴水中

（1）在$(NH_4)_2Fe(SO_4)_2$ 溶液（自己配制）中加入几滴溴水，观察颜色的变化，检验 Fe（Ⅲ）的生成，写出反应式。

（2）在 $CoCl_2$ 和 H_2SO_4 溶液中，分别加入溴水，观察有何变化[与实验（1）比较]？

2．在碱性介质中

（1）在一支试管中放入 10 mL 蒸馏水和一些稀硫酸，煮沸以赶去溶于其中的空气，然后加入少量的$(NH_4)_2Fe(SO_4)_2·6H_2O$ 晶体，在另一支试管中加入 1 mL 6 mol·L^{-1} NaOH 溶液，小心煮沸以赶去空气，冷却后，用一滴管吸取 0.5 mL，插入$(NH_4)_2Fe(SO_4)_2$ 溶液（直至试管底部）内，慢慢放出 NaOH 溶液（整个操作过程都要避免将空气带进溶液中，为什么？）观察白色 $Fe(OH)_2$ 沉淀生成，振荡后放置一段时间，观察有何变化？写出反应式。

（2）在 $CoCl_2$ 溶液中，加入 6 mol·L^{-1} NaOH 溶液（先生成蓝色 Co(OH)Cl）继续加碱，直至生成粉红色的 $Co(OH)_2$ 沉淀，振荡后放置一段时间，观察有何变化？如不变（或变化很小）[与实验（1）比较]则加入数滴质量分数为 3%的 H_2O_2 溶液，再观察有何变化？写出反应式。

（3）在两份 $NiSO_4$ 溶液中，分别加入 6 mol·L^{-1} NaOH 溶液，观察亮绿色 $Ni(OH)_2$ 沉淀产生，在沉淀中加入质量分数为 3%的 H_2O_2 溶液和溴水，比较二者现象有何不同？写出反应式。

$$2Ni(OH)_2 + Br_2 + 2OH^- = \underset{\text{(棕黑色)}}{2NiO(OH)\downarrow} + 2Br^- + 2H_2O$$

根据试验结果比较铁（Ⅱ）、钴（Ⅱ）、镍（Ⅱ）化合物还原性的差异。

（二）铁（Ⅲ）、钴（Ⅲ）、镍（Ⅲ）化合物的氧化性

（1）取 $FeCl_3$ 溶液加入 NaOH 溶液制得 $Fe(OH)_3$ 沉淀，然后加入浓盐酸，观察现象。并用碘化钾淀粉试纸检验有无氯气产生，继续加入 5 滴 CCl_4 和 1 滴 0.1 mol·L^{-1} KI 溶液，观察现象。写出有关反应方程式。

（2）取 $CoCl_2$ 溶液加 NaOH 以制得 CoO(OH)沉淀，然后加入盐酸，观察现象，并用碘化钾淀粉试纸检查所放出的气体。将溶液加水稀释，观察颜色有何变化？

$$2CoO(OH)+6H^{+}+10Cl^{-}=2[Co(H_2O)_2Cl_4]^{2-}+Cl_2\uparrow$$

（3）取 $NiSO_4$ 溶液加 NaOH 以制得 NiO(OH)沉淀，然后加入盐酸，观察现象，并检查所放出的气体。

（三）铁（Ⅱ）的还原性和铁（Ⅲ）的氧化性

（1）在 $CuSO_4$ 溶液中加入少量纯铁屑，观察现象，写出反应式。

（2）在 $FeCl_3$ 溶液中加入一小块铜片，放置，观察现象写出反应式。

解释以上试验结果，总结（1）、（2）结果，二者有无矛盾？

（四）铁、钴、镍的配合物

1．铁的配合物

[本实验（1）、（2）、（3）均在点滴板上进行]

（1）试验亚铁氰化钾 $K_4[Fe(CN)_6]$溶液与溶液 $FeCl_3$ 的反应，观察深蓝色沉淀或溶胶（普鲁氏蓝）的生成（鉴定 Fe^{3+}的反应）。

（2）试验铁氰化钾 $K_3[Fe(CN)_6]$溶液与$(NH)_2Fe(SO_4)_2$ 溶液的反应，观察深蓝色沉淀（或胶体）（藤氏蓝）的生成（鉴定 Fe^{2+}的反应）。

（3）在 $FeCl_3$ 溶液中加入 KSCN 溶液，观察血红色的$Fe(SCN)_n^{3-n}$生成，然后在加入 1 mol·L^{-1} NH_4F 溶液，观察有何变化？试加以解释。

2．钴的络合物

（1）在 $CoCl_2$ 溶液中加入 0.5 mL 戊醇，再滴加 1 mol·L^{-1} KSCN 溶液，振荡，观察水相和有机相的颜色变化，这反应可用来鉴定 Co^{2+}。

（2）在少量 $CoCl_2$ 溶液中加入少量醋酸酸化，再加入少量 KCl 固体和少量 KNO_2 溶液，微热，观察黄色 $K_3[Co(NO_2)_6]$沉淀产生，这个反应可用来鉴定 K^+，反应式如下：

$$Co^{2+}+2H^{+}+NO_2^{-}=Co^{3+}+NO+H_2O$$
$$Co^{3+}+3K^{+}+6NO_2^{-}=K_3[Co(NO_2)_6]$$

（3）在少量 $CoCl_2$ 溶液中加入少许 NH_4Cl 固体，然后滴加浓氨水，观察黄褐色配合物$[Co(NH_3)_6]Cl_2$ 的生成：

$$CoCl_2+6NH_3\cdot H_2O\xrightarrow{NH_4Cl}[Co(NH_3)_6]Cl_2+6H_2O$$

静置一段时间，观察配合物颜色的改变。

$[Co(NH_3)_6]Cl_2$ 不稳定，在空气中易被氧化为橙红色的$[Co(NH_3)_5H_2O]Cl_3$。

3．镍的络合物

（1）在 $NiSO_4$ 溶液中滴加 6 mol·L^{-1} 氨水至生成的沉淀刚好溶解为止，观察现象，写出反应式。

分别试验此配合物溶液与 1 mol·L^{-1} H_2SO_4（注意：H_2SO_4 应沿试管内壁滴加）和 2 mol·L^{-1} NaOH 溶液的反应，以及加热和加水稀释对其稳定性的影响。

（2）在 5 滴 0.1 mol·L^{-1} $NiSO_4$ 溶液中，加入 5 滴 2 mol·L^{-1} 氨水，再加入 1 滴 1% 二乙酰二肟溶液，观察鲜红色沉淀生成，此反应可以鉴定 Ni^{2+}。

（五）氯化钴（Ⅱ）水合离子颜色变化

用玻璃棒蘸取 0.1 mol·L^{-1} $CoCl_2$ 溶液在白纸上写字，晾干后，放在火焰旁边小心烘干，观察字迹变蓝。（$[Co(H_2O)_6]^{2+}$ 是粉红色，无水 $CoCl_2$ 是蓝色）。

（六）鉴别混合离子

已知溶液中含有 Fe^{3+}、Co^{2+}和 Ni^{2+}三种离子，设计一方案，分别检出它们。

四、思考题

1．怎样以 $Fe(OH)_3$、$Co(OH)_3$ 和 $Ni(OH)_3$ 制得 $FeCl_2$、$CoCl_2$ 和 $NiCl_2$？

2．怎样鉴别 Fe^{3+}、Fe^{2+}、Co^{2+}和 Ni^{2+}？

3．比较 $Fe(OH)_3$、$Al(OH)_3$、$Cr(OH)_3$ 的性质，怎样利用这些性质把 Fe^{3+}、Al^{3+} 和 Cr^{3+}从混合溶液中分离出来？

实验三十二　邻二氮杂菲分光光度法测微量铁

一、实验目的

✧ 学习如何选择吸光光度分析的实验条件。

✧ 掌握用吸光光度法测定铁的原理及方法、基本操作及数据处理方法。

✧ 掌握分光光度计的使用方法。

二、实验原理

邻二氮杂菲（又称邻菲罗啉）是测定微量铁的高灵敏度、高选择性试剂。在 pH 2～9 的溶液中，该试剂与 Fe^{2+}生成稳定的红色络合物，其 $\log K_{稳}$=21.3，ε_{508}=1.1×10^4 L·mol^{-1}·cm^{-1}，其λ_{max} =508 nm。邻二氮杂菲与 Fe^{3+}也生成 3∶1 配合物，显淡蓝色，logβ=14.1。因此，为提高光度法测定铁的灵敏度，在显色前可用盐酸羟胺或抗坏血酸将全部 Fe^{3+}还原为 Fe^{2+}。

$$2Fe^{3+} + 2NH_2OH \cdot HCl = 2Fe^{2+} + N_2\uparrow + 2H_2O + 4H^+ + 2Cl^-$$

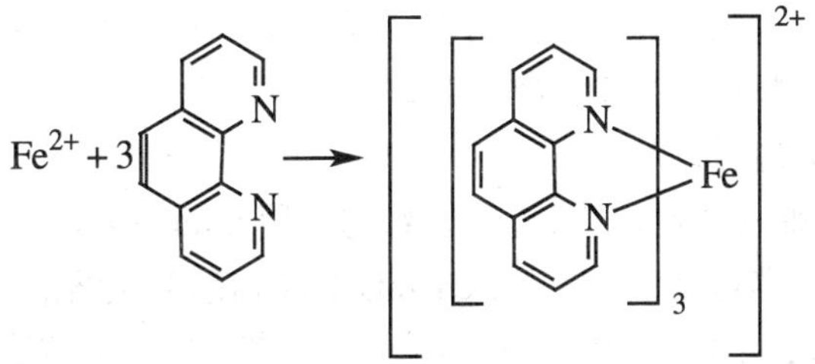

测定时，控制溶液酸度在 pH=5 左右较为适宜。酸度过高，反应进行较慢；酸度太低，则 Fe^{2+}水解，影响显色。

Bi^{3+}、Cd^{2+}、Hg^{2+}、Ag^+、Zn^{2+}等离子与显色剂生成沉淀，Ca^{2+}、Cu^{2+}、Ni^{2+}等离子与显色剂形成有色络合物。因此当这些离子共存时，应注意它们的干扰作用。

由于该显色反应受酸度、显色剂用量、温度等条件的影响，故光度法测定通常要研究吸收曲线、标准曲线、溶液酸度、显色剂用量、有色溶液的稳定性、温度、溶剂和干扰离子一系列问题。本实验只对吸收曲线、标准曲线、有色溶液的稳定性、溶液酸度、显色剂用量等进行试验，从中学习实验条件的拟定方法。

三、仪器与试剂

721 分光光度计，pH 试纸，精密 pH 试纸。

100 μg·mL^{-1} 的铁标准溶液（贮备液）：准确称取 0.864 g 分析纯的 $NH_4Fe(SO_4)_2 \cdot 12H_2O$，置于一烧杯中，以 30 mL 2 mol·L^{-1} HCl 溶液溶解后移入 1 000 mL 容量瓶中，以水稀释至刻度，摇匀。

10 μg·mL^{-1} 的铁标准溶液：由 100 μg·mL^{-1} 的铁标准溶液准确移取稀释 10 倍而成。

盐酸羟胺固体及 10%溶液（因其不稳定，需临时用时配），0.1%邻二氮杂菲（新配制），1 mol·L^{-1} NaAc 溶液，NaOH 溶液 0.4 mol·L^{-1}，未知铁溶液。

四、实验步骤

1．吸收曲线的绘制

准确移取 10 μg·mL^{-1} 铁标准溶液 5 mL 于 50 mL 容量瓶中，加入 10%盐酸羟胺 1 mL，摇匀，稍冷，加入 1 mol·L^{-1} NaAc 溶液 5 mL 和 0.1%邻二氮杂菲 3 mL，以水稀释至刻度，在分光光度计上，用 1 cm 比色皿，以水为参比溶液，用不同的波长从 570 nm 开始到 430 nm 为止，每隔 10 nm 或 20 nm 测定一次吸光度。然后以波长为横坐标，吸光度为纵坐标绘制吸收曲线，从吸收曲线上确定该测定的适宜波长。

2．邻二氮杂菲—亚铁络合物的稳定性

用上面溶液继续进行测定，其方法是在最大吸收波长（510 nm）处，每隔一定时间测定其吸光度。例如，在加入显色剂后立即测定一次吸光度，经 30 min、60 min、120 min 后，再各测一次吸光度，然后以时间（t）为横坐标，吸光度 A 为纵坐标绘制 A—t 曲线。此曲线表示了该络合物的稳定性。

3．显色剂用量的影响

取 50 mL 容量瓶（或比色管）7 只，编号，用 5 mL 移液管准确移取 10 μg·mL^{-1} 铁标准溶液 5 mL 于容量瓶中，各加入 1 mL 10%盐酸羟胺溶液，经 2 min 后，再加入 5 mL 1 mol·L^{-1} NaAc 溶液，然后分别加入 0.1%邻二氮杂菲溶液 0.3，0.6，1.0，1.5，2.0，3.0，4.0 mL，用水稀释到刻度，摇匀。在分光光度计上，用适宜的波长（510 nm），1 cm 比色皿，以水为参比，测定上述各溶液的吸光度。然后以加入的邻二氮杂菲的体积为横坐标，吸光度为纵坐标，绘制曲线，从中找出显色剂的最适宜的加入量。

4．溶液酸度对络合物的影响

准确移取 100 μg·mL^{-1} 铁标准溶液 5 mL 于 100 mL 容量瓶中，加入 5 mL 2 mol·L^{-1} HCl 溶液和 10 mL 10%盐酸羟胺溶液，经 2 min 后加入 0.1%邻二氮杂菲溶液 30 mL，以水稀释至刻度，摇匀，备用。取 50 mL 容量瓶 7 只，编号，用移液管分别准确移取上述溶液 10 mL 于各容量瓶中。在滴定管中装 0.4 mol·L^{-1} NaOH 溶液，然后依次在容量瓶中加入 NaOH 溶液 0.0，2.0，3.0，4.0，6.0，8.0，10.0 mL，以水稀释至刻度，摇匀，使各溶液的 pH 从小于等于 2 开始逐步增加至 12 以上。测定各容量瓶中溶液的 pH，先用 pH 1～14 广泛 pH 试纸粗略确定其 pH，然后进一步用精密 pH 试纸确定其较准确的 pH。同时在分光光度计上用适宜的波长（510 nm），1 cm 比色皿和水为空白测定各溶液的吸光度 A。最后以 pH 为横坐标，吸光度为纵坐标，绘制 A—pH 曲线，从曲线上找出适宜的 pH 范围。

根据上面的条件实验，拟出邻二氮杂菲分光光度法测定铁的分析步骤并讨论之。

***5．铁含量的测定**

（1）标准曲线的绘制

取 50 mL 容量瓶（或比色管）6 只，分别移取 10 μg·mL^{-1} 的铁标准溶液 2.0，4.0，6.0，8.0，10.0 mL 于 5 只容量瓶中，另一容量瓶中不加铁标准溶液（配制空白溶液，作对照）。然后各加入 1 mL 10%盐酸羟胺，摇匀，经 2 min 后，再各加 5 mL 1 mol·L^{-1} NaAc 溶液及 3 mL 0.1%邻二氮杂菲，以水吸稀释至刻度，摇匀。在分光光度计上，用 1 cm 比色皿，在最大吸收波长（510 nm）处，测定各溶液的吸光度。以铁含量为横坐标，吸光度为纵坐标，绘制标准曲线。

（2）未知液中铁含量的测定

吸取 5 mL 未知液代替标准溶液，其他步骤均同上，测定吸光度。由未知液的吸光度在标准曲线上查出 5 mL 未知液中的铁含量，然后以每毫升未知液中含铁的微克数表示结果。如果未知液的铁含量过高，可将试样稀释，使其在标准曲线的 2/3 左右处。

注意：（1）、（2）两项的溶液配置和吸光度测定宜同时进行。

（3）数据记录及结果分析

① 绘制曲线：吸收曲线；A—t 曲线；A—c 曲线；标准曲线。

② 对各项测定结果进行分析并作出结论。例如，从吸收曲线可得出，邻二氮杂菲—亚铁络合物在波长 510 nm 处吸光度最大，因此测定时宜选用的波长为 510 nm。

吸收曲线的绘制数据

波长/nm	吸光度 A
570	
550	
530	
520	
510	
500	
490	
470	
450	

邻二氮杂菲—亚铁络合物的稳定性

放置时间 t/min	吸光度 A
0	
30	
90	
120	

显色剂浓度的试验

容量瓶（或比色管）号	显色剂量 V/mL	吸光度 A
1		
2		
3		

标准曲线的绘制与铁含量的测定

试液编号	标准溶液的量 V/mL	总含铁量 m/μg	吸光度 A
1	0	0	
2	2.0	20	
3	4.0	40	
4	6.0	60	
5	8.0	80	
6	10.0	100	
未知液			

五、思考题

1．邻二氮杂菲分光光度法测定铁的适宜条件是什么？

2．铁离子标准溶液在显色前加盐酸羟胺的目的是什么？如测定一般铁盐的总铁量，需要加盐酸羟胺吗？

3．如用配制很久的盐酸羟胺溶液，对分析结果有影响吗？为什么？

4．怎样选择本实验中各种测定的参比溶液？

5．溶液的酸度对邻二氮杂菲—亚铁络合物的吸光度有影响吗？结果如何？

6．吸光光度测定时，一般情况下，吸光度宜位于标尺上什么范围？为什么？采用何种措施可控制溶液的吸光度在该范围内？

实验三十三　蛋壳中钙含量的测定（络合滴定法，酸碱滴定法，氧化还原法）

Ⅰ．络合滴定法

一、实验目的

✧ 进一步巩固掌握络合滴定的分析方法与原理。

✧ 学习使用络合掩蔽排除干扰离子影响的方法。

✧ 训练对实际试样中多种组分含量测定的一般步骤。

二、实验原理

鸡蛋壳的主要成分为 $CaCO_3$，其次为 $MgCO_3$、蛋白质、色素及少量的 Fe、Al。

在 pH＝10 时，用 K-B 作指示剂，EDTA 可直接测量 Ca^{2+}、Mg^{2+}总量，为提高络合反应的选择性，加入掩蔽剂三乙醇胺掩蔽 Fe^{3+}、Al^{3+}，以消除它们对 Ca^{2+}、Mg^{2+}测量的干扰。EDTA 与 Ca^{2+}的稳定常数为 $10^{10.67}$，故可在 pH=10 的氨缓冲溶液中用 EDTA 来测定 Ca^{2+}的含量。在 pH=10 时，钙镁同时被滴定，用 NaOH 沉淀掩蔽 Mg^{2+}，在 pH=12 时，可用 EDTA 单独滴定 Ca^{2+}的含量，二者之差即为 Mg^{2+}的含量。本实验中只测定钙镁总量。

三、试剂

EDTA，基准碳酸钙，K-B 指示剂，1∶2 三乙醇胺水溶液，pH=10 的氨缓冲溶液。

四、实验步骤

1．0.02 mol·L^{-1} EDTA 溶液的配制

称取若干克 $Na_2H_2Y·2H_2O$ 于烧杯中，加入适量蒸馏水并搅拌使其溶解（必要时可温热，以加快溶解），然后稀释至 400 mL，保存于试剂瓶中。

2．0.02 mol·L^{-1} 标准钙溶液的配制

将基准碳酸钙置于称量瓶中，在 110℃干燥 2 h，置于干燥器中冷却后，准确称取一定量的 $CaCO_3$ 于烧杯中，加少许水润湿，再沿烧杯嘴逐滴加入 1∶1 HCl，待全部溶解后，将溶液定量转入 250 mL 容量瓶中，用蒸馏水稀释至刻度，摇匀。

3．标定

移取 20.00 mL $CaCO_3$ 标准溶液于 250 mL 锥形瓶中，加入约 25 mL 蒸馏水及 10 mL pH=10 的氨缓冲溶液，再加入适量 K-B 指示剂，用 0.02 mol·L^{-1} EDTA 滴定至溶液由红色变为蓝色即为终点。平行滴定 3 次，计算 EDTA 的准确浓度。

4．蛋壳的预处理

先将蛋壳洗净，加水煮沸 5～10 min，去除蛋壳内表层的蛋白薄膜，然后把蛋壳放于烧杯中用小火烤干，研成粉末。

5．测定

准确称取干燥的蛋壳粉一份，所取试样之量，按含钙 35%左右计算，稀释 10 倍后，消耗 0.02 mol·L^{-1} EDTA 25 mL 左右。加少许水将蛋壳粉润湿，再加入 1∶1 HCl 直至完全溶解后，将溶液转入 250 mL 容量瓶，若有泡沫，加 2～3 滴 95%的乙醇，泡沫消除后，稀释至刻度，摇匀。移取配好的蛋壳溶液 20.00 mL 于锥形瓶中，加蒸馏水 20 mL 及三乙醇胺 5 mL，pH=10 的氨缓冲溶液 10 mL 及适量的 K-B 指示剂，用标准 EDTA 滴定到溶液的颜色由红色变为蓝色即为终点。平行测定 3 份，根据测定结果，计算蛋壳粉中钙（以氧化钙计）的质量分数。

五、思考题

1．乙二胺四乙酸二钠盐在水溶液中显酸性还是碱性？计算说明。

2．蛋壳中钙含量很高，而镁含量很低，当用铬黑 T 作指示剂时，往往得不到敏锐的终点，如何解决这个问题？

Ⅱ．酸碱滴定法

一、实验目的

✧ 掌握用酸碱滴定方法测定 $CaCO_3$ 的原理及指示剂的选择。

二、实验原理

蛋壳中的碳酸钙能与 HCl 发生反应：

$$CaCO_3 + 2HCl = CaCl_2 + CO_2 + H_2O$$

过量的酸可用标准 NaOH 回滴，根据实际与 $CaCO_3$ 反应的标准盐酸体积可求得蛋壳中 CaO 含量。

三、试剂

浓 HCl（A·R），NaOH（A·R），0.1%甲基橙。

四、实验步骤

（1）0.5 mol·L^{-1} NaOH 的配制：称 10 g NaOH 固体于小烧坏中，加蒸馏水溶解后，用蒸馏水稀释至 500 mL，移至试剂瓶中，加橡皮塞，摇匀。

（2）0.5 mol·L^{-1} HCl 配制：用量筒量取浓盐酸 21 mL 于 500 mL 试剂瓶中，用蒸馏水稀释至 500 mL，加盖，摇匀。

（3）酸碱标定：准确称取基准 Na_2CO_3 0.55～0.65 g 三份于锥形瓶中，分别加入 50 mL 煮沸去除 CO_2 并冷却的去离子水，摇匀，温热至溶解后，加入 1～2 滴甲基橙指示剂，用标准 HCl 滴定至橙色为终点。计算标准 HCl 的浓度。标准 NaOH 浓度的确定，可通过酸碱比较，从标准 HCl 浓度计算得到 NaOH 的浓度。

（4）CaO 含量测定：准确称取经预处理后的蛋壳 0.3 g（精确到 0.1 mg）左右于三只锥形瓶内，用酸式滴定管逐滴加入标准 HCl 40 mL 左右（需精确读数），小火加热溶解，冷却，加甲基橙指示剂 1～2 滴，以标准 NaOH 回滴至橙色为终点，并计算蛋壳中 CaO 的质量分数。

五、思考题

1. 蛋壳称样量多少是依据什么估算的？
2. 蛋壳溶解时应注意什么？

注释

由于酸较稀，试样溶解时需加热一定时间，如试样中有不溶物，如蛋白质之类，不影响测定。

III. 氧化还原法

一、实验目的

✧ 学习间接氧化还原法测定 CaO 含量。
✧ 巩固沉淀分离，过滤洗涤与滴定分析基本操作。

二、实验原理

利用蛋壳中的 CaO 与草酸盐形成难溶的草酸盐沉淀，将沉淀经过滤洗涤分离后溶解，用高锰酸钾法测定 $C_2O_4^{2-}$含量，则可求出其中 CaO 的含量。反应如下：

$$Ca^{2+} + C_2O_4^{2-} \longrightarrow CaC_2O_4 \downarrow$$

$$CaC_2O_4 + H_2SO_4 = CaSO_4 + H_2C_2O_4$$

$$5C_2O_4^{2-} + 2MnO_4^- + 16H^+ = 2Mn^{2+} + 10CO_2 \uparrow + 8H_2O$$

沉淀中的某些金属离子（Ba^{2+}、Sr^{2+}、Ca^{2+}、Mg^{2+}、Pb^{2+}、Cd^{2+}等）与 $C_2O_4^{2-}$能形成沉淀，对 Ca^{2+}测定有干扰。

三、试剂

0.01 mol·L^{-1} $KMnO_4$，2.5% $(NH_4)_2C_2O_4$，$NH_3 \cdot H_2O$（浓），HCl（1∶1），1 mol·L^{-1} H_2SO_4，0.2%甲基橙，0.1 mol·L^{-1} $AgNO_3$。

四、实验步骤

准确称取蛋壳粉两份（每份含钙约 0.025 g），分别放在 250 mL 烧杯中，加 1∶1 HCl 3 mL，H_2O 20 mL 加热溶解，若有不溶之蛋白质，可过滤之。滤液置于烧杯中，然后加入 2.5%草酸铵溶液 50 mL，若出现沉淀，再滴加浓 HCl 使之溶解，然后加热至 70～80℃，加 2～3 滴甲基橙，溶液呈红色，逐滴加入 10%氨水，不断搅拌，直至溶液变黄并有氨气味逸出为止。将溶液放置陈化（或在水浴上加热 30 min），沉淀经过滤、洗涤，直至无 Cl^-为止。然后将带有沉淀的滤纸铺在先前用来进行沉淀的烧杯内壁上，用 1 mol·L^{-1} H_2SO_4 50 mL 把沉淀由滤纸洗入烧杯中，再用洗瓶吹洗 1～2 次。然后，稀释溶液至体积约为 100 mL，加热至 70～80℃，用 $KMnO_4$ 标准溶液滴定至溶液呈浅红色为终点，再把滤纸推入溶液中，再滴加 $KMnO_4$ 至浅红色在半分钟内不消失为止。计算蛋壳中 CaO 的质量分数。

五、思考题

1．用$(NH_4)_2C_2O_4$沉淀 Ca^{2+}，为什么要先在酸性溶液中加入沉淀剂，然后在 70～80℃时滴加氨水至甲基橙变黄色，能使 CaC_2O_4 沉淀？

2．为什么沉淀要洗涤至无 Cl^-为止？

3．如果将带有 CaC_2O_4 沉淀的滤纸一起投入烧杯，以硫酸处理后再用 $KMnO_4$ 标准溶液滴定，这样操作对结果有什么影响？

4．试比较三种测定蛋壳中 CaO 含量的方法优缺点。

实验三十四　水泥熟料中 SiO_2、Fe_2O_3、Al_2O_3、CaO、MgO 含量的测定

一、实验目的

- ✧ 了解重量法测定水泥熟料中 SiO_2 含量的原理和方法。
- ✧ 掌握配合滴定的几种滴定方法——直接滴定法、反滴定法和差减法，以及这几种测定方法的相关计算。
- ✧ 掌握水浴加热、沉淀、过滤、洗涤、灰化、灼烧等操作技术。
- ✧ 进一步掌握配合滴定法的原理，特别是通过控制试液的酸度、温度及选择适当的掩蔽剂和指示剂等，在铁、铝、钙、镁共存时直接分别测定它们的方法。

二、实验原理

1．硅的测定

水泥主要由硅酸盐组成，水泥熟料是调和生料经 1 400℃以上的高温煅烧而成的。通过熟料分析，可以检验熟料质量和煅烧情况的好坏，根据分析结果，可及时调整原料的配比以确保产品的质量。

水泥熟料中碱性氧化物占 60%以上，因此宜采用酸分解。水泥熟料主要为硅酸

三钙（$3CaO\cdot SiO_2$）、硅酸二钙（$2CaO\cdot SiO_2$）、铝酸三钙（$3CaO\cdot Al_2O_3$）和铁铝酸四钙（$4CaO\cdot Al_2O_3\cdot Fe_2O_3$）等化合物的混合物。这些化合物与盐酸作用时，生成硅酸和可溶性的氯化物，反应式如下：

$$2CaO\cdot SiO_2+4HCl \longrightarrow 2CaCl_2+H_2SiO_3+H_2O$$

$$3CaO\cdot SiO_2+6HCl \longrightarrow 3CaCl_2+H_2SiO_3+2H_2O$$

$$3CaO\cdot Al_2O_3+12HCl \longrightarrow 3CaCl_2+2AlCl_3+6H_2O$$

$$4CaO\cdot Al_2O_3\cdot Fe_2O_3+20HCl \longrightarrow 4CaCl_2+2AlCl_3+2FeCl_3+10H_2O$$

硅酸是一种很弱的无机酸，在水溶液中绝大部分以溶胶状态存在，其化学式以 $SiO_2\cdot nH_2O$ 表示。在用浓酸和加热蒸干等方法处理后，能使绝大部分硅胶脱水成水凝胶析出，因此可利用沉淀分离的方法把硅酸与水泥中的铁、铝、钙、镁等其他组分分开。

SiO_2 的测定可分成容量法和重量法。本实验采用重量法测定其含量。重量法又因使硅酸凝聚所用物质的不同分为盐酸干固法、动物胶法、氯化铵法等，本实验采用氯化铵法。在水泥经酸分解后的溶液中，采用加热蒸发近干和加固体氯化铵两种措施，使水溶性胶状硅酸尽可能全部脱水析出。蒸干脱水是将溶液控制在 100℃左右下进行。由于 HCl 的蒸发，硅酸中所含的水分大部分被带走，硅酸水溶胶即成为水凝胶析出。由于溶液中的铁、铝等离子在温度超过 110℃时易水解生成难溶性的碱式盐而混在硅酸凝胶中，这样将使 SiO_2 的结果偏高，而 Fe_2O_3，Al_2O_3 等的结果偏低，故加热蒸干宜采用水浴以严格控制温度。

加入固体氯化铵后，由于氯化铵易离解生成 $NH_3\cdot H_2O$ 和 HCl，加热时它们易于挥发逸去，从而消耗了水，因此能促进硅酸水溶胶的脱水作用，反应式如下：

$$NH_4Cl+H_2O \rightleftharpoons NH_3\cdot H_2O+HCl$$

含水硅酸的组成不固定，故沉淀经过过滤、洗涤、烘干后，还需经 950～1 000℃高温灼烧成固体成分 SiO_2，然后称量，根据沉淀的质量计算 SiO_2 的质量分数。

灼烧时，硅酸凝胶不仅失去吸附水，并进一步失去结合水，脱水过程的变化如下：

$$H_2SiO_3\cdot nH_2O \xrightarrow{110℃} H_2SiO_3 \xrightarrow{950\sim1\,000℃} SiO_2$$

灼烧所得的 SiO_2 沉淀是雪白而又疏松的粉末。如所得沉淀呈灰色，黄色或红棕色，说明沉淀不纯。

水泥中的铁、铝、钙、镁等组分，分别以 Fe^{3+}、Al^{3+}、Ca^{2+}、Mg^{2+}的形式存在于过滤 SiO_2 沉淀后的滤液中，它们都能与 EDTA 形成稳定的配离子。但这些配离子的稳定性有显著的差别，因此只要控制适当的条件（酸度），就可用 EDTA 进行连续滴定。

2. 铁的测定

控制酸度为 pH 2～2.5。试验表明，溶液酸度控制对铁的测定结果影响很大。在 pH=1.5 时，结果偏低；pH＞3 时，铁离子开始形成红棕色氢氧化物，往往无滴定终点，共存的钛和铝离子的影响也显著增加。

滴定时以磺基水杨酸为指示剂，它与 Fe^{3+}形成的配合物的颜色与溶液酸度有关，pH=1.2～2.5 时，配合物呈红紫色。由于 Fe^{3+}—磺基水杨酸配合物不及 Fe^{3+}—EDTA 配合物稳定，所以临近终点时加入的 EDTA 便会夺取 Fe^{3+}—磺基水杨酸配合物中的 Fe^{3+}，使磺基水杨酸游离出来，因而溶液由红紫色变为微黄色，即为终点。磺基水杨酸在水溶液中是无色的，但由于 Fe^{3+}—EDTA 配合物是黄色的，所以终点时由红紫色变为黄色。

测定时溶液的温度以 60～75℃为宜，当温度高于 75℃，并有铝离子存在时，铝离子可能与 EDTA 配合，使 Fe_2O_3 的测定结果偏高，而使得 Al_2O_3 的结果偏低。当温度低于 50℃时，则反应速度缓慢，不易得出准确的终点（适用于 Fe_2O_3 含量不超过 30 mg 的测定）。计算公式如下：

$$\omega(Fe_2O_3)=\frac{\frac{1}{2}\times(c\cdot V)_{EDTA}\times M_{Fe_2O_3}}{m_s}$$

3. 铝的测定

以 PAN 为指示剂的铜盐回滴法是普遍采用的一种测定铝的方法。

因为铝离子与 EDTA 的配合作用进行得较慢，所以一般先加入过量的 EDTA 溶液，并加热煮沸，使铝离子与 EDTA 充分配合，然后用 $CuSO_4$ 标准溶液回滴过量的 EDTA。

Al-EDTA 配合物是无色的，PAN 指示剂在 pH 为 4.3 的条件下是黄色的，所以滴定开始前溶液呈黄色。随着 $CuSO_4$ 标准溶液的加入，铜离子不断与过量的 EDTA 配合，由于 Cu-EDTA 是淡蓝色的，因此溶液逐渐由黄色变为绿色。在过量的 EDTA 与铜离子完全配合后，继续加入 $CuSO_4$，过量的铜离子即与 PAN 配合成深红色配合物，由于蓝色的 Cu-EDTA 的存在，所以终点呈紫色。滴定过程中的主要反应如下：

$$Al^{3+}+H_2Y^{2-}\longrightarrow AlY^{-}+2H^{+}$$

（无色）

$$H_2Y^{2-}+Cu^{2+}\longrightarrow CuY^{2-}+2H^{+}$$

（淡蓝色）

$$Cu^{2+}+PAN\longrightarrow CuPAN+2H^{+}$$

（黄色）　（深红色）

这里需要注意的是，溶液中存在三种有色物质，而它们的含量又在不断变化之中，因此溶液的颜色，特别是终点时的颜色变化就较复杂，决定于 Cu-EDTA、PAN 和 Cu-PAN 的相对含量和浓度。滴定终点是否敏锐的关键是蓝色的 Cu-EDTA 浓度的大小，终点时 Cu-EDTA 的量等于加入的过量的 EDTA 的量。一般来说，在 100 mL 溶液中加入的 EDTA 标准溶液（浓度在 0.015 $mol \cdot L^{-1}$ 附近），以过量 10 mL 左右为宜。

计算公式如下：

$$\omega(Al_2O_3)=\frac{\frac{1}{2}\times\left[(c\cdot V)_{EDTA}-(c\cdot V)_{CuSO_4}\right]\times M_{Al_2O_3}}{m_s}$$

4．钙、镁的测定

钙、镁的测定见实验二十四中水的硬度测定。

以上各离子的测定在滤液多余的情况下尽可能平行 3 次。求其平均值。

三、仪器与试剂

仪器：马弗炉，瓷坩埚，干燥器和坩埚钳。

试剂：浓盐酸，HCl（1∶1，3∶97）溶液，浓硝酸，氨水（1∶1），NaOH（10%），固体 NH_4Cl，NH_4SCN 溶液（10%），三乙醇胺（1∶1），0.015 $mol \cdot L^{-1}$ EDTA 标准溶液，0.015 $mol \cdot L^{-1}$ $CuSO_4$ 标准溶液，HAc—NaAc 缓冲溶液（pH=4.3），$NH_3 \cdot H_2O$—NH_4Cl 缓冲溶液（pH=10），溴甲酚绿指示剂（0.05%），磺基水杨酸指示剂（10%），PAN 指示剂（0.2%），酸性铬蓝 K-萘酚绿 B，钙指示剂。

四、实验步骤

1．SiO_2 的测定

准确称取试样 0.5 g 左右，置于干燥的 50 mL 烧杯（或 100～150 mL 蒸发皿）中，加 2 g 固体氯化铵，用平头玻璃棒混合均匀。盖上表面皿，沿杯口滴加 3 mL 浓盐酸和 1 滴浓硝酸（目的是什么？），仔细搅匀，使试样充分分解。将烧杯置于沸水浴上，盖上表面皿，蒸发至近干（10～15 min）取下，加 10 mL 热的稀盐酸（3∶97），搅拌，使可溶性盐类溶解，以中速定量滤纸过滤，用胶头滴管吸取热的稀盐酸（3∶97）擦洗玻璃棒及烧杯，并洗涤沉淀至洗涤液中不含 Fe^{3+} 为止。Fe^{3+} 可用 NH_4SCN 溶液检验，一般来说，洗涤 10 次即可达不含 Fe^{3+} 的要求。滤液及洗涤液保存在 250 mL 容量瓶中，并用水稀释至刻度，摇匀，供测定 Fe^{3+}、Al^{3+}、Mg^{2+}、Ca^{2+} 等离子用。

将沉淀和滤纸移至已称至恒重的瓷坩埚中，先在电炉上低温烘干，再升高温度使滤纸充分灰化。然后在 950～1 000℃的高温炉内灼烧 30 min。取出，稍冷，再移置干燥器中冷却至室温（需 15～40 min），称量。如此反复灼烧，直至恒重。计算试样中 SiO_2 的含量。

2．Fe^{3+}的测定

准确吸取分离 SiO_2 后的滤液 50 mL，置于 400 mL 烧杯中，加 2 滴 0.05%溴甲酚绿指示剂。逐滴加氨水（1∶1），使之成绿色。然后再用 1∶1 的盐酸溶液调节溶液酸度至黄色后再过量 3 滴，此时溶液酸度 pH 约为 2。加热至 70℃，取下，加 6～8 滴 10%磺基水杨酸，以 0.015 $mol \cdot L^{-1}$ EDTA 标准溶液滴定。滴定开始时溶液呈红紫色，此时滴定速度宜稍快些。当溶液开始呈淡红紫色，滴定速度放慢，一定要每加一滴，摇摇，看看，然后再加一滴，最好同时在加热，直至滴到溶液变为亮黄色，即为终点。滴得太快，EDTA 易多加，这样不仅会使 Fe^{3+}的结果偏高，同时还会使 Al^{3+}的结果偏低。

3．Al^{3+}的测定

在滴定铁后的溶液中，加入 0.015 $mol \cdot L^{-1}$ EDTA 标准溶液约 20 mL，记下数据，摇匀。然后再加入 15 mL pH 为 4.3 的 HAc—NaAc 缓冲溶液，以精密 pH 试纸检查。煮沸 1～2 min，取下，冷至 90℃左右，加入 4 滴 0.2%PAN 指示剂，以 0.015 $mol \cdot L^{-1}$ $CuSO_4$ 标准溶液滴定。开始溶液呈黄色，随着 $CuSO_4$ 的加入，颜色逐渐变绿并加深，直至再加入一滴突然变紫，即为终点。在变紫色之前，曾有由蓝绿色变灰绿色的过程，在灰绿色溶液中再加 1 滴 $CuSO_4$ 溶液，即变紫色。

4．钙的测定

准确吸取分离 SiO_2 后的滤液 25 mL，置于 250 mL 锥形瓶中，加水稀释至约 50 mL，加 4 mL（1∶1）三乙醇胺溶液，摇匀后再加 5 mL 10%NaOH 溶液，再摇匀，加约 0.01g 固体钙指示剂，此时溶液呈酒红色。然后以 0.015 $mol \cdot L^{-1}$ EDTA 标准溶液滴定至溶液呈蓝色，即为终点。

5．Mg^{2+}的测定

准确吸取分离 SiO_2 后的滤液 25 mL 于 250 mL 锥形瓶中，加水稀释至约 4 mL（1∶1）三乙醇胺溶液，摇匀后加入 5 mL pH=10 $NH_3 \cdot H_2O$—NH_4Cl 缓冲溶液，再摇匀，然后加入适量酸性铬蓝 K-萘酚绿 B 指示剂或铬黑 T 指示剂，以 0.015 $mol \cdot L^{-1}$ EDTA 标准溶液滴至蓝色，即为终点，根据此结果计算所得的为钙、镁合量，由此减去钙量即为镁量。

五、思考题

1．Fe^{3+}、$A1^{3+}$、Ca^{2+}、Mg^{2+}共存时，能否用 EDTA 标准溶液控制酸度法滴定 Fe^{3+}？滴定时酸度范围为多少？

2．测定 $A1^{3+}$时为什么采用返滴定法？

3．如何消除 Fe^{3+}、$A1^{3+}$对 Ca、Mg 测定的影响？

注释

（1）水泥主要由硅酸盐组成。按我国规定，可分为硅酸盐水泥（熟料水泥）、普通硅酸盐水泥（普通水泥）、矿渣硅酸盐水泥（矿渣水泥）、火山灰质硅酸盐水泥（火山灰水泥）、粉煤灰硅酸盐水泥（煤灰水泥）等。水泥熟料是由水泥生料经 1 400℃以上高温煅烧而成。硅酸盐水泥由水泥熟料加入适量石膏，其成分均与水泥熟料相似。可按水泥熟料化学分析法进行分析。

水泥熟料、未掺混合材料的硅酸盐水泥、碱性矿渣水泥，可采用酸分解法。不溶物含量较高的水泥熟料、酸性矿渣水泥、火山灰质水泥等酸性氧化物较高的物质，可采用碱熔融法。本实验采用的硅酸盐水泥，一般较易为酸所分解。

（2）硅酸脱水的程度受温度、时间的影响，测定过程中应控制水浴微沸，蒸发时间以 15 min 为宜。

（3）洗涤次数以 10～12 次为宜，次数过多，易造成二氧化硅损失。

（4）滴定时的体积以 100 mL 左右为宜。体积过大因溶液的浓度太稀，终点变色不明显；体积过小干扰离子浓度增大，同时溶液的温度下降太快不利于滴定。

（5）终点时的黄色是否明显，取决于铁的含量，含量很低时几乎观察不到黄色，终点时紫红色褪为“无色”。因铁与 EDTA 的反应速度较慢，临近终点时要充分搅拌，缓慢滴定，否则易使测定结果偏高。

（6）EDTA 的加入量以 Al^{3+}配合后尚剩余 10～15 mL 为宜，过量得太多，终点偏蓝；过量得太少，终点偏红，都影响滴定终点的观察。

实验三十五　三草酸合铁（Ⅲ）酸钾的合成及其组成测定

一、实验目的

✧ 学习三草酸合铁（Ⅲ）酸钾的合成方法，用 $KMnO_4$ 法测定 $C_2O_4^{2-}$和 Fe^{2+}的方法，了解配位反应与氧化反应的条件。

✧ 了解三草酸合铁（Ⅲ）酸钾的光化学性质。

✧ 进一步掌握重结晶操作，综合训练无机合成及重量分析，滴定分析的基本操作，掌握确定化合物组成和化学式的原理、方法。

✧ 理解制备过程中化学平衡原理的应用。

二、实验原理

三草酸合铁（Ⅲ）酸钾 $K_3[Fe(C_2O_4)_3]\cdot 3H_2O$ 是一种亮绿色单晶系斜晶体，易溶于水（0℃，4.7 g/100 g 水；100℃，117.7 g/100 g 水），难溶于有机溶剂，是一些有机反应很好的催化剂，也是制备附载型活性铁催化剂的主要原料，因而具有工业生产价值。目前，制备该物质的方法很多，本实验利用前面自制的硫酸亚铁铵与草酸反应制备出草酸亚铁晶体，并用倾析法洗去杂质。然后在过量草酸根存在下，用过氧化氢氧化草酸亚铁即可制得三草酸合铁（Ⅲ）酸钾配合物。由于难溶于有机溶剂中，加入乙醇后，从溶液中析出 $K_3[Fe(C_2O_4)_3]\cdot 3H_2O$ 晶体。

三草酸合铁（Ⅲ）酸钾的制备反应：

$$(NH_4)_2Fe(SO_4)_2\cdot 6H_2O + H_2C_2O_4 \longrightarrow FeC_2O_4\cdot 2H_2O\downarrow + (NH_4)_2SO_4 + H_2SO_4 + 4H_2O$$

$$6FeC_2O_4\cdot 2H_2O + 3H_2O_2 + 6K_2C_2O_4 \longrightarrow 4K_3[Fe(C_2O_4)_3] + 2Fe(OH)_3\downarrow + 12H_2O \quad (1)$$

$$2Fe(OH)_3 + 3H_2C_2O_4 + 3K_2C_2O_4 \longrightarrow 2K_3[Fe(C_2O_4)_3] + 6H_2O \quad (2)$$

（1）式和（2）式合并得：

$$2FeC_2O_4\cdot 2H_2O + H_2O_2 + H_2C_2O_4 + 3K_2C_2O_4 \longrightarrow 2K_3[Fe(C_2O_4)_3]\cdot 3H_2O$$

$K_3[Fe(C_2O_4)_3]\cdot 3H_2O$ 在 0℃左右溶解度很小，析出绿色的晶体。它是光敏物质，室温光照变黄色，分解成 $K_2C_2O_4$、FeC_2O_4 及 CO_2：

$$2[Fe(C_2O_4)_3]^{3-} \xrightarrow{h\nu} 2FeC_2O_4 + 3C_2O_4^{2-} + 2CO_2$$

它在日光照射下或强光下分解生成的草酸亚铁，遇六氰合铁（Ⅲ）酸钾生成藤氏蓝，反应为：

$$3FeC_2O_4 + 2K_3[Fe(CN)_6] \longrightarrow Fe_3[Fe(CN)_6]_2 + 3K_2C_2O_4$$

因此，在实验室中可做成感光纸，进行感光实验。另外，由于它的光化学活性，能定量进行光化学反应，常作化学光量计。受热时，在 110℃可失去结晶水，到 230℃即分解。

该配合物的组成可用重量法和滴定分析方法确定。

（1）重量法分析结晶水含量

将一定量的 $K_3[Fe(C_2O_4)_3]\cdot 3H_2O$ 晶体，在 110℃下干燥脱水后称量，便可计算出结晶水的含量。

（2）草酸根在酸性介质中可被高锰酸钾定量氧化，反应式为：

$$2MnO_4^- + 5C_2O_4^{2-} + 16H^+ = 2Mn^{2+} + 10CO_2\uparrow + 8H_2O$$

用已知准确浓度的标准溶液 $KMnO_4$ 滴定。由消耗的高锰酸钾的量便可计算 $C_2O_4^{2-}$的含量。

（3）铁的测定

先用过量的还原剂锌粉将 Fe^{3+}还原成 Fe^{2+}，然后将剩余的锌粉过滤掉，用 $KMnO_4$

标准溶液滴定，反应式为：

$$Zn + 2Fe^{3+} = 2Fe^{2+} + Zn^{2+}$$

$$5Fe^{2+} + MnO_4^- + 8H^+ = 5Fe^{3+} + Mn^{2+} + 4H_2O$$

由消耗 $KMnO_4$ 的体积计算出铁含量。

（4）钾的测定

根据配合物中铁、草酸根、结晶水的含量便可计算出钾的含量。由上述测定结果推断三草酸合铁（Ⅲ）酸钾的化学式：

$$K^+ : Fe^{3+} : C_2O_4^{2-} : H_2O = \frac{K^+\%}{39.1} : \frac{Fe^{3+}\%}{55.8} : \frac{C_2O_4^{2-}\%}{88.0} : \frac{H_2O\%}{18.0}$$

三、仪器与试剂

仪器：布氏漏斗和吸滤瓶一套，分析天平，烘箱，台秤。

试剂：草酸钾（$K_2C_2O_4 \cdot H_2O$）饱和溶液，$KMnO_4$（0.02 mol·L^{-1}）标准溶液，$(NH_4)_2Fe(SO_4)_2 \cdot 6H_2O$（自制），$H_2SO_4$（3 mol·L^{-1}），$H_2C_2O_4$（饱和溶液），$H_2O_2$（3%），乙醇（95%），铁氰化钾，六氰合铁（Ⅲ）酸钾（3.5%），丙酮，锌粉。

四、实验步骤

1. 制备三草酸合铁（Ⅲ）酸钾

称取 5 g $(NH_4)_2Fe(SO_4)_2 \cdot 6H_2O$（自制）置于 200 mL 烧杯中，注入 15 mL 蒸馏水和 1 mL H_2SO_4酸化，加热溶解，再加入 25 mL $H_2C_2O_4$饱和溶液，继续加热至近沸，将此液静置，即有大量黄色 FeC_2O_4 晶体析出，待沉淀析出完全后，采用倾析法倒掉上清液。在沉淀上加入 20 mL 去离子水，搅拌并温热，静置后，以布氏漏斗抽滤，得粗产品。

将粗产品溶于 10 mL 饱和 $K_2C_2O_4$ 的溶液中，水浴加热 40℃，用滴管缓慢滴加 20 mL 3% H_2O_2，不断搅拌并维持温度在 40℃左右，Fe^{2+}充分被氧化为 Fe^{3+}，溶液变为棕红色时，即氢氧化铁沉淀产生，加完后，将溶液加热至近沸以除去过量的 H_2O_2（时间不宜过长，分解基本完全为止），稍冷（为什么要稍冷？）再逐滴加入 8 mL 饱和 $H_2C_2O_4$，使沉淀溶解，此时应加快搅拌，趁热过滤，在滤液中加入 10 mL 95% 的乙醇，这时如果滤液变浑浊，可微热使其变清，将滤液在暗处冷却，待结晶完全后，抽滤，并用少量丙酮洗涤晶体。取下晶体，用滤纸吸干，并在空气中干燥片刻，称重，计算产率。晶体置于干燥器内避光保存。

2. 结晶水的测定

准确称取 0.5～0.6 g 产物，放入已恒重的称量瓶中，置入烘箱中，在 110℃下烘干 1 h。在干燥器中冷至室温，称重。重复干燥，冷却，称重的操作，直至恒重。

根据称量结果，计算结晶水含量（以质量分数计）。

3．$C_2O_4^{2-}$含量的测定

准确称取 0.18～0.20 g 干燥晶体于 250 mL 锥形瓶中，加入 50 mL 水溶解，再加 12 mL 1∶5 的 H_2SO_4，加热至 70～80℃（不要高于 85℃），用标准 $KMnO_4$ 溶液滴定至浅红色，开始反应很慢，故第一滴滴入后，待红色褪去后，再滴第二滴，溶液红色消退后，由于二价锰的催化作用使反应速度加快，但滴定仍需逐滴加入，直至溶液半分钟内不褪色为止，记下读数，计算结果。平行两次（滴定完的溶液保留待用）。

4．铁的含量测定

向第三步滴定完草酸根离子的保留溶液中加入过量的还原剂（锌粉），直到黄色消失。加热溶液近沸，使 Fe^{3+}全部还原为 Fe^{2+}，趁热过滤除去过量的锌粉。滤液用另一干净的锥形瓶盛放，洗涤锌粉，使洗涤液定量转移到滤液中，再用标准的高锰酸钾溶液滴定至粉红色且半分钟内不变，记录消耗的高锰酸钾标准溶液的体积，计算出铁的质量分数。

由测定的 $C_2O_4^{2-}$、H_2O、Fe^{3+}的质量分数可计算出 K^+的质量分数，从而确定配合物的组成及化学式。

5．$K_3[Fe(C_2O_4)_3]\cdot 3H_2O$ 的性质

（1）将少量产品放在表面皿上，在日光下观察晶体颜色变化，并与放在暗处的晶体比较。

（2）制感光纸：按三草酸合铁（Ⅲ）酸钾 0.3 g，铁氰化钾 0.4 g，加水 5 mL 的比例配成溶液，涂在纸上即成感光纸。附上图案，在日光直射下数秒钟，曝光部分呈蓝色，被遮盖的部分就显影出图案来。

（3）配感光液：取 0.3～0.5 g 三草酸合铁（Ⅲ）酸钾，加去离子水 5 mL 配成溶液，用滤纸条做成感光纸。附上图案，在日光直射下数秒钟，曝光后去掉图案，用约 3.5%六氰合铁（Ⅲ）酸钾溶液润湿或漂洗即显影出图案来。

五、思考题

1．制备该化合物时加入 H_2O_2 后为什么要煮沸溶液？煮沸时间过长有何影响？

2．在制备的最后一步能否可用蒸干的办法来提高产率？为什么？

3．最后加入乙醇的作用是什么？不加入产量会有所改变吗？

4．影响三草酸合铁（Ⅲ）酸钾产率的主要因素有哪些？

注释

金属铁经非氧化性酸分解，一般可得亚铁离子溶液。亚铁离子在空气中不稳定，易被氧化成三价铁。

附录

附录一　几种常用酸碱的密度和浓度

酸或碱	化学式	密度/（$g \cdot mL^{-1}$）	溶质质量分数/%	浓度/（$mol \cdot L^{-1}$）
冰醋酸	CH_3COOH	1.05	99.5	17
醋　酸		1.04	34	6
浓盐酸	HCl	1.18	36	12
稀盐酸		1.10	20	6
浓硝酸	HNO_3	1.42	72	16
稀硝酸		1.19	32	6
浓硫酸	H_2SO_4	1.84	96	18
稀硫酸		1.18	25	3
磷　酸	H_3PO_4	1.69	85	15
高氯酸	$HClO_4$	1.68	70.0～72.0	11.7～12.0
氢氟酸	HF	1.13	40	22.5
氢溴酸	HBr	1.49	47.0	8.6
浓氨水	$NH_3 \cdot H_2O$	0.90	28～30（NH_3）	15
稀氨水		0.96	10	6
稀氢氧化钠	$NaOH$	1.22	20	6

附录二　弱酸和弱碱的离解常数

1. 弱碱的离解常数（298.15 K）

弱碱	离解常数 $K_b^\ominus$
$NH_3 \cdot H_2O$	$K_b^\ominus = 1.8 \times 10^{-5}$
$NH_2—NH_2$（联氨）	$K_b^\ominus = 9.8 \times 10^{-7}$
NH_2OH（羟胺）	$K_b^\ominus = 9.1 \times 10^{-9}$
$C_6H_5NH_2$（苯胺）	$K_b^\ominus = 4 \times 10^{-10}$
C_5H_5N（吡啶）	$K_b^\ominus = 1.5 \times 10^{-9}$
$(CH_2)_6N_4$（六次甲基四胺）	$K_b^\ominus = 1.4 \times 10^{-9}$

2. 弱酸的离解常数（298.15 K）

弱酸	离解常数 $K_a^\ominus$
H_3AsO_4	$K_1^\ominus=6.0\times10^{-3}$；$K_2^\ominus=1.0\times10^{-7}$；$K_3^\ominus=3.2\times10^{-12}$
H_3BO_3	$K_1^\ominus=5.8\times10^{-10}$
HCN	$K_1^\ominus=6.2\times10^{-10}$
H_2CO_3	$K_1^\ominus=4.4\times10^{-7}$；$K_2^\ominus=4.7\times10^{-11}$
H_2CrO_4	$K_1^\ominus=4.1$；$K_2^\ominus=1.3\times10^{-6}$
HF	$K_1^\ominus=6.6\times10^{-4}$
HNO_2	$K_1^\ominus=7.2\times10^{-4}$
H_3PO_4	$K_1^\ominus=7.1\times10^{-3}$；$K_2^\ominus=6.3\times10^{-8}$；$K_3^\ominus=4.2\times10^{-13}$
H_2S	$K_1^\ominus=1.32\times10^{-7}$；$K_2^\ominus=7.10\times10^{-15}$
H_2SO_3	$K_1^\ominus=1.3\times10^{-2}$；$K_2^\ominus=6.1\times10^{-3}$
H_2SO_4	$K_2^\ominus=1.0\times10^{-2}$
$H_2C_2O_4$（草酸）	$K_1^\ominus=5.4\times10^{-2}$；$K_2^\ominus=5.4\times10^{-5}$
HCOOH（甲酸）	$K_1^\ominus=1.77\times10^{-4}$
CH_3COOH（醋酸）	$K_1^\ominus=1.75\times10^{-5}$
$CH_2ClCOOH$（氯代乙酸）	$K_1^\ominus=1.4\times10^{-3}$
$H_3C_6H_5O_7$（柠檬酸）	$K_1^\ominus=7.4\times10^{-4}$；$K_2^\ominus=1.73\times10^{-5}$；$K_3^\ominus=4\times10^{-7}$
C_6H_5COOH（苯甲酸）	$K_1^\ominus=6.2\times10^{-5}$
$C_6H_4(OH)COOH$（水杨酸）	$K_1^\ominus=1.07\times10^{-3}$；$K_2^\ominus=4\times10^{-14}$
$C_6H_4(COOH)_2$（邻苯二甲酸）	$K_1^\ominus=1.1\times10^{-3}$；$K_2^\ominus=2.9\times10^{-6}$
H_4Y（乙二胺四乙酸）	$K_1^\ominus=10^{-2}$；$K_2^\ominus=2.1\times10^{-3}$；$K_3^\ominus=6.9\times10^{-7}$；$K_4^\ominus=5.9\times10^{-11}$

注：数据主要摘录于 Lange's Handbook of Chemistry，13th ed. 1985。

附录三　难溶电解质的溶度积常数（298.15 K）

难溶电解质	$K_{sp}^\ominus$	难溶电解质	$K_{sp}^\ominus$
AgBr	5.0×10^{-13}	AgI	8.3×10^{-17}
AgCl	1.8×10^{-10}	$AgNO_2$	6.0×10^{-4}
Ag_2CO_3	8.1×10^{-12}	Ag_2SO_4	1.4×10^{-5}
Ag_2CrO_4	1.1×10^{-12}	Ag_2SO_3	1.5×10^{-14}
AgCN	1.2×10^{-16}	Ag_2S	6.3×10^{-50}
$Ag_2Cr_2O_7$	2.0×10^{-7}	AgSCN	1.0×10^{-12}
$Ag_2C_2O_4$	3.4×10^{-11}	$Al(OH)_3$（无定形）	1.3×10^{-33}
AgOH	2.0×10^{-8}	$BaCO_3$	5.1×10^{-9}

难溶电解质	$K_{sp}^{\ominus}$	难溶电解质	$K_{sp}^{\ominus}$
BaC_2O_4	1.6×10^{-7}	Hg_2I_2	4.5×10^{-29}
$BaCrO_4$	1.2×10^{-10}	$Hg_2(OH)_2$	2.0×10^{-24}
$Ba(OH)_2$	5×10^{-3}	$Hg(OH)_2$	3.0×10^{-26}
$BaSO_4$	1.1×10^{-10}	Hg_2SO_4	7.4×10^{-7}
$BaSO_3$	8×10^{-7}	Hg_2S	1.0×10^{-47}
$Bi(OH)_3$	4×10^{-31}	HgS（红）	4×10^{-53}
BiOBr	3.0×10^{-7}	HgS（黑）	1.6×10^{-52}
BiOCl	1.8×10^{-31}	$MgCO_3$	3.5×10^{-8}
$BiONO_3$	2.82×10^{-3}	MgF_2	6.5×10^{-9}
$CaCO_3$	2.8×10^{-9}	$Mg_2(OH)_2$	1.8×10^{-11}
$CaC_2O_4\cdot H_2O$	4×10^{-9}	$MnCO_3$	1.8×10^{-11}
$CaCrO_4$	7.1×10^{-4}	$Mn(OH)_2$	1.9×10^{-13}
CaF_2	5.3×10^{-9}	MnS（无定形）	2.5×10^{-10}
$Ca(OH)_2$	5.5×10^{-6}	MnS（晶体）	2.5×10^{-13}
$CaHPO_4$	1.0×10^{-7}	$NiCO_3$	6.6×10^{-9}
$Ca_3(PO_4)_2$	2.0×10^{-29}	$Ni(OH)_2$（新制）	2.0×10^{-15}
$CaSO_4$	9.1×10^{-6}	α–NiS	3.2×10^{-19}
$CdCO_3$	5.2×10^{-12}	β–NiS	1.0×10^{-24}
$Cd(OH)_2$（新制）	2.5×10^{-14}	γ–NiS	2.0×10^{-26}
CdS	8.0×10^{-27}	$PbCO_3$	7.4×10^{-14}
$Co(OH)_2$（新制）	1.6×10^{-15}	$PbCl_2$	1.6×10^{-5}
$Co(OH)_3$	1.6×10^{-44}	PbC_2O_4	4.8×10^{-10}
α-CoS	4.0×10^{-21}	$PbCrO_4$	2.8×10^{-13}
β-CoS	2.0×10^{-25}	PbI_2	7.1×10^{-9}
$Cr(OH)_3$	6.3×10^{-31}	$Pb(OH)_2$	1.2×10^{-15}
CuBr	5.3×10^{-9}	$Pb(OH)_4$	3.2×10^{-66}
CuCl	1.2×10^{-6}	$PbSO_4$	1.6×10^{-8}
CuI	1.1×10^{-12}	PbS	8.0×10^{-28}
Cu_2S	2.5×10^{-48}	$Sn(OH)_2$	1.4×10^{-28}
$CuCO_3$	1.4×10^{-10}	$Sn(OH)_4$	1×10^{-56}
$CuCrO_4$	3.6×10^{-6}	SnS	1.0×10^{-25}
$Cu(OH)_2$	2.2×10^{-20}	$SrCO_3$	1.1×10^{-10}
CuC_2O_4	2.3×10^{-8}	$SrC_2O_4\cdot H_2O$	1.6×10^{-7}
CuS	6.3×10^{-36}	$SrCrO_4$	2.2×10^{-5}
$FeCO_3$	3.2×10^{-11}	$SrSO_4$	3.2×10^{-7}
$Fe(OH)_2$	8.0×10^{-16}	$ZnCO_3$	1.4×10^{-11}
$Fe(OH)_3$	4×10^{-38}	$Zn(OH)_2$	1.2×10^{-17}
FeS	6.3×10^{-18}	α-ZnS	1.6×10^{-24}
Hg_2CO_3	8.9×10^{-17}	β-ZnS	2.5×10^{-22}
Hg_2Cl_2	1.3×10^{-18}		

附录四 常见离子的鉴定方法

1. 常见阳离子鉴定方法

阳离子	鉴定方法	条件及干扰
Na^+	取2滴Na^+试液，加8滴醋酸铀酰锌试剂，放置数分钟，用玻璃棒摩擦器壁，淡黄色晶状沉淀出现，示有Na^+ $3UO_2^{2+}+Zn^{2+}+Na^++9Ac^-+9H_2O$ $=3UO_2(Ac)_2\cdot Zn(Ac)_2\cdot NaAc\cdot 9H_2O$ (s)	1. 鉴定宜在中性或HAc酸性溶液中进行，强酸、强碱均能使试剂分解。 2. 大量钾存在时，可干扰鉴定，Ag^+、Hg^{2+}、Sb^{3+}有干扰，PO_4^{3-}、AsO_4^{3-}能使试剂分解
K^+	取2滴K^+试液，加入3滴六硝基钴酸钠（$Na_3[Co(NO_2)_6]$）溶液，放置片刻，黄色的$K_2Na[Co(NO_2)_6]$沉淀析出，示有K^+	1. 鉴定宜在中性、微酸性溶液中进行。强酸、强碱均能使$[Co(NO_2)_6]^{3-}$分解 2. NH_4^+与试剂生成橙色沉淀而干扰，但在沸水浴中加热1～2 min后，$(NH_4)_2Na[Co(NO_2)_6]$完全分解，而$K_2Na[Co(NO_2)_6]$不变
NH_4^+	气室法：用干燥、洁净的表面皿两块（一大一小），在大的一块表面皿中心放3滴NH_4^+试液，再加3滴6 mol·L^{-1} NaOH溶液，混合均匀。在小的一块表面皿中心粘附一小条润湿的酚酞试纸，盖在大的表面皿上形成气室。将此气室放在水浴上微热2 min，酚酞试纸变红，示有NH_4^+	这是NH_4^+的特征反应
Ca^{2+}	取2滴Ca^{2+}试液，滴加饱和$(NH_4)_2C_2O_4$，有白色的CaC_2O_4沉淀生成，示有Ca^{2+}	1. 反应宜在HAc酸性、中性、碱性溶液中进行 2. Mg^{2+}、Sr^{2+}、Ba^{2+}有干扰，但MgC_2O_4溶于醋酸，Sr^{2+}、Ba^{2+}应在鉴定前除去
Mg^{2+}	取2滴Mg^{2+}试液，加2滴2 mol·L^{-1} NaOH溶液，1滴镁试剂，沉淀呈天蓝色，示有Mg^{2+}	1. 反应宜在碱性溶液中进行，NH_4^+浓度过大，会影响鉴定，故需在鉴定前加碱煮沸，除去NH_4^+ 2. Ag^+、Hg^{2+}、Hg_2^{2+}、Cu^{2+}、Co^{2+}、Ni^{2+}、Mn^{2+}、Cr^{3+}、Fe^{3+}及大量Ca^{2+}干扰反应，应预先分离
Ba^{2+}	取2滴Ba^{2+}试液，加1滴0.1 mol·L^{-1} K_2CrO_4溶液，有黄色的$BaCrO_4$沉淀生成，示有Ba^{2+}	鉴定宜在HAc—NH_4Ac的缓冲溶液中进行
Al^{3+}	取1滴Al^{3+}试液，加2～3滴水，2滴3 mol·L^{-1} NH_4Ac及2滴铝试剂，搅拌，微热，加6 mol·L^{-1} NH_3H_2O至碱性，红色沉淀不消失，示有Al^{3+}	1. 鉴定宜在HAc—NH_4Ac的缓冲溶液中进行 2. Cr^{3+}、Fe^{3+}、Bi^{3+}、Cu^{2+}、Ca^{2+}对鉴定有干扰，但加氨水后Cr^{3+}、Cu^{2+}生成的红色化合物即分解，$(NH_4)_2CO_3$加入可使Ca^{2+}生成$CaCO_3$，Fe^{3+}、Bi^{3+}、Cu^{2+}可预先加入NaOH形成沉淀而分离

阳离子	鉴定方法	条件及干扰
Sn^{4+} Sn^{2+}	1．Sn^{4+}还原：取 2～3 滴 Sn^{4+}溶液，加镁片 2～3 片，不断搅拌，待反应完全后，加 2 滴 6 mol·L^{-1} HCl，微热，Sn^{4+}即被还原为 Sn^{2+} 2．Sn^{2+}的鉴定：取 2 滴 Sn^{2+}溶液，加 1 滴 0.1 mol·L^{-1} $HgCl_2$，生成白色沉淀，示有 Sn^{2+}	反应的特效性较好。注意：若白色沉淀生成后，颜色逐渐变灰、黑，这是由于 Hg_2Cl_2 进一步被还原为 Hg
Pb^{2+}	取 2 滴 Pb^{2+}溶液，加 2 滴 0.1 mol·L^{-1} $K_2Cr_2O_7$ 溶液，生成黄色沉淀，示有 Pb^{2+}	1．鉴定在 HAc 溶液中进行，因为沉淀在强酸、强碱中均可溶解 2．Ba^{2+}、Bi^{3+}、Hg^{2+}、Ag^+等有干扰
Cr^{3+}	取 3 滴 Cr^{3+}试液，加 6 mol·L^{-1} NaOH 溶液至生成的沉淀溶解，搅动后加 4 滴ω为 0.03 的 H_2O_2，水浴加热，待溶液变为黄色后，继续加热将剩余的 H_2O_2 完全分解，冷却，加 6 mol·L^{-1} HAc 酸化，加 2 滴 0.1 mol·L^{-1} $Pb(NO_3)_2$溶液，生成黄色沉淀，示有 Cr^{3+}	鉴定反应中，Cr^{3+}的氧化需要在强碱条件下进行；而形成 $PbCrO_4$ 的反应，需在弱酸（HAc）溶液中进行
Fe^{3+}	1．取 1 滴 Fe^{3+}试液，放在白点滴板上，加 1 滴 2 mol·L^{-1} HCl 及 1 滴 $K_4[Fe(CN)_6]$溶液，生成蓝色沉淀，示有 Fe^{3+}	1．鉴定反应在酸性溶液中进行 2．大量存在 Cu^{2+}、Co^{2+}、Ni^{2+}等离子有干扰，应分离后再鉴定
	2．取 1 滴 Fe^{3+}试液，加 1 滴 0.5 mol·L^{-1} HN_4SCN 溶液，形成血红色溶液，示有 Fe^{3+}	1．F^-、H_3PO_4、$H_2C_2O_4$、酒石酸、柠檬酸等能与形成稳定的配合物而干扰 2．Co^{3+}、Ni^{2}、Bi^{3+}和铜盐，因离子有色，会降低检出的灵敏度
Fe^{2+}	1．取 1 滴 Fe^{2+}试液，放在白点滴板上，加 1 滴 2 mol·L^{-1} HCl 及 1 滴 $K_3[Fe(CN)_6]$溶液，生成蓝色沉淀，示有 Fe^{2+}	鉴定反应在酸性溶液中进行
	2．取 1 滴 Fe^{2+}试液，加几滴ω为 0.002 5 的邻菲罗啉溶液，形成橘红色溶液，示有 Fe^{2+}	鉴定反应在微酸性溶液中进行，选择性和灵敏度均较好
Mn^{2+}	取 1 滴 Mn^{2+}试液，加 10 滴水，5 滴 2 mol·L^{-1} HNO_3 溶液，然后加少许 $NaBiO_3$（s），搅拌，水浴加热，形成紫色溶液，示有 Mn^{2+}	1．鉴定反应可在 HNO_3 或 H_2SO_4 酸性溶液中进行 2．还原剂（Cl^-、Br^-、I^-、H_2O_2 等）有干扰
Ni^{2+}	取 1 滴 Ni^{2+}试液，放在白色点滴板上，加 1 滴 6 mol·L^{-1} 氨水，加 1 滴二乙酰二肟溶液，凹槽四周生成红色沉淀，示有 Ni^{2+}	1．鉴定反应在氨性溶液中进行，合适的酸度 pH =5～10 2．Fe^{2+}、Fe^{3+}、Cr^{3+}、Cu^{2+}、Co^{2+}、Mn^{2+}对鉴定有干扰，可加柠檬酸或酒石酸掩蔽
Co^{2+}	取 1～2 滴 Co^{2+}试液，加饱和 HN_4SCN 溶液 10 滴，加 5～6 滴戊醇溶液，振荡，静置，有机层呈现蓝绿色，示有 Co^{2+}	1．鉴定反应需用浓 HN_4SCN 溶液 2．Fe^{3+}对鉴定有干扰，加 NaF 掩蔽，大量 Cu^{2+}也有干扰
Cu^{2+}	取 1 滴 Cu^{2+}溶液，加 1 滴 6 mol·L^{-1} HAc 酸化，加 1 滴 $K_4[Fe(CN)_6]$溶液，红棕色沉淀出现，示有 Cu^{2+}	1．鉴定反应宜在中性或弱酸性溶液中进行 2．Fe^{3+}及大量的 Co^{2+}、Ni^{2+}会有干扰
Ag^+	取 2 滴 Ag^+试液，加 2 滴 2 mol·L^{-1} HCl，混合均匀，水浴加热，离心分离，在沉淀上加 4 滴 6 mol·L^{-1}氨水，沉淀溶解，再加 6 mol·L^{-1} HNO_3 酸化，白色沉淀又出现，示有 Ag^+	

阳离子	鉴定方法	条件及干扰
Zn^{2+}	取 2 滴 Zn^{2+}试液，用 2 mol·L^{-1} HAc 酸化，加入等体积的$(NH_4)_2Hg(SCN)_4$，形成白色溶液，示有 Zn^{2+}	1. 鉴定反应宜在中性或弱酸性溶液中进行 2. 少量 Co^{2+}、Cu^{2+}存在，形成蓝紫色混晶，有利于观察，但含量大时有干扰。Fe^{3+}有干扰
Hg^{2+}	取 1 滴 Hg^{2+}试液，加 1 mol·L^{-1} KI 溶液，使生成的沉淀完全溶解后，加 2 滴 KI–Na_2SO_3 溶液，2～3 滴 Cu^{2+}溶液，生成橘黄色沉淀，示有 Hg^{2+}	CuI 是还原剂，需考虑氧化剂（Ag^+，Fe^{3+}等）的干扰

2. 常见阴离子鉴定方法

阴离子	鉴定方法	条件及干扰
Cl^-	取 2 滴 Cl^-试液，加 6 mol·L^{-1} HNO_3 酸化，加 0.1 mol·L^{-1} $AgNO_3$ 至沉淀完全，离心分离，在沉淀上加 5～8 滴银氨溶液，搅匀，加热，沉淀溶解，再加 6 mol·L^{-1} HNO_3 酸化，白色沉淀又出现，示有 Cl^-	
Br^-	取 2 滴 Br^-试液，加入数滴 CCl_4，滴加氯水，振荡，有机层呈橙红或橙黄色，示有 Br^-	氯水宜边加边振荡，若氯水过量了，生成 BrCl，有机层反呈淡黄色
I^-	取 2 滴 I^-试液，加入数滴 CCl_4，滴加氯水，振荡，有机层显紫色，示有 I^-	1. 反应宜在酸性、中性或弱碱性条件下进行 2. 过量氯水将 I_2 氧化成 IO_3^-，有机层紫色将褪去
SO_4^{2-}	取 2 滴 SO_4^{2-}试液，加 6 mol·L^{-1} HCl 酸化，加 2 滴 0.1 mol·L^{-1} $BaCl_2$ 溶液，白色沉淀析出，示有 SO_4^{2-}	
SO_3^{2-}	取 1 滴饱和 $ZnSO_4$ 溶液，加 1 滴 $K_4[Fe(CN)_6]$溶液，即有白色沉淀出现，继续加 1 滴 $Na_2[Fe(CN)_5NO]$，1 滴 SO_3^{2-}试液（中性），白色沉淀转化为红色 $Zn_2[Fe(CN)_5NOSO_3]$沉淀，示有 SO_3^{2-}	1. 酸能使沉淀消失，酸性溶液需要用氨水中和 2. S^{2-}有干扰，须预先除去
$S_2O_3^{2-}$	1. 取 2 滴 $S_2O_3^{2-}$试液，加 2 滴 2 mol·L^{-1} HCl 溶液，微热，白色浑浊出现，示有 $S_2O_3^{2-}$	
	2. 取 2 滴 $S_2O_3^{2-}$试液，加 5 滴 0.1 mol·L^{-1} $AgNO_3$ 溶液，振荡，若生成的白色沉淀迅速变黄→棕→黑色，示有 $S_2O_3^{2-}$	1. S^{2-}存在时，$AgNO_3$ 溶液加入后，由于有黑色 Ag_2S 沉淀生成，对观察 $Ag_2S_2O_3$ 沉淀颜色的变化产生干扰 2. $Ag_2S_2O_3$（s）可溶于过量可溶性硫代硫酸盐溶液中
S^{2-}	1. 取 3 滴 S^{2-}试液，加稀 H_2SO_4 酸化，用 $Pb(Ac)_2$ 试纸检验析出的气体，试纸变黑，示有 S^{2-}	
	2. 取 1 滴 S^{2-}试液，放在白色点滴板上，加 1 滴 $Na_2[Fe(CN)_5NO]$ 试剂，溶液变紫色，示有 S^{2-}。配合物 $Na_4[Fe(CN)_5NOS]$为紫色	反应须在碱性条件下进行

阴离子	鉴定方法	条件及干扰
NO_3^-	1．当 NO_2^-同时存在时，取试液 3 滴，加 12 mol·L^{-1} H_2SO_4 6 滴及 3 滴α–萘胺，生成淡紫红色化合物，示有 NO_3^- 2．当 NO_2^-同时存在时，取 3 滴 NO_3^-试液，用 6 mol·L^{-1} HAc 酸化，并过量数滴，加少许镁片搅动，NO_3^-被还原为 NO_2^-；取 3 滴上清液，按照 NO_2^-的鉴定方法进行鉴定	
NO_2^-	取 3 滴试液，用 6 HAc 酸化，加 1 mol·L^{-1} KI 和 CCl_4，振荡，有机层呈紫红，示有 NO_2^-	
CO_3^{2-}	1．浓度较大的 CO_3^{2-}溶液，用 6 mol·L^{-1} HCl 酸化后，产生的 CO_2 气体使澄清的石灰水或 $Ba(OH)_2$ 溶液变浑浊，示有 CO_3^{2-}	
	2．当 CO_3^{2-}含量较少时，或同时存在其他比与酸产生气体的物质时，可用 $Ba(OH)_2$ 气瓶法检出 取出滴管，在玻璃瓶中加少量 CO_3^{2-}试样，从滴管上口加入 1 滴饱和 $Ba(OH)_2$ 溶液，然后往玻璃瓶中加 5 滴 6 mol·L^{-1} HCl，立即将滴管插入瓶中，塞紧，轻敲瓶底，放置数分钟，如果 $Ba(OH)_2$ 溶液浑浊，示有 CO_3^{2-} 气瓶法装置图	1．如果 $Ba(OH)_2$ 溶液浑浊程度不大，可能由于吸收空气中 CO_2 所致，需做空白试验加以比较 2．如果试液中含有 SO_3^{2-} 或 $S_2O_3^{2-}$，会干扰 CO_3^{2-}的检出，需预先加入数滴 H_2O_2 将它们氧化成 SO_4^{2-}，再检 CO_3^{2-}
PO_4^{3-}	取 2 滴 PO_4^{3-}试液，加入 8～10 滴钼酸铵试剂，用玻璃棒摩擦内壁，黄色磷钼酸铵沉淀生成，说明有 PO_4^{3-} $PO_4^{3-}+3NH_4^++12MoO_4^{2-}+24H^+ \rightarrow (NH_4)_3P(Mo_3O_{10})_4+12H_2O$	1．沉淀溶于碱及氨水中，反应须在酸性中进行 2．还原剂的存在使 Mo（Ⅵ）还原为“钼蓝”而使溶液呈深蓝色，必须先除去 3．与 PO_3^-、$P_2O_7^{4-}$的冷溶液无反应，煮沸时由于 PO_4^{3-}的生成而形成黄色沉淀

附录五 常用指示剂

1. 常用酸碱指示剂

指示剂	变色范围	颜色		HIn 的 $pK_a^\ominus$	配制方法
		酸色	碱色		
百里酚蓝（第一次变色）	1.2～2.8	红	黄	1.6	0.1 g 指示剂溶于 100 mL 20%的乙醇中
甲基黄	2.9～4.0	红	黄	3.3	0.1%的 90%乙醇溶液
甲基橙	3.1～4.4	红	黄	3.4	0.1%的水溶液
溴酚蓝	3.1～4.6	黄	紫	4.1	0.1 g 指示剂溶于 100 mL 20%的乙醇中
溴甲酚绿	3.8～5.4	黄	蓝	4.9	0.1 g 指示剂溶于 100 mL 20%的乙醇中
甲基红	4.4～6.2	红	黄	5.2	0.1 g 或 0.2 g 指示剂溶于 100 mL 60%的乙醇中
溴百里酚蓝	6.0～7.6	黄	蓝	7.3	0.1 g 指示剂溶于 100 mL 20%的乙醇中
中性红	6.8～8.0	红	黄橙	7.4	0.1 g 指示剂溶于 100 mL 60%的乙醇中
苯酚红	6.7～8.4	黄	红	8.0	0.1 g 指示剂溶于 100 mL 20%的乙醇中
酚酞	8.0～10.0	无	红	9.1	0.1 g 或 1 g 指示剂溶于 100 mL 60%的乙醇中
百里酚蓝（第二次变色）	8.0～9.6	黄	蓝	8.9	同第一变色范围
百里酚酞	9.4～10.6	无	蓝	10.0	0.1 g 指示剂溶于 100 mL 90%的乙醇中

2. 常用的酸碱混合指示剂

混合指示剂的组成	变色时 pH 值	颜色		备注
		酸色	碱色	
一份 0.1%甲基黄乙醇溶液 一份 0.1%次甲基蓝乙醇溶液	3.25	蓝紫	绿	pH 3.4 绿色 pH 3.2 蓝紫色
一份 0.1%甲基橙水溶液 一份 0.25%靛蓝二磺酸水溶液	4.1	紫	黄绿	

混合指示剂的组成	变色时 pH 值	颜色		备注
		酸色	碱色	
一份 0.1%溴甲酚绿钠盐水溶液 一份 0.02%甲基橙水溶液	4.3	橙	蓝绿	pH 3.5 黄色 pH 4.05 绿黄色 pH 4.8 浅绿色
三份 0.1%溴甲酚绿乙醇溶液 一份 0～2%甲基红乙醇溶液	5.1	酒红	绿	
一份 0.2%甲基红乙醇溶液 一份 0.1%亚甲基蓝乙醇溶液	5.4	红紫	绿	pH 5.2 红紫色 pH 5.4 暗蓝色 pH 5.6 绿色
一份 0.1%溴甲酚绿钠盐水溶液 一份 0.1%氯酚红钠盐水溶液	6.1	黄绿	蓝紫	pH 5.4 蓝绿色 pH 5.8 蓝色 pH 6.0 蓝微带紫 pH 6.2 蓝紫
一份 0.1%中性红乙醇溶液 一份 0.1%次甲基蓝乙醇溶液	7.0	蓝紫	绿	pH 7.0 蓝紫
一份 0.1%中性红乙醇溶液 一份 0.1%溴百里酚蓝乙醇溶液	7.2	玫瑰	绿	pH 7.4 暗绿色 pH 7.2 浅红色 pH 7.0 玫瑰色
一份 0.1%甲酚红钠盐水溶液 三份 0.1%百里酚蓝钠盐水溶液	8.3	黄	紫	pH 8.2 玫瑰红 pH 8.4 紫色
一份 0.1%百里酚蓝 50%乙醇溶液 三份 0.1%酚酞 50%乙醇溶液	9.0	黄	紫	从黄到绿再到紫
一份 0.1%酚酞乙醇溶液 一份 0.1%百里酚酞乙醇溶液	9.9	无	紫	pH 9.6 玫瑰红，10 紫色
二份 0.1%百里酚酞乙醇溶液 一份 0.1%茜素黄 R 乙醇溶液	10.2	黄	紫	

3. 常用的氧化还原指示剂

指示剂名称	变色点电势 $c(H^+)=1\ mol\cdot L^{-1}$	颜色变化		配制方法
		还原态	氧化态	
中性红	+0.24	无色	红色	0.5 g 指示剂溶于 100 mL 60%的乙醇中
次甲基蓝	+0.36	无色	蓝色	0.05%的水溶液
二苯胺	+0.76	无色	紫色	1%的浓硫酸溶液
二苯胺磺酸钠	+0.85	无色	紫红色	0.5%的水溶液
邻苯氨基苯甲酸	+1.08	无色	紫红色	0.1 g 指示剂加 20 mL 5%的 Na_2CO_3 溶液，用水稀释至 100 mL
邻二氮菲—亚铁	+1.06	红色	淡蓝色	1.485 g 邻二氮菲，0.695 g 硫酸亚铁溶于 100 mL 水中

指示剂名称	变色点电势 $c(H^+)=1\ mol\cdot L^{-1}$	颜色变化		配制方法
		还原态	氧化态	
淀粉溶液[1]				0.5 g 可溶性淀粉，加少许水调成浆状，不断搅拌下注入 100 mL 沸水中，微沸 1～2 min。若要保持稳定可加入少许 HgI_2
甲基橙[2]				0.1%的水溶液

注：(1) 淀粉溶液本身并不具有氧化还原性，但在碘法中起指示剂作用，淀粉与 I_3^-生成深蓝色吸附化合物，当 I_3^-被还原时，深蓝色消失。因此蓝色的出现和消失可指示终点。通常称淀粉为氧化还原滴定中的特殊指示剂。

(2) 在溴酸钾法中使用，用 $KBrO_3$ 标准溶液滴定至溶液有微过量的 Br_2 时，指示剂被氧化，结构遭到破坏，溶液褪色，即可指示终点，因颜色不能复原，所以称为不可逆指示剂。

4. 常用配位滴定指示剂

指示剂	pH 范围	颜色变化		配制方法
		指示剂自身	指示剂和金属离子的配合物	
二甲酚橙（XO）	<6	亮黄	红紫	2%的水溶液
铬黑 T（EBT）	7～11	蓝	红	（1）1 g 铬黑 T 与 100 g NaCl 研细，混匀 （2）0.2 g 铬黑 T 溶于 15 mL 三乙醇胺及 5 mL 甲醇中
钙试剂（又名铬蓝黑 R）	8～13	蓝	酒红	（1）0.2%的水溶液 （2）1 g 指示剂与 100 g K_2SO_4 研细
酸性铬蓝 K	8～13	蓝	红	（1）1 g 指示剂与 100 g K_2SO_4 研细，混匀 （2）0.1%的乙醇溶液
K-B 指示剂	8～13	蓝绿	红	（1）0.2 g 酸性铬蓝 K，0.5 g 萘酚绿 B 及 35 g 硝酸钾研细，混匀 （2）0.2 g 酸性铬蓝 K 与 0.4 g 萘酚绿 B 溶于 100 mL 水中
钙镁试剂	8～12	蓝	橙红	0.05%的水溶液或 0.1%的乙醇溶液
百里酚酞配合剂	10～12	浅灰	蓝	（1）0.5%的水溶液 （2）1 g 指示剂与 100 g、KNO_3 研细，混匀
磺基水杨酸	2	无色	紫红	10%的水溶液

5. 常用沉淀滴定指示剂

指示剂	被测离子	滴定剂	滴定条件	颜色变化	配制方法
铬酸钾	Br^-，Cl^-	Ag^+	pH 6.5～10.5	乳白～砖红	5%的水溶液
铁铵矾	Ag^+	CNS^-	0.1～1 mol·L^{-1} HNO_3溶液中	乳白～浅红	饱和 1 mol·L^{-1} HNO_3溶液（约 40%）
荧光黄	Cl^-	Ag^+	pH 7～10	黄绿～粉红	0.2%的乙醇溶液
二氯荧光黄	Cl^-	Ag^+	pH 4～10	黄绿～红	0.1%的水溶液
曙红	Br^-，Cl^-，SCN^-	Ag^+	pH 2～10	橙～深红	5%的水溶液
罗丹明 G	Ag^+	Br^-	酸性溶液	橙～红紫	0.1%的水溶液
茜素红 S	SO_4^{2-}	Ba^{2+}	pH 2～3	白～红	0.05%或 0.2%的水溶液

附录六　常用缓冲溶液的配制

缓冲溶液组成	$pK_a^\ominus$	缓冲溶液 pH	缓冲溶液配制方法
氨基乙酸—HCl	2.35 $pK_{a_1}^\ominus$	2.3	取氨基乙酸 150 g 溶于 500 mL 水中，加浓盐酸 80 mL，加水稀释至 1 L
H_3PO_4—柠檬酸盐		2.5	取 $Na_2HPO_4 \cdot 12H_2O$ 113 g 溶于 200 mL 水中后，加柠檬酸 387 g，过滤后稀释至 1 L
一氯乙酸—NaOH	2.86	2.8	取 200 g 一氯乙酸溶于 200 mL 水中后，加氢氧化钠 40 g，溶解后稀释至 1 L
邻苯二甲酸氢钾—HCl	2.95 $pK_{a_1}^\ominus$	2.9	取 500 g 邻苯二甲酸氢钾溶于 500 mL 水中，加浓盐酸 80 mL，加水稀释至 1 L
甲酸—NaOH	3.76	3.7	取 95 g 甲酸和 40 g NaOH 于 500 mL 水中后，溶解，稀释至 1 L
NaAc—HAc	4.74	4.7	取 200 g 一氯乙酸溶于 200 mL 水中后，加氢氧化钠 40 g，溶解后稀释至 1 L
六亚甲基四胺—HCl	5.15	5.4	取 40 g 六亚甲基四胺溶于 200 mL 水中，加浓盐酸 10 mL，稀释至 1 L
Tris—HCl [三羟甲基甲烷，$(HOCH_2)_3CNH_2$]	8.21	8.2	取 25 g Tris 试剂溶解于水中，溶解，加浓盐酸 8 mL，稀释至 1 L
NH_3—NH_4Cl	9.26	9.2	取 NH_4Cl 54 g 溶于水中后，加浓氨水 63 mL，稀释至 1 L

注：1. 缓冲溶液配制后可用 pH 试纸检查。如果 pH 不对，可用共轭酸或碱调节。pH 欲调节精确时，可用 pH 计调节。

2. 若需增加或减少缓冲溶液的缓冲容量，可相应增加或减少共轭酸碱对物质的量，再进行调节。

附录七　标准电极电势（298.15 K）

电极反应		$E^{\ominus}$/V
氧化型	还原型	
$Li^+ + e^-$	Li	−3.045
$K^+ + e^-$	K	−2.925
$Rb^+ + e^-$	Rb	−2.925
$Cs^+ + e^-$	Cs	−2.923
$Ra^{2+} + 2e^-$	Ra	−2.92
$Ba^{2+} + 2e^-$	Ba	−2.90
$Sr^{2+} + 2e^-$	Sr	−2.89
$Ca^{2+} + 2e^-$	Ca	−2.87
$Na^+ + e^-$	Na	−2.714
$La^{3+} + 3e^-$	La	−2.52
$Mg^{2+} + 2e^-$	Mg	−2.37
$Sc^{3+} + 3e^-$	Sc	−2.08
$[AlF_6]^{3-} + 3e^-$	$Al + 6F^-$	−2.07
$Be^{2+} + 2e^-$	Be	−1.85
$Al^{3+} + 3e^-$	Al	−1.66
$Ti^{2+} + 2e^-$	Ti	−1.63
$Zr^{4+} + 4e^-$	Zr	−1.53
$[TiF_6]^{2-} + 4e^-$	$Ti + 6F^-$	−1.24
$[SiF_6]^{2-} + 4e^-$	$Si + 6F^-$	−1.2
$Mn^{2+} + 2e^-$	Mn	−1.18
$*SO_4^{2-} + H_2O + 2e^-$	$SO_3^{2-} + 2OH^-$	−0.93
$TiO^{2+} + 2H^+ + 4e^-$	$Ti + H_2O$	−0.89
$*Fe(OH)_2 + 2e^-$	$Fe + 2OH^-$	−0.887
$H_3BO_3 + 3H^+ + 3e^-$	$B + 3H_2O$	−0.87
$SiO_2(s) + 4H^+ + 4e^-$	$Si + 2H_2O$	−0.86
$Zn^{2+} + 2e^-$	Zn	−0.763
$*FeCO_3 + 2e^-$	$Fe + CO_3^{2-}$	−0.756
$Cr^{3+} + 3e^-$	Cr	−0.74
$As + 3H^+ + 3e^-$	AsH_3	−0.60
$*2SO_3^{2-} + 3H_2O + 4e^-$	$S_2O_3^{2-} + 6OH^-$	−0.58
$*Fe(OH)_3 + e^-$	$Fe(OH)_2 + OH^-$	−0.56
$Ga^{3+} + 3e^-$	Ga	−0.56
$Sb + 3H^+ + 3e^-$	$SbH_3(g)$	−0.51
$H_3PO_2 + H^+ + e^-$	$P + 2H_2O$	−0.51

电极反应		$E^{\ominus}/V$
氧化型	还原型	
$H_3PO_3+2H^++2e^- \rightleftharpoons H_3PO_2+H_2O$		−0.50
$2CO_2+2H^++2e^- \rightleftharpoons H_2C_2O_4$		−0.49
$^*S+2e^- \rightleftharpoons S^{2-}$		−0.48
$Fe^{2+}+2e^- \rightleftharpoons Fe$		−0.44
$Cr^{3+}+e^- \rightleftharpoons Cr^{2+}$		−0.41
$Cd^{2+}+2e^- \rightleftharpoons Cd$		−0.403
$Se+2H^++2e^- \rightleftharpoons H_2Se^-$		−0.40
$Ti^{3+}+3e^- \rightleftharpoons Ti$		−0.37
$PbI_2+2e^- \rightleftharpoons Pb+2I^-$		−0.365
$PbSO_4+2e^- \rightleftharpoons Pb+SO_4^{2-}$		−0.355
$^*Ag(CN)_2^-+e^- \rightleftharpoons Ag+2CN^-$		−0.31
$Co^{2+}+2e^- \rightleftharpoons Co$		−0.277
$Ni^{2+}+2e^- \rightleftharpoons Ni$		−0.246
$CuI+e^- \rightleftharpoons Cu+I^-$		−0.185
$AgI+e^- \rightleftharpoons Ag+I^-$		−0.152
$Sn^{2+}+2e^- \rightleftharpoons Sn$		−0.136
$Pb^{2+}+2e^- \rightleftharpoons Pb$		−0.126
$^*Cu(NH_3)^++e^- \rightleftharpoons Cu+2NH_3$		−0.12
$^*Cu(OH)_2+2e^- \rightleftharpoons Cu_2O+2OH^-+H_2O$		−0.08
$^*MnO_2+H_2O+2e^- \rightleftharpoons Mn(OH)_2+OH^-$		−0.05
$^*[HgI_4]^{2-}+2e^- \rightleftharpoons Hg+4I^-$		−0.039
$2H^++2e^- \rightleftharpoons H_2(g)$		0
$AgBr(s)+e^- \rightleftharpoons Ag+Br^-$		0.071
$S+2H^++2e^- \rightleftharpoons H_2S(aq)$		0.141
$Sn^{4+}+e^- \rightleftharpoons Sn^{2+}$		0.154
$Cu^{2+}+e^- \rightleftharpoons Cu^+$		0.159
$SO_4^{2-}+4H^++2e^- \rightleftharpoons H_2SO_3+H_2O$		0.17
$AgCl(s)+e^- \rightleftharpoons Ag+Cl^-$		0.222 3
$Hg_2Cl_2(s)+2e^- \rightleftharpoons 2Hg+2Cl^-$		0.268
$Cu^{2+}+2e^- \rightleftharpoons Cu$		0.337
$^*AgO+H_2O+2e^- \rightleftharpoons Ag+2OH^-$		0.342
$[Fe(CN_6)]^{3-}+e^- \rightleftharpoons [Fe(CN_6)]^{4-}$		0.36
$^*[Ag(NH_3)_2]^++e^- \rightleftharpoons Ag+2NH_3$		0.373
$2H_2SO_3+2H^++4e^- \rightleftharpoons S_2O_3^{2-}+3H_2O$		0.40
$^*O_2+2H_2O+4e^- \rightleftharpoons 4OH^-$		0.401
$Ag_2CrO_4+2e^- \rightleftharpoons 2Ag+CrO_4^{2-}$		0.447
$H_2SO_3+4H^++4e^- \rightleftharpoons S+3H_2O$		0.45
$Cu^++e^- \rightleftharpoons Cu$		0.52
$I_2(s)+2e^- \rightleftharpoons 2I^-$		0.534 5

电极反应		$E^{\ominus}$/V
氧化型	还原型	
$MnO_4^- + e^-$ $\rightleftharpoons$	MnO_4^{2-}	0.564
*$MnO_4^- + 2H_2O + 3e^-$ $\rightleftharpoons$	$MnO_2 + 4OH^-$	0.588
*$MnO_4^{2-} + 2H_2O + 2e^-$ $\rightleftharpoons$	$MnO_2 + 4OH^-$	0.60
*$BrO_3^- + 3H_2O + 6e^-$ $\rightleftharpoons$	$Br^- + 6OH^-$	0.61
$2HgCl_2 + 2e^-$ $\rightleftharpoons$	$2Hg_2Cl_2(s) + 2Cl^-$	0.63
$O_2(g) + 2H^+ + 2e^-$ $\rightleftharpoons$	$H_2O_2(aq)$	0.682
$Fe^{3+} + e^-$ $\rightleftharpoons$	Fe^{2+}	0.771
$Hg_2^{2+} + 2e^-$ $\rightleftharpoons$	$2Hg$	0.793
$Ag^+ + e^-$ $\rightleftharpoons$	Ag	0.799
$NO_3^- + 2H^+ + e^-$ $\rightleftharpoons$	$NO_2 + H_2O$	0.80
*$HO_2^- + H_2O + 2e^-$ $\rightleftharpoons$	$3OH^-$	0.88
*$ClO^- + H_2O + 2e^-$ $\rightleftharpoons$	$Cl^- + 2OH^-$	0.89
$2Hg^{2+} + 2e^-$ $\rightleftharpoons$	Hg_2^{2+}	0.920
$NO_3^- + 2H^+ + 2e^-$ $\rightleftharpoons$	$HNO_2 + H_2O$	0.94
$NO_3^- + 4H^+ + 3e^-$ $\rightleftharpoons$	$NO + 2H_2O$	0.96
$HNO_2 + H^+ + e^-$ $\rightleftharpoons$	$NO + H_2O$	1.00
$NO_2 + 2H^+ + 2e^-$ $\rightleftharpoons$	$NO + H_2O$	1.03
$Br_2(l) + 2e^-$ $\rightleftharpoons$	$2Br^-$	1.065
$NO_2 + H^+ + e^-$ $\rightleftharpoons$	HNO_2	1.07
$Cu^{2+} + 2CN^- + e^-$ $\rightleftharpoons$	$[Cu(CN)_2]^-$	1.12
$O_2 + 4H^+ + 4e^-$ $\rightleftharpoons$	$2H_2O(l)$	1.229
$MnO_2 + 4H^+ + 2e^-$ $\rightleftharpoons$	$Mn^{2+} + 2H_2O$	1.23
*$O_3 + H_2O + 2e^-$ $\rightleftharpoons$	$O_2 + 2OH^-$	1.24
$2HNO_2 + 4H^+ + 4e^-$ $\rightleftharpoons$	$N_2O + 3H_2O$	1.29
$Cr_2O_7^{2-} + 14H^+ + 6e^-$ $\rightleftharpoons$	$Cr^{3+} + 7H_2O$	1.33
$Cl_2 + 2e^-$ $\rightleftharpoons$	$2Cl^-$	1.36
$MnO_4^- + 8H^+ + 5e^-$ $\rightleftharpoons$	$Mn^{2+} + 4H_2O$	1.51
$2BrO_3 + 12H^+ + 10e^-$ $\rightleftharpoons$	$Br_2(l) + 6H_2O$	1.52
$2HBrO + 2H^+ + 2e^-$ $\rightleftharpoons$	$Br_2(l) + 2H_2O$	1.59
$2HClO + 2H^+ + 2e^-$ $\rightleftharpoons$	$Cl_2 + H_2O$	1.63
$MnO_4^- + 4H^+ + 3e^-$ $\rightleftharpoons$	$MnO_2 + 2H_2O$	1.695
$H_2O_2 + 2H^+ + 2e^-$ $\rightleftharpoons$	$2H_2O$	1.77
$Co^{3+} + e^-$ $\rightleftharpoons$	Co^{2+}	1.84
$Ag^{2+} + e^-$ $\rightleftharpoons$	Ag^+	1.98
$2S_2O_8^{2-} + 2e^-$ $\rightleftharpoons$	$2SO_4^{2-}$	2.01
$O_3 + 2H^+ + 2e^-$ $\rightleftharpoons$	$O_2 + H_2O$	2.07
$F_2 + 2e^-$ $\rightleftharpoons$	$2F^-$	2.87
$F_2 + 2H^+ + 2e^-$ $\rightleftharpoons$	$2HF$	3.06

* 本表中凡前面有*符号的电极反应是在碱性溶液中进行，其余为在酸性溶液中进行。

附录八　配离子的积累稳定常数（298.15 K）

化学式	稳定常数β	lgβ	化学式	稳定常数β	lgβ
*$[AgCl_2]^-$	1.1×10^{5}	5.04	$[Cu(NH_3)_2]^+$	7.4×10^{10}	10.87
*$[AgI_2]^-$	5.5×10^{11}	11.74	$[Cu(NH_3)_4]^{2+}$	4.3×10^{13}	13.63
$[Ag(CN)_2]^-$	5.6×10^{18}	18.74	$[Fe(C_2O_4)_3]^{3-}$	10^{20}	20
$[Ag(NH_3)_2]^+$	1.7×10^{7}	7.23	$[FeF_6]^{3-}$	$\sim2\times10^{15}$	～15.3
$[Ag(S_2O_3)_2]^{3-}$	1.7×10^{13}	13.22	$[Fe(CN)_6]^{4-}$	10^{35}	35
$[AlF_6]^{3-}$	6.9×10^{19}	19.48	$[Fe(CN)_6]^{3-}$	10^{42}	42
$[AuCl_4]^-$	2×10^{21}	21.3	$[Fe(NCS)_6]^{3-}$	1.3×10^{9}	9.10
$[Au(CN)_2]^-$	2.0×10^{38}	38.3	$[HgCl_4]^{2-}$	9.1×10^{15}	15.96
$[CdI_4]^{2-}$	2×10^{6}	6.3	$[HgI_4]^{2-}$	1.9×10^{30}	30.28
$[Cd(CN)_4]^{2-}$	7.1×10^{18}	18.85	$[Hg(CN)_4]^{2-}$	2.5×10^{41}	41.40
$[Cd(NH_3)_4]^{2+}$	1.3×10^{7}	7.12	$[Hg(NH_3)_4]^{2+}$	1.9×10^{19}	19.28
*$[Cd(NCS)_4]^{2-}$	1.0×10^{3}	3.00	$[Hg(SCN)_4]^{2-}$	2×10^{19}	19.3
$[Co(NH_3)_6]^{2+}$	8.0×10^{4}	4.90	$[Ni(CN)_4]^{2-}$	10^{22}	22
$[Co(NH_3)_6]^{3+}$	4.6×10^{33}	33.66	*$[Ni(en)_3]^{2+}$	2.1×10^{18}	18.33
*$[CuCl_2]^-$	3.2×10^{5}	5.50	$[Ni(NH_3)_6]^{2+}$	5.6×10^{8}	8.74
*$[CuI_2]^-$	7.1×10^{8}	8.85	$[Zn(CN)_4]^{2-}$	7.8×10^{16}	16.89
$[Cu(CN)_2]^-$	1×10^{16}	16.0	$[Zn(en)_2]^{2+}$	6.8×10^{10}	10.83
$[Cu(CN)_4]^{3-}$	1.0×10^{30}	30.00	$[Zn(NH_3)_4]^{2+}$	2.9×10^{9}	9.47
*$[Cu(en)_2]^{2+}$	1.0×10^{20}	20.00			

注：本书采用的配离子稳定常数引自 W.M.Atimer，Oxidation Potentials，2th ed.（1952）；标有*符号的数据引自“Lange's Handbook of Chemistry”，12th ed.（1979）。

附录九　某些离子①和化合物的颜色

离子或化合物	颜色	离子或化合物	颜色
Ag^+	无	$Ag_2C_2O_4$	白
AgBr	淡黄	Ag_2CrO_4	砖红
AgCl	白	$Ag_3[Fe(CN)_6]$	橙
AgCN	白	$Ag_4[Fe(CN)_6]$	白
Ag_2CO_3	白	AgI	黄

① 离子均指水溶液中的水合离子。

离子或化合物	颜色	离子或化合物	颜色
$AgNO_2$	白	$CaSO_4$	白
Ag_2O	褐	$CaSiO_3$	白
Ag_3PO_4	黄	Cd^{2+}	无
$Ag_4P_2O_7$	白	$CdCO_3$	白
Ag_2S	黑	CdC_2O_4	白
$AgSCN$	白	$Cd_3(PO_4)_2$	白
Ag_2SO_3	白	CdS	黄
Ag_2SO_4	白	Co^{2+}	粉红
$Ag_2S_2O_3$	白	$CoCl_2$	蓝
As_2S_3	黄	$CoCl_2 \cdot 2H_2O$	紫红
As_2S_5	黄	$CoCl_2 \cdot 6H_2O$	粉红
Ba^{2+}	无	$[Co(CN)_6]^{3-}$	紫
$BaCO_3$	白	$[Co(NH_3)_6]^{2+}$	黄
BaC_2O_4	白	$[Co(NH_3)_6]^{3+}$	橙黄
$BaCrO_4$	黄	CoO	灰绿
$BaHPO_4$	白	Co_2O_3	黑
$Ba_3(PO_4)_2$	白	$Co(OH)_2$	粉红
$BaSO_3$	白	$Co(OH)_3$	棕褐
$BaSO_4$	白	$Co(OH)Cl$	蓝
BaS_2O_3	白	$Co_2(OH)_2CO_3$	红
Bi^{3+}	无	$Co_3(PO_4)_2$	紫
$BiOCl$	白	CoS	黑
Bi_2O_3	黄	$[Co(SCN)_4]^{2-}$	蓝
$Bi(OH)_3$	白	$CoSiO_3$	紫
$BiO(OH)$	灰黄	$CoSO_4 \cdot 7H_2O$	红
$Bi(OH)CO_3$	白	Cr^{2+}	蓝
$BiONO_3$	白	Cr^{3+}	蓝紫
Bi_2S_3	黑	$CrCl_3 \cdot 6H_2O$	绿
Ca^{2+}	无	Cr_2O_3	绿
$CaCO_3$	白	CrO_3	橙红
CaC_2O_4	白	CrO_2^-	绿
CaF_2	白	CrO_4^{2-}	黄
CaO	白	$Cr_2O_7^{2-}$	橙
$Ca(OH)_2$	白	$Cr(OH)_3$	灰绿
$CaHPO_4$	白	$Cr_2(SO_4)_3$	桃红
$Ca_3(PO_4)_2$	白	$Cr_2(SO_4)_3 \cdot 6H_2O$	绿
$CaSO_3$	白	$Cr_2(SO_4)_3 \cdot 18H_2O$	蓝紫

离子或化合物	颜色	离子或化合物	颜色
Cu^{2+}	蓝	FeS	黑
$CuBr$	白	Fe_2S_3	黑
$CuCl$	白	$[Fe(SCN)]^{2+}$	血红
$CuCl_2^-$	无	$Fe_2(SiO_3)_3$	棕红
$CuCl_4^{2-}$	黄	Hg^{2+}	无
$CuCN$	白	Hg_2^{2+}	无
$Cu_2[Fe(CN)_6]$	红棕	$HgCl_4^{2-}$	无
CuI	白	Hg_2Cl_2	白
$Cu(IO_3)_2$	淡蓝	HgI_2	红
$[Cu(NH_3)_2]^+$	无	Hg_2I_2	无
$[Cu(NH_3)_4]^{2+}$	深蓝	HgI_4^{2-}	黄
CuO	黑	$HgNH_2Cl$	白
Cu_2O	暗红	HgO	红或黄
$Cu(OH)_2$	浅蓝	HgS	黑或红
$[Cu(OH)_4]^{2-}$	蓝	Hg_2S	黑
$Cu_2(OH)_2CO_3$	淡蓝	Hg_2SO_4	白
$Cu_3(PO_4)_2$	淡蓝	I_2	紫
CuS	黑	I_3^-	棕黄
Cu_2S	深棕	$K[Fe(CN)_6Fe]$	蓝
$CuSCN$	白	$KHC_4H_4O_6$	白
$CuSO_4 \cdot 5H_2O$	蓝	$K_2Na[Co(NO_2)_6]$	黄
Fe^{2+}	浅绿	$K_3[Co(NO_2)_6]$	黄
Fe^{3+}	淡紫①	$K_2[PtCl_6]$	黄
$FeCl_3 \cdot 6H_2O$	黄棕	$MgCO_3$	白
$[Fe(CN)_6]^{4-}$	黄	MgC_2O_4	白
$[Fe(CN)_6]^{3-}$	红棕	MgF_2	白
$FeCO_3$	白	$MgNH_4PO_4$	白
$FeC_2O_4 \cdot 2H_2O$	淡黄	$Mg(OH)_2$	白
FeF_6^{3-}	无	$Mg_2(OH)_2CO_3$	白
$Fe(HPO_4)_2^-$	无	Mn^{2+}	肉色
FeO	黑	$MnCO_3$	白
Fe_2O_3	砖红	MnC_2O_4	白
Fe_3O_4	黑	MnO_4^{2-}	绿
$Fe(OH)_2$	白	MnO_4^-	紫红
$Fe(OH)_3$	红棕	MnO_2	棕
$FePO_4$	浅黄	$Mn(OH)_2$	白

① Fe^{3+}的水解产物呈浅黄色。

离子或化合物	颜色	离子或化合物	颜色
MnS	肉色	Sb_2O_3	白
$NaBiO_3$	黄	Sb_2O_5	淡黄
$Na[Sb(OH)_6]$	白	SbOCl	白
$NaZn(UO_2)_3(Ac)_9 \cdot 9H_2O$	黄	$Sb(OH)_3$	白
$(NH_4)_2Fe(SO_4)_2 \cdot 6H_2O$	蓝绿	SbS_3^{3-}	无
$NH_4Fe(SO_4)_2 \cdot 12H_2O$	浅紫	SbS_4^{3-}	无
$(NH_4)_3PO_4 \cdot 12MoO_3 \cdot 6H_2O$	黄	SnO	黑或绿
Ni^{2+}	亮绿	SnO_2	白
$Ni(CN)_4^{2-}$	黄	$Sn(OH)_2$	白
$NiCO_3$	绿	$Sn(OH)_4$	白
$[Ni(NH_3)_6]^{2+}$	蓝紫	Sb(OH)Cl	白
NiO	暗绿	SnS	棕
Ni_2O_3	黑	SnS_2	黄
$Ni(OH)_2$	淡绿	SnS_3^{2-}	无
$Ni(OH)_3$	黑	$SrCO_3$	白
$Ni_2(OH)_2CO_3$	浅绿	SrC_2O_4	白
$Ni_3(PO_4)_2$	绿	$SrCrO_4$	黄
NiS	黑	$SrSO_4$	白
Pb^{2+}	无	Ti^{3+}	紫
$PbBr_2$	白	TiO^{2+}	无
$PbCl_2$	白	$Ti(H_2O_2)^{2+}$	橘黄
$PbCl_4^{2-}$	无	V^{2+}	蓝紫
$PbCO_3$	白	V^{3+}	绿
PbC_2O_4	白	VO^{2+}	蓝
$PbCrO_4$	黄	VO_2^+	黄
PbI_2	黄	VO_3^-	无
PbO	黄	V_2O_5	红棕
PbO_2	棕褐	ZnC_2O_4	白
Pb_3O_4	红	$[Zn(NH_3)_4]^{2+}$	无
$Pb(OH)_2$	白	ZnO	白
$Pb_2(OH)_2CO_3$	白	$[Zn(OH)_4]^{2-}$	无
PbS	黑	$Zn(OH)_2$	白
$PbSO_4$	白	$Zn_2(OH)_2CO_3$	白
$SbCl_6^{3-}$	无	ZnS	白
$SbCl_6^-$	无		

附录十　国际相对原子质量表（1997）

元素		相对	元素		相对	元素		相对	元素		相对
符号	名称	原子质量	符号	名称	原子质量	符号	名称	原子质量	符号	名称	原子质量
Ac	锕	227.0	Et	铒	167.3	Mn	锰	54.94	Ru	钌	101.1
Ag	银	107.9	Es	锿	252.1	Mo	钼	95.94	S	硫	32.07
Al	铝	26.98	Eu	铕	152.0	N	氮	14.01	Sb	锑	121.8
Am	镅	243.1	F	氟	19.00	Na	钠	22.99	Sc	钪	44.96
Ar	氩	39.95	Fe	铁	55.85	Nb	铌	92.91	Se	硒	78.96
As	砷	74.92	Fm	镄	257.1	Nd	钕	144.2	Si	硅	28.09
At	砹	210.0	Fr	钫	223.0	Ne	氖	20.18	Sm	钐	150.4
Au	金	197.0	Ga	镓	69.72	Ni	镍	58.69	Sn	锡	118.7
B	硼	10.81	Gd	钆	157.3	No	锘	259.1	Sr	锶	87.62
Ba	钡	137.3	Ge	锗	72.61	Np	镎	237.0	Ta	钽	180.9
Be	铍	9.012	H	氢	1.008	O	氧	16.00	Tb	铽	158.9
Bi	铋	209.0	He	氦	4.003	Os	锇	190.2	Tc	锝	98.91
Bk	锫	247.1	Hf	铪	178.5	P	磷	30.97	Te	碲	127.6
Br	溴	79.90	Hg	汞	200.6	Pa	镤	231.0	Th	钍	232.0
C	碳	12.01	Ho	钬	164.9	Pb	铅	207.2	Ti	钛	47.88
Ca	钙	40.08	I	碘	126.9	Pd	钯	106.4	Tl	铊	204.4
Cd	镉	112.4	In	铟	114.8	Pm	钷	147.0	Tm	铥	168.9
Ce	铈	140.1	Ir	铱	192.2	Po	钋	210.0	U	铀	238.0
Cf	锎	252.1	K	钾	39.10	Pr	镨	140.9	V	钒	50.94
Cl	氯	35.45	Kr	氪	83.80	Pt	铂	195.1	W	钨	183.8
Cm	锔	247.1	La	镧	138.9	Pu	钚	239.1	Xe	氙	131.3
Co	钴	58.93	Li	锂	6.941	Ra	镭	226.0	Y	钇	88.91
Cr	铬	52.00	Lr	铹	260.1	Rb	铷	85.47	Yb	镱	173.0
Cs	铯	132.9	Lu	镥	175.0	Re	铼	186.2	Zn	锌	65.39
Cu	铜	63.55	Md	钔	256.1	Rh	铑	102.9	Zr	锆	91.22
Dy	镝	162.5	Mg	镁	24.31	Rn	氡	222.0			

注：以 C^{12} 为基准，录自 1985 年国际原子量表，全部采用 4 位有效数字。

参考文献

[1] 武汉大学. 分析化学实验：3 版. 北京：高等教育出版社，1994.

[2] 北京师范大学无机化学教研室. 无机化学实验. 北京：高等教育出版社，1991.

[3] 南京大学无机及分析化学实验编写组. 无机及分析化学实验：3 版. 北京：高等教育出版社，1998.

[4] 华东化工学院无机化学教研组. 无机化学实验：3 版. 北京：高等教育出版社，1991.

[5] 徐甲强，孙淑香. 无机及分析化学实验. 北京：海洋出版社，1999.

[6] 李方实，俞斌. 无机与分析化学实验. 南京：东南大学出版社，2002.

[7] 高职高专化学教材编写组. 无机化学实验：2 版. 北京：高等教育出版社，2002.

[8] 谢能泳，陆为林，陈玄杰. 分析化学实验. 北京：高等教育出版社，2000.